U0376176

色谱技术丛书（第三版）

傅若农　主　编

汪正范　刘虎威　副主编

各分册主要执笔者：

《色谱分析概论》	傅若农
《气相色谱方法及应用》	刘虎威
《毛细管电泳技术及应用》	陈　义
《高效液相色谱方法及应用》	于世林
《离子色谱方法及应用》	牟世芬　朱　岩　刘克纳
《色谱柱技术》	赵　睿　刘国诠
《色谱联用技术》	白　玉　汪正范　吴侔天
《样品制备方法及应用》	李攻科　汪正范　胡玉玲　肖小华
《色谱手性分离技术及应用》	袁黎明　刘虎威
《液相色谱检测方法》	欧阳津　那　娜　秦卫东　云自厚
《色谱仪器维护与故障排除》	张庆合　李秀琴　吴方迪
《色谱在环境分析中的应用》	蔡亚岐　江桂斌　牟世芬
《色谱在食品安全分析中的应用》	吴永宁
《色谱在药物分析中的应用》	胡昌勤　马双成　田颂九
《色谱在生命科学中的应用》	宋德伟　董方霆　张养军

"十三五"国家重点出版物出版规划项目

色谱技术丛书

色谱手性分离技术及应用

袁黎明　刘虎威　编著

化学工业出版社

·北京·

本书是"色谱技术丛书"的分册之一,从实用的角度系统介绍了色谱手性分离技术的原理及应用,内容包括手性色谱概论、手性气相色谱、手性液相色谱、手性毛细管电泳、手性薄层色谱、手性超临界流体色谱、手性高速逆流色谱。书中对代表性的手性分离柱和手性识别材料的选择性进行了较系统的叙述和比较,书中的色谱图绝大多数来自于作者团队的手性拆分研究结果,图表数据可靠,使读者能快速掌握各类手性分离柱的特点。

　　本书适用于不对称合成、手性分离、药物化学、分析化学、高分子化学、功能材料领域的读者。也可供有机化学、精细化工、农业、环境、生命科学等领域的科研人员、研究生、大学生学习参考。

图书在版编目(CIP)数据

色谱手性分离技术及应用 / 袁黎明,刘虎威编著.
—北京:化学工业出版社,2019.12
(色谱技术丛书)
ISBN 978-7-122-35761-8

Ⅰ.①色…　Ⅱ.①袁…　②刘…　Ⅲ.①分离-色谱法
Ⅳ.①O658.1

中国版本图书馆 CIP 数据核字(2019)第 266662 号

责任编辑:傅聪智　任惠敏　　　　　　文字编辑:张　欣
责任校对:王　静　　　　　　　　　　装帧设计:刘丽华

出版发行:化学工业出版社(北京市东城区青年湖南街 13 号　邮政编码 100011)
印　　装:三河市延风印装有限公司
710mm×1000mm　1/16　印张 15¼　字数 281 千字　2020 年 2 月北京第 1 版第 1 次印刷

购书咨询:010-64518888　　　　　　售后服务:010-64518899
网　　址:http://www.cip.com.cn
凡购买本书,如有缺损质量问题,本社销售中心负责调换。

定　　价:**80.00 元**　　　　　　　　　　版权所有　违者必究

序

　　"色谱技术丛书"从 2000 年出版以来，受到读者的普遍欢迎。主要原因是这套丛书较全面地介绍了当代色谱技术，而且注重实用、语言朴实、内容丰富，对广大色谱工作者有很好的指导作用和参考价值。2004 年起丛书第二版各分册陆续出版，从第一版的 13 个分册发展到 23 个分册（实际发行 22 个分册），对提高我国色谱技术人员的业务水平以及色谱仪器制造和应用行业的发展起了积极的作用。现在，10 多年又过去了，色谱技术又有了长足的发展，在分析检测一线工作的技术人员迫切需要了解和应用新的技术，以提高分析测试水平，促进国民经济的发展。作为对这种社会需求的回应，化学工业出版社和丛书作者决定对第二版丛书的部分分册进行修订，这是完全必要的，也是非常有意义的。应出版社和丛书主编的邀请，我很乐意为丛书第三版作序。

　　根据色谱技术的发展现状和读者的实际需求，丛书第三版与第二版相比，作了较大的修订，增加了不少新的内容，反映了色谱的发展现状。第三版包含了 15 个分册，分别是：傅若农的《色谱分析概论》，刘虎威的《气相色谱方法及应用》，陈义的《毛细管电泳技术及应用》，于世林的《高效液相色谱方法及应用》，牟世芬等的《离子色谱方法及应用》，赵睿、刘国诠等的《色谱柱技术》，白玉、汪正范等的《色谱联用技术》，李攻科、汪正范等的《样品制备方法及应用》，袁黎明等的《色谱手性分离技术及应用》，欧阳津等的《液相色谱检测方法》，张庆合等的《色谱仪器维护与故障排除》，蔡亚岐、江桂斌等的《色谱在环境分析中的应用》，吴永宁等的《色谱在食品安全分析中的应用》，胡昌勤等的《色谱在药物分析中的应用》，宋德伟等的《色谱在生命科学中的应用》。这些分册涵盖了色谱的主要技术和主要应用领域。特别是第三版中《样品制备方法及应用》是重新组织编写的，这也反映了随着仪器自动化的日臻完善，色谱分析对样品制备的要求越来越高，而样品制备也越来越成为色谱分析乃至整个分析化学方法的关键步骤。此外，《色谱手性分离技术及应用》的出版也使得这套丛书更为全面。总之，这套丛书的新老作者都是长期耕耘在色谱分析领域的专家学者，书中融入了他们广博的知识和丰富的经验，相信对于读者，特别是色谱分析行业的年轻工作者以及研究生会有很好的参考价值。

感谢丛书作者们的出色工作，感谢出版社编辑们的辛勤劳动，感谢安捷伦科技有限公司的再次热情赞助！中国拥有世界上最大的色谱市场和人数最多的色谱工作者，我们正在由色谱大国变成色谱强国。希望第三版丛书继续受到读者的欢迎，也祝福中国的色谱事业不断发展。是为序。

2017 年 12 月于大连

手性是自然界的基本属性之一，与生命起源有密切的关系。研究手性识别的最主要源动力来自于手性药物，除此之外其与化学、化工、环境、农药、食品、香料、材料、生命等领域也有非常广阔的联系。

手性物质的化学识别需要创造手性环境，手性环境离不开手性材料，目前手性分离主要使用手性色谱方法。但现在手性柱的种类繁多，各种商品化手性分离柱的选择性仍存在一定的局限性，绝大多数手性商品柱的价格昂贵，一些手性柱由于选择性不高、稳定性不好或者流动相选择烦琐等缺点正在被逐渐淘汰。而各种手性柱的研究者和生产商总是在尽可能地展示色谱柱的优点，这常常使人们在实际应用中难以选择适宜于自己的手性分析方法。

笔者从2000年开始手性色谱柱和手性选择性膜的研究，一方面研究新型手性色谱柱，另一方面也比较研究多种商品手性柱的性能、用它们表征手性高分子膜的选择性。一根比较理想的手性色谱柱：一是要有好的选择性，利用尽可能少的色谱柱来拆分尽可能多的手性化合物；二是液相色谱（LC）的溶剂系统选择容易，采用商家推荐的某个溶剂系统能够拆分尽可能多的外消旋体类型；三是要有好的再现性；四是要求有较长的柱寿命；五是手性化合物的色谱峰之间不要相距太远、且能避开干扰峰。另外分离系统最好能兼具出峰时间短，使用溶剂价廉、低黏度、无毒、不腐蚀仪器，少使用酸碱及盐溶液，对环境温度不灵敏等特点。

每根手性色谱柱（板）都有自己的特点。如在气相色谱（GC）中，手性笼 CR3 色谱柱具有很高的手性选择性，全甲基-β-环糊精柱是目前使用最广泛的商品柱；又如在 LC 中，纤维素三（3,5-二甲基苯基氨基甲酸酯）以及直链淀粉三（3,5-二甲基苯基氨基甲酸酯）具有宽范围的手性选择性，手性冠醚柱非常适用于氨基酸的拆分；万古霉素手性薄层板具有分析成本低、操作简便等特点。为了较客观地评价众多商品手性柱，笔者用相同的随机样品，使用商家推荐的主要拆分条件，对近二十根不同类型的代表性商品手性柱进行了外消旋体拆分，比较了它们的手性分离结果，同时还简要评述了一些代表性柱的重要原始文献。书中的色谱图绝大多数是笔者团队的分离结果，图表数据可靠。虽然仅用一两个推荐色谱分离条件不能全面地评价一些色谱柱的手性识别能力，使用率高的手性柱对于某个具体的样品也未必是适宜的选择，但其可以粗略地反映这些柱的普适性，这对非色谱工作者如不对称合成等科研人员来说尤其方便和实用。希望本书能使读者对这些手性柱各自的特点有一个比较全面的了解，能针对性地使用各种手性柱、手性板以及手性添加剂，同时也为手性分离材料研究者提供参考。

本书的很多内容得益于多年来多个国家自然科学基金（批准号：21675141、91856123、21027012、90717002 等）以及科技部、教育部、省重点等项目的资助，与笔者编著的《手性识别材料》具有很好的互补性。本书第一～三、第五～七章由袁黎明撰写，第四章由刘虎威撰写。

感谢谌学先、艾萍、字敏、段爱红、廖一平和白玉等同事的合作，以及课题组谢生明、张美、章俊辉、王帮进、韩晔华、常翠兰、刘一、庞楠楠等数位博士和硕士生的研究工作。由于作者水平的限制，书中疏漏和不足在所难免，敬请专家和读者给予批评指正。

袁黎明　刘虎威

2019 年 10 月

缩略语表

英文缩写	英文名称	中文名称
BGE	back-ground electrolyte	背景电解质
CCC	countercurrent chromatography	逆流色谱
CD	cyclodextrin	环糊精
CE	capillary electrophoresis	毛细管电泳
CEC	capillary electrochromatography	毛细管电色谱
CF	cyclofructan	环果糖
CGE	capillary gel electrophoresis	毛细管凝胶电泳
CMC	critical micelle concentration	临界胶束浓度
COFs	covalent organic frameworks materials	共价有机框架材料
CZE	capillary zone electrophoresis	毛细管区带电泳
EKC	electrokinetic chromatography	电动色谱
EOF	electroosmotic flow	电渗流
GC	gas chromatography	气相色谱
HPCE	high performance capillary electrophoresis	高效毛细管电泳
HPLC	high performance liquid chromatography	高效液相色谱
HSCCC	high speed countercurrent chromatography	高速逆流色谱
LC	liquid chromatography	液相色谱
MEKC	micellar electrokinetic chromatography	胶束电动色谱
MEEKC	microemulsion electrokinetic chromatography	微乳电动色谱
MIP	molecularly imprinted polymer	分子印迹聚合物
MOCs	metal-organic cages	金属-有机笼
MOFs	metal-organic frameworks materials	金属-有机框架材料
MS	mass spectrometer	质谱
NACE	non-aqueous capillary electrophoresis	非水毛细管电泳
POCs	porous organic cages	多孔有机笼
SFC	supercritical fluid chromatography	超临界流体色谱
TLC	thin layer chromatography	薄层色谱
UV	ultraviolet	紫外

目录

第三章　手性液相色谱

第四章 手性毛细管电泳   ◄◄◄◄◄◄◄

第一章

手性色谱概论

1903 年俄国植物学家茨维特（Tswett）在华沙自然科学学会生物学会会议上提出了应用吸附原理分离植物色素的新方法，宣读的论文题目为"一种新型吸附现象及其在生化分析上的应用"。三年后，他将这个方法命名为色谱法（chromatography）。本书中将色谱技术用于手性分离分析的方法称为手性色谱（chiral chromatography）。

第一节　发展历程

色谱技术的发展主要经历了下面的一些重要节点：

1903 年，Tswett 发明色谱分离法。

1931 年，Kuhn 与 Lederer 使用色谱法证实了蛋黄内的叶绿素系植物叶黄素与玉米黄质的混合物，使人们认识到色谱技术在分离科学中的重要性。

1937 年，纸电泳开始被应用。

1938 年，Izmailov 和 Shraiber 第一次使用薄层色谱法（TLC）。

1938 年，Taylor 和 Uray 用离子交换分离锂和钾的同位素。20 世纪 40 年代后，出现了合成离子交换树脂，离子交换色谱得到了广泛应用。

1941 年，Martin 和 Synge 创立了分配色谱理论。他们采用水饱和的硅胶为固定相，以含有乙醇的氯仿为流动相分离了乙酰基氨基酸。

1944 年，Martin 等发展了纸色谱。

1952 年，Martin 和 James 发展了气-液分配色谱。

1956 年，Van Deemter 等发表了关于色谱分离效率的速率理论，并应用于 GC。

1957 年，出现了离子交换色谱氨基酸分析仪。

1958 年，Golay 提出了毛细管柱 GC。

1959 年，在 Gordon Conference 上提出了第一篇凝胶过滤色谱的报告。

1962 年，Klesper 等提出了超临界流体色谱（SFC）。

1963 年，Giddings 的研究工作为现代 LC 奠定了理论基础。

1966 年，Ito 等提出了逆流色谱（CCC）。

20 世纪 60 年代中期，凝胶渗透色谱出现。

20 世纪 60 年代后期，亲和色谱出现。

20 世纪 60 年代，美国 UOP 公司开发了模拟移动床色谱。

1969 年，现代 LC 受到重视，高效液相色谱（HPLC）问世。

20 世纪 70 年代，二维 GC、二维 HPLC 出现。

20 世纪 80 年代初，高速逆流色谱出现。

20 世纪 80 年代以后，毛细管柱应用于 SFC 技术中。

20 世纪 80 年代，毛细管电泳（CZ）得到快速发展。

1992 年，模拟移动床色谱首次用于手性拆分。

手性化合物的化学拆分离不开手性环境，手性环境的创造离不开手性识别材料。在手性色谱技术的发展史上，有下面一些重要的事件：

1938 年，Henderson、Rule 首先用乳糖作为手性剂进行了手性色谱拆分。

1944 年，Prelog 等利用乳糖拆分了特格罗尔碱。

1951 年，Kotake 等报道将纸色谱用于氨基酸的手性分离。

1952 年，Dalgliesh 提出三点作用手性分离理论。

1965 年，Contractor 和 Wragg 用纤维素粉末制备薄层色谱拆分了色氨酸等对映异构体。

1966 年，Gil-Av 等将 N-三氟乙酰基-D-异亮氨酸月桂醇酯用于 GC 手性分离。

1968 年，Davankov 等提出了手性配体交换色谱。

1971 年，Schurig 和 Gil-Av 的研究证实具有光学活性成分的金属有机化合物可作为 GC 手性固定相。

1973 年，Wulff、Sarhan 将分子印迹方法用于手性色谱。

1973 年，Hesse、Hagel 将三醋酸微晶纤维素用作 LC 手性固定相。

1973 年，Steward、Doherty 将蛋白质用作手性固定相。

1974 年，Blaschke 研究了手性聚丙烯酰胺 LC 固定相。

1975 年，Cram 等报道了手性冠醚固定相。

1977 年，Frank 将 L-缬氨酰叔丁胺与二甲基硅氧烷和 (2-羧丙基)-甲基硅氧烷的共聚物用于 GC 手性固定相。

1978 年，Musso 将土豆淀粉用作手性固定相。

1978 年，Harada 等报道了环糊精型的 LC 手性固定相。

1979 年，Pirkle 型手性固定相出现。

1979 年，Okamoto 等发表了单手螺旋状的聚甲基丙烯酸三苯甲基酯手性材料。

1984 年，Okamoto 报道了三苯基氨基甲酸酯纤维素。并于 1986 年报道了纤维素三 (3,5-二甲基苯基氨基甲酸酯)，1987 年报道了直链淀粉三 (3,5-二甲基苯基氨基甲酸酯)。

1987 年，Juvancz 等将全甲基-β-环糊精涂渍到玻璃毛细管柱上分离手性化合物。

1988 年，Schurig 将全甲基-β-环糊精用 OV-1701 稀释后涂渍毛细管柱建立的稀释法，成为现代商品环糊精衍生物 GC 手性柱的主要制柱方法。

1994 年，Armstrong 等报道了大环抗生素作为 LC 手性分离柱。

1995 年，Allenmark 等发表了酒石酸二酰胺手性分离材料。

1996 年，Lindner 等将奎宁作为 LC 手性固定相。

1997 年，傅若农等在 GC 混合固定相研究中发现非加合性，由傅若农和袁黎明等提出了 GC 混合固定相的协同效应（synergistic effect）并用于手性拆分。

2004 年，Armstrong 等将手性离子液体用于毛细管 GC。

2007 年，Nuzhdin 等将手性金属-有机框架材料（MOFs）用作经典 LC 中的手性吸附剂。

2009 年，Armstrong 等将环果糖用于手性 HPLC。

2011 年，袁黎明和谢生明等将手性 MOFs 用于 GC 固定相。

2014 年，袁黎明和章俊辉等将手性无机介孔硅用于毛细管 GC。

2015 年，袁黎明和章俊辉等将手性多孔有机笼状分子用于高分辨 GC 研究。

2016 年，严秀平等将手性共价有机框架材料（COFs）用于开管柱 GC。

2017 年，崔勇等将手性 COFs 用于 HPLC 手性柱。

2018 年，谢生明和袁黎明等将手性金属-有机笼状分子（MOCs）用于 GC 固定相。

众所周知，Knowles、Sharpless、Noyori 三位科学家因为手性合成方面的杰出贡献，获得了 2001 年的诺贝尔化学奖。在手性研究领域还有一个国际性的奖项——手性勋章奖。手性勋章奖由意大利化学会于 1991 年设立，奖励在国际上公认的、在手性研究领域做出杰出贡献的科学家。该奖由手性勋章荣誉委员会每年颁发一次，该委员会由手性国际委员会成员以及近期获得该奖者组成。从 1991 年开始到 2018 年，世界上一共有 29 位科学家获得了该奖项，Noyori 和 Sharpless 在获得诺贝尔奖前也分别于 1997 年和 2000 年获得了手性勋章奖。在手性色谱研究领域做出杰出贡献而获得手性勋章奖的还有：

1991，E. Gil-Av（Israel），手性氨基酸衍生物类 GC 固定相。

1994，W. Pirkle（USA），手性刷型类 LC 固定相。

1999，V. Davankov（Russia），手性配体交换 LC 固定相。

2001，Y. Okamoto（Japan），手性多糖类以及人工合成单手螺旋高分子类 LC 固定相。

2003，D. W. Armstrong（USA），手性大环抗生素以及环糊精类 LC 固定相，手性环糊精类 GC 固定相。

2004，V. Schurig（Germany），环糊精类 GC 固定相以及手性金属配合物类。

2008，W. Lindner（Austria），手性奎宁类 LC 固定相。

2015，C. Welch（USA），手性分离分析。

第二节　手性

手性（英文为 chirality，希腊文为 *Kheir*）是在多种学科中用来表达一种分子结构不对称的术语。早在 1893 年，Lord Kelvin 就定义：如果物体不能与其镜像重合，则这个物体就是手性的，或者说具有手性。手性分子本身（实体）与其镜像不能重叠的现象称为对映异构现象。这种异构体叫作对映异构体（enantiomers）或手性异构体（chiral isomer），简称对映体。两种互为对映体的异构体的等摩尔混合物称为"外消旋体"。通常用 R 或 S、D 或 L、（+）或（−）标识手性构型[1]。

人们对手性的认识是从旋光性开始的。1815 年，法国科学家比奥特（J. B. Biot）发现了樟脑和酒石酸等的液体或水溶液能够使偏振光的偏振方向发生旋转，即旋光现象。到 1848 年，法国科学家巴斯德（Louis Pasteur）成功地从显微镜下拆分了外消旋酒石酸铵钠盐的两种晶体（图 1-1 显示了酒石酸铵钠盐两个对映体的半面晶外观），并且还发现一种晶体能使偏振光右旋，另一种晶体能使偏振光左旋，它们等浓度的水溶液，其旋光度相等，方向相反。巴斯德把分子旋光性同化学结构联系在一起，认为这种旋光性是由于分子结构或晶体排列中存在一些空间不对称性所导致的，揭示了旋光性的产生具有结构上的根源。随后，德国科学家维斯利采努斯（Johannes Wislicenus）在 1863 年发现乳酸也能形成左旋和右旋的化合物，并且还证明了这两种乳酸除对偏振光所产生的作用不同外，其它性质完全一样。后来证实，这一点对于各种镜像化合物是普遍成立的。1885 年，荷兰科学家范托夫（Jacobus Henricus van 't Hoff）和法国科学家勒贝尔（Joseph Achille Le Bel）则提出了不对称碳的正四面体模型，建立了立体化学，揭开了旋光性物质不对称性的秘密。原来使偏振光转动的镜像物质的碳原子，其价键连接着 4 个不同的原子或原子团，这种三维结构的概念还逐渐被应用于碳原子以外的其它原子。此后，手性作为自然界的一种普遍现象，被大家广泛认识。

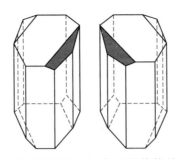

图 1-1　酒石酸铵钠盐两个对映体的晶体外观

　　日常生活中广泛存在着手性。在人们肉眼可以看到的世界里，有很多手性的例子，例如蜗牛的壳、绞杀植物的藤、旋转而上的楼梯、龙卷风、遥远的银河外星系等。手性化合物也普遍存在于农药、香料、材料中，有着非常重要的作用。手性对于生命活动极其重要，氨基酸、蛋白质、核酸、单糖、多糖等分子都是手性分子，这些分子大多都是以单一对映体存在于生物体内，而且细胞内的化学过程大多是在不对称的环境中进行的。一对手性异构体虽然有相同的物理性质（例如熔点、沸点等），但是在生命体内，却常常有着不同的药理和毒理作用。

　　目前手性研究最多的应用，就是手性药物以及不对称合成。历史上有名的沙利度胺事件的发生，使人们真正开始认识到手性药物的重要性。沙利度胺药物又称反应停，是一个众所周知而又令人心惊胆战、后患无穷的药物，该药 20 世纪 50 年代最先在德国上市，作为镇静剂和止痛剂，主要用于治疗妊娠恶心、呕吐，因其疗效显著，不良反应轻且少，而迅速在全球广泛使用。但是在短短的几年里，全球发生了极其罕见的大约有 12000 例海豹肢畸形婴儿，这些海豹肢畸形婴儿有的是生下来无手或缺腿的先天畸形儿，模样非常恐怖。调查发现，导致这些畸形儿的罪魁祸首就是当时风靡全球的沙利度胺，与孕妇妊娠期间服用沙利度胺密切相关，尤其是妊娠的第三周至第五周服用该药毒性更大。1961 年沙利度胺因为强烈致畸作用而被全面召回，后来经过研究发现，沙利度胺的 R-对映体有镇静作用，但是 S-对映体对胚胎有很强的致畸作用。沙利度胺事件让药物的手性受到制药界的广泛重视，正是有了 60 年代的这个惨痛教训，所以新药在研制成功后，都要经过严格的生物活性和毒性试验，以避免其中所含的另一种手性分子对人体的危害。1992 年美国食品药品监督管理局（FDA）给出了手性药物指导原则，明确规定各医疗企业在新药上市时必须分别给出外消旋体药物、右旋体及左旋体的药效及药动学的相关资料。随后，欧盟也颁布了新的法律法规，要求在新的手性药物上市时，必须给出不同立体异构体的药理活性的检测报告。2012 年，德国西部城市施托尔贝格一座铜像揭幕，造型是一名四肢畸形的儿童，名为"生病的孩子"。铜像高约 60 厘米，一个没有双臂、双腿畸形的小女孩靠在一张椅子上，铜像底座中间写着"纪念那些死去的和幸存的沙利度胺受害者"。

第三节　手性分离原理

1848 年法国科学家巴斯德用镊子成功地从显微镜下拆分了外消旋酒石酸铵钠盐的两种对映体，标志着手性分离的开始。为了获得单一高纯度手性药物，人们发展了多种手性分离方法。在这些方法中，已经具有实用性的方法主要有晶体接种拆分法、化学拆分法、生物酶拆分法、色谱法等[2]。

晶体接种拆分法又称优先结晶法，是往外消旋体溶液中加入某一对映体的微小晶体，则该构型的对映体就先结晶出来，结晶量远大于种晶量。将晶体滤出后，滤液中就含有过量的另一对映体，加热滤液，加入外消旋体，冷却，再加入含量较多的对映体的晶种，该对映体就会结晶出来，通过反复多次就可以把外消旋体分开。该方法并不适合所有的手性化合物，这是因为外消旋体在形成结晶时，可以产生三种类型：第一种类型是外消旋体混合物，在结晶过程中外消旋体的两个对映异构体分别各自聚结、自发地从溶液中以纯结晶的形式析出，它是两个纯对映异构体晶体的物理状态的混合物，两结晶体互为镜像关系。产生的原因是由于两个不同构型对映体分子之间的亲和力小于同构型分子之间的亲和力。外消旋混合物的溶解度大于单一纯对映体的溶解度。具有外消旋混合物性质的手性化合物大约只占外消旋体总数的 8%。第二种类型是外消旋化合物，两种对映异构体以等量和有序的排列形式共同存在于同一结晶中，形成均一的结晶。其原因是不同构型的对映异构体之间的亲和力大于同构型分子之间的亲和力而共存于同一晶格中。外消旋化合物的溶解度小于单一纯对映体的溶解度。第三种类型是外消旋固体溶液，就是两种对映异构体以非等量的形式无序地存在晶格中，形成的是一种固体溶液。产生的原因是同构型分子之间与相反构型分子之间的亲和力十分接近。外消旋固体溶液的溶解度与单一纯对映体的溶解度比较接近。在实际过程中，外消旋固体溶液的情况比较少见。利用旋光仪、圆二色谱、粉末 X 射线衍射、溶解度以及熔点等可以区分这三种类型。在外消旋化合物的饱和溶液中，加入一定量的纯的对映异构体结晶后，晶体会溶解，溶液产生旋光。很显然，晶体接种拆分法只适合于具有外消旋混合物性质的手性化合物的拆分。为了能增加生成这种聚集物的可能性，可通过衍生化的方法，如生成盐使其转变成外消旋混合物。晶体接种拆分法目前仍应用于工业拆分对映异构体，其每年某单一对映体的产量可达数万吨。该方法的缺点是需要纯的对映体晶种，但在没有纯对映体晶种的情况下，有时用结构相似的其它手性化合物作晶种，也能获得成功。有些外消旋混合物用合适的手性溶剂通过结晶的方法也能拆分。

在经典的拆分外消旋体的方法中，最常用的是通过化学反应的方法，它是迄今为止大多数光学活性药物的生产方法。化学拆分法是当外消旋化合物分子中含有羧基、氨基、羟基和双键等活性基团时，可与一些旋光试剂发生反应，生成两个非对映异构体，利用这两个非对映异构体溶解度的差异，用重结晶的方法进行拆分，最后再将其转化成纯的对映体，从而达到手性分离的目的。该法主要用于酸碱拆分。用于拆分外消旋体的酸性拆分剂主要有（+）-酒石酸、（+）-樟脑酸、（+）-樟脑-10-磺酸、L-（+）-谷氨酸等；用于拆分外消旋体的碱性拆分剂主要有（-）-马钱子碱、（-）-奎宁碱、（-）-麻黄碱、（+）或（-）-α-苯乙胺等。在羟基化合物和双键化合物的分离中，还用到手性试剂与金属离子形成的配位化合物作拆分试剂。在该方法中，毫无疑问拆分剂的选择是最重要的，所形成的非对映异构体中至少有一个能够结晶，两个非对映异构体的溶解度差别必须显著。由于不同的溶剂对非对映异构体溶解度的影响较大，还需在结晶时对溶剂进行正确选择。在实际过程中，还需防止两个非对映异构体之间相互作用生成复盐或者加合物，也要防止两个非对映异构体部分混合形成固体溶液。

生物酶拆分法是属于动力学拆分的方法，即利用酶具有的高度的立体专一性，高度选择性地与外消旋体中的一个对映体发生反应，从而达到手性分离的目的。酶催化的反应通常具有副反应少、产率高、得到的产物旋光纯度很高的特点。酶催化的反应大多在温和的条件下进行，酶易降解，造成环境污染小。通常是以脂肪酶、酯酶、蛋白酶等水解酶为手性拆分催化剂，主要用于光学活性的醇、酸、酯的制备，尤其是用酶法拆解外消旋氨基酸具有特别的重要性。然而，由于许多化合物在水中的溶解度低，产物的浓度低，给分离带来较大的困难，并且在水相中酶的特异性难以调节，使得水相中使用酶法进行手性化合物的合成和拆分的应用范围受到了较大限制。目前可以在工业生产中利用的酶制剂品种也非常有限，并且酶容易中毒，酶的价格也相对较高，在生产上成功的实例并不多。另外还有化学动力学拆分的方法，但通常它被归在不对称合成的领域，在此不作介绍。

对于色谱手性分离机理，目前被广泛接受的是 1952 年由 Dalgliesh 提出的三点作用原理。该理论认为手性分离或手性识别必须同时有三个相互作用点，这些作用点中至少有一个是立体化学性质的，如图 1-2 所示。图中的手性选择剂被固定在支撑体的表面上，其中含有 A、B、C 三个作用点，能与溶质相对映的三个点 A′、B′、C′作用。虽然溶质中两对映体都有两点能与手性选择剂作用，但只有一种对映体可以同时有三点作用，而另一种则不能。能同时有三点与手性选择剂作用的对映体被作用的力较大。如果第三点作用不是吸引，而是排斥，被作用的力反而小。因此，只有通过手性选择剂与对映异构体的三维空间分子的"三点作用"，才能确立立体的选择性。

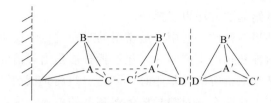

图 1-2 "三点作用"模式，只有一个溶质对映体具有合适的手性，
能与拆分剂同时具有三个相互作用点

"三点作用"的作用力可以是氢键、偶极-偶极相互作用、范德华力、包合作用以及立体阻碍等。对映体手性识别过程中主要存在下列几种作用类型，过渡金属离子的手性配位相互作用、π-π电荷转移相互作用、包结络合作用、氢键相互作用以及立体契合作用等。由于手性选择剂（相当于溶剂）和溶液（色谱流动相）中的对映体（相当于溶质）都是光活性的，它们之间的作用点可以有两点相同，但第三作用点需存在差别，使溶质和溶剂之间相互作用所形成的缔合物在稳定性上有差别。通过反复多次作用后，就可达到对映体的分离。

第四节　色谱手性分离常用技术

色谱分离体系应由两相组成，即由固定不动的固定相和在外力作用下带着试样通过固定相的流动相。色谱法有多种类型，从不同的角度可以有不同的分类方法，表 1-1 是常见的一些分类方法[3,4]。本书主要参照流动相相态分类，这也是目前最普遍使用的分类方法[5]。

表 1-1　色谱法分类

按流动相相态分类	按分离原理分类	按固定相形式分类	按流动相流动方式分类
气相色谱（GC）	吸附色谱	柱色谱	冲洗法
液相色谱（LC）	分配色谱	纸色谱	顶替法
超临界流体色谱（SFC）	离子交换色谱	薄层色谱（TLC）	迎头法
	排阻色谱	棒色谱	
	亲和色谱		
	毛细管电泳		
	场流分级法		

色谱研究的基本问题是首先将混合物分离，表现形式就是在色谱图上不同化合物的流出峰之间彼此相隔足够远。两物质流出峰之间距离的大小与它们在两相中的分配系数有关。要研究物质在两相中的分配系数与物质的分子结构和物质性

质间的关系，必须首先研究分配过程的热力学，以及相应的集聚态的配分函数，即色谱过程热力学。这是发展和选择高选择性色谱柱和进行色谱定性的基础。

　　然而两个色谱峰之间具有一定的距离还不一定说明物质对是否被完全分离。为了得到良好的分离，还要求峰宽要窄。为了准确地定量也要求峰宽要窄，峰形要对称。色谱峰的宽窄与峰形和物质在色谱过程中的运动情况有关，这是色谱过程的动力学，是发展和选择高效能色谱柱与高效能色谱方法及进行色谱峰形预测的基础。

　　在选择色谱峰最佳操作条件时仅考虑上述两方面问题还不够，因为当改变操作条件或模式时，色谱峰宽与峰间距离可以同时发生变化。要预测混合物中最难分离的物质对，不但要考虑到热力学因素对分离的影响，而且还要考虑动力学因素对分离的影响。色谱操作条件的优化只能在正确选择最佳色谱分离模式和柱系统的基础上进行才有意义。色谱方法的优化必须包括色谱模式、色谱系统、色谱分离条件三个主要方面。色谱过程中两组分分离的好坏用分离度 R 来表示，它被定义为：

$$R = \frac{2(t_{R,2} - t_{R,1})}{W_{b,2} + W_{b,1}}$$

　　式中，$t_{R,1}$ 和 $t_{R,2}$ 分别是相邻两峰的保留时间；$W_{b,1}$ 和 $W_{b,2}$ 分别为相邻两峰的峰底宽。据此可以从色谱分离图来进行计算分离度 R 值。特别是深刻理解通过推导得出的下面色谱基本关系式，对于优化色谱条件、系统实现色谱分离具有非常重要的理论指导意义：

$$R = \frac{\sqrt{N}}{4} \times \frac{\alpha - 1}{\alpha} \times \frac{k}{1+k}$$

　　其中 α 代表选择性，等式右边 $(\alpha-1)/\alpha$ 称为热力学因素；N 为色谱柱的理论塔板数，称为动力学因素；k 为保留因子，$k/(1+k)$ 称为保留因素。该式明确指出，分离的好坏首先决定于固定相以及流动相优化的好坏，另外还决定于色谱柱效率的高低，最后样品与固定相作用时间的长短也是影响分离结果的因素。

　　色谱手性拆分法是基于流动相中样品与固定相发生作用（吸附、分配、离子吸引、排阻、亲和）的大小、强弱不同，在同一推动力的作用下，样品在固定相中滞留时间不同，从而按先后不同的次序从固定相中流出以实现分离的目的。目前的手性色谱拆分方法中，分离方式主要分为三种：手性固定相法（CSP）、手性流动相添加剂法（CMPA）和手性衍生化试剂法（CDR）。就色谱技术而言，应用最为广泛的是手性固定相法。

一、手性固定相法

　　手性固定相法是指流动相是普通的溶剂，固定相则具有手性选择性，利用不同对映体与手性柱的作用力不同进行拆分。手性固定相法包括 GC、HPLC、CE、CCC、SFC 等。

　　手性固定相法是色谱手性拆分中最常用的方法，具有手性和手性识别能力的手性固定相，是手性色谱的关键和核心。自第一次出现手性色谱柱至今已有半个世纪的历史，人们深入研究了用于色谱分离的手性固定相，目前已有上百种商品化过的手性色谱柱。在袁黎明所著《手性识别材料》一书[6]中，将已报道过的固定相归纳成二十余类，具体包括有机酸、有机碱、离子液体、表面活性剂、氨基酸、小分子肽、联萘、酰胺、脲、醇、三嗪、金属络合物、配体交换剂、环糊精、冠醚、杯芳烃、环果糖、大环抗生素、手性侧链高分子、树枝状化合物、分子印迹聚合物、人工合成单手螺旋高分子、寡糖、多糖、聚肽、蛋白质、核酸适体等。最近几年又出现了 MOFs、COFs、手性无机介孔硅、笼状材料、手性纳米材料等。手性 GC 广泛使用的固定相主要是：①环糊精的衍生物；②氨基酸衍生物。在手性 LC 和 CE 中广泛使用的固定相或手性选择剂主要是：①纤维素及直链淀粉衍生物；②手性冠醚；③大环抗生素；④环糊精的衍生物；⑤配体交换。此外还有：⑥蛋白质；⑦小分子刷型固定相；⑧奎宁类等。笔者团队详细研究了单糖、二糖、寡糖及其衍生物作为 HPLC 手性固定相的性能，其中 D-葡萄糖和纤维二糖等也有较好的手性识别效果。

二、手性流动相添加剂法

　　手性流动相添加剂法是指使用常规的色谱固定相，在流动相中直接加入手性添加剂，通过手性添加剂和手性化合物的相互作用，使手性化合物得到拆分。拆分原理有两种：①流动相中手性试剂与对映体形成非对映体化合物，在固定相上的作用不同而得到拆分；②手性试剂吸附在固定相上形成动态的手性固定相，对映体与之作用不同而得到拆分。该方法的优点是：①使用常规的色谱固定相，不需要价格昂贵的手性柱或者手性板；②无需手性试剂衍生；③手性添加剂选择范围较宽。

　　目前该方法主要用于 HPLC、CE、TLC 中。由于所需手性添加剂的量较大，一些手性添加剂在水中的溶解度较小，或者一些手性添加剂选择性低以及价格较高的原因，真正具有实用价值的手性添加剂现在主要局限于环糊精及其衍生物、氨基酸及其衍生物等少数几类手性选择剂。

三、手性衍生化试剂法

　　手性衍生化试剂法是指手性化合物外消旋体在分离前，先与高光学纯度衍生化试剂反应形成非对映体，再利用常规色谱根据所生成的非对映体的差速迁移进行分离测定。非对映体在色谱系统中的差速迁移与其分子的手性结构、手性中心所连接的基团和色谱系统的分离效率等因素有关。作为手性衍生化反应试剂，必须满足：①手性试剂及反应产物在化学上和手性上都很稳定，其光学性在贮存中不发生改变；②在衍生化反应和色谱条件下，试剂、手性药物和反应产物不发生消旋化反应；③衍生化反应生成的非对映体可以通过色谱分离；④手性试剂应具有 UV 或荧光等敏感结构，能使生成物具有良好的可检测性；⑤手性化合物对映体的化学结构中应具有易于衍生化的基团，如氨基、羰基、羧基和巯基等。目前，常用的手性衍生化反应试剂种类有异硫氰酸酯和异氰酸酯类、萘衍生物类、酰氯与磺酰氯类和光学活性氨基酸类等。对映体手性试剂衍生过程烦琐，常常因为反应不完全、副产物的产生等多种原因，给色谱检测带来诸多不便。由于新型手性分离材料的不断涌现，尤其是手性固定相法的快速发展，利用手性衍生化试剂法测定手性化合物的方法已经越来越少，新的手性衍生方法的研究也鲜见报道。在实际工作中，已经基本上被前面的两种方法所取代。因此，本书出于实用性的考虑，主要讨论手性固定相法和手性流动相添加剂法，后面的章节中将不再叙述手性衍生化试剂法。

此外，有一些手性分离方面的专著[6-10]和综述[11-15]，有兴趣的读者可以进一步阅读。

参考文献

[1] 叶秀林. 立体化学. 北京: 北京大学出版社, 1999.

[2] 尤启东, 林国强. 手性药物研究与评价. 北京: 化学工业出版社, 2011.

[3] 卢佩章, 戴朝政, 张祥民. 色谱理论基础. 北京: 科学出版社, 1997.

[4] 张玉奎, 张维冰, 邹汉法. 分析化学手册:第二版, 第六分册. 北京: 化学工业出版社, 2000.

[5] 傅若农. 色谱分析概论:第二版. 北京: 化学工业出版社, 2005.

[6] 袁黎明. 手性识别材料. 北京: 科学出版社, 2010.

[7] 陈立仁. 液相色谱手性分离. 北京: 科学出版社, 2006.

[8] 金恒亮. 手性气相色谱——环糊精衍生物为固定相. 北京: 化学工业出版社, 2007.

[9] Berthod A. Chiral recognition in separation methods. Heidelberg: Springer, 2010.

[10] Scriba G K E, Ed. Chiral separations, methods and protocols: 2nd Ed// Methods in Molecular Biology: vol. 970. New York: Humana Press, 2013.

[11] Ward T J, Ward K D. Anal Chem, 2012, 84: 626.

[12] Scriba G K E. J Chromator A, 2016, 1467: 56.

[13] Shen J, Okamoto Y. Chem Rev, 2016, 116: 1094.

[14] Xie S M, Yuan L M J Sep Sci, 2017, 40: 124.

[15] Xie S M, Yuan L M J Sep Sci, 2019, 42: 6.

CHAPTER 2

手性气相色谱

气相色谱（GC）法是利用被分离组分在固定相和载气之间的分配有差异，当它们两相做相对运动时，这些组分在两相间进行反复多次的分离，最后达到平衡，使性质具有微小差异的组分随着流动相的移动能够有明显的分离效果，从而使这些组分得到分离。该法适用于分离一些易挥发的稳定性好的手性化合物。

第一节　引言

一、气相色谱仪

GC 仪大体上包括气流系统，分离系统，检测、数据处理和仪器控制系统三个部分。气流系统主要是控制载气和检测器用的助燃气、燃料气等的阀件，测量用的流量计、压力表，净化用的干燥管、脱氧管等。分离系统包括分离用的色谱柱、进样器以及色谱柱恒温箱和有关电器系统。检测、数据处理和仪器控制系统包括检测器、色谱工作站及有关电气控制部分。

GC 检测器最常使用的是热导池检测器（TCD）、氢火焰离子化检测器（FID）以及电子捕获检测器（ECD）三种。热导池检测器是通用型检测器，但其灵敏度低，对温度及载气流速敏感。氢火焰离子化检测器适用于大多数有机物，灵敏度高，线性范围广，对温度及载气流速不敏感，在检测器中应是第一位的。电子捕获检测器的灵敏度可能是最高的,十分适用于环境科学中的微量物测定,但其稳定及维修较难,要求的载气纯度高且易被污染。

二、基本原理

通常 GC 进样量很小,样品在流动相和固定相之间的浓度关系呈线性。色谱峰可以用一个高斯分布函数表示。保留时间是色谱流出峰定性的依据,其宽度则是衡量分离过程中柱效的基础,研究色谱峰保留时间及其宽度的变化规律是色谱动力学的重要内容。

关于 GC 的研究一般主要集中在色谱理论、色谱仪器、色谱柱及检测器几个方面。在色谱动力学中,主要包含有平衡色谱理论、塔板理论、纵向扩散理论、速率理论。平衡色谱理论是威尔松(Wilson)等人首先发展和建立起来的,有两个基本假设:①认为色谱过程中由浓差引起的扩散应可以忽略;②组分在流动相和固定相之间的平衡能瞬时达成。根据上述假设,可建立一定的运动方程,求解运动方程,就可由平衡色谱理论得到两个重要结论:①组分的质心时间 t(当色谱峰呈对称分布时即保留时间 t_R)在一定的操作条件下取决于它在两相的分配系数,即由它的热力学性质所决定;②组分在色谱过程中引起的宽度变化为零,即色谱过程中宽度不展开。显然这个结论是不符合实际的,这就促使理论进一步发展。

塔板理论是在平衡色谱理论的基础上发展起来的,它是平衡色谱理论的假设,"平衡能瞬时达成"概念的直观推广。塔板理论认为统计地看两相间的平衡只能在一个小单元内达成,这个小单元的柱长度即理论板高 H。根据上述假设,可建立一定的运动方程,求解运动方程,就可由塔板色谱理论得到两个重要结论,其中第一个结论和平衡色谱理论关于质心时间的结论是一致的;第二个结论是色谱过程中色谱峰是要展宽的,展宽的宽度平方值和理论板高 H 成正比。理论板高 H 值是衡量色谱柱效率的一个很好的指标。为方便起见,人们还常用理论塔板数 N 来衡量一个色谱柱的效率:

$$N = L / H = (t_R / \sigma)^2 = 5.54(t_R / W_h)^2 = 16(t_R / W_b)^2$$

式中,L 是柱长;t_R 是保留时间;σ 是标准偏差;W_h 是半峰宽;W_b 是峰的宽度。

塔板理论反映了影响色谱峰保留时间和峰的宽度这两个重要问题,但它没有回答宽度也就是相应的理论板高究竟受哪些操作条件的影响。为了在实质上揭露谱线移动和峰形变化的规律,研究者在大量的实验基础上提出了纵向扩散理论。设影响区域扩张的主要因素是物质在流动相内的纵向扩散过程,其弥散系数为 $D_{纵}$,而有限的传质速率对谱线加宽的影响暂时未予考虑。根据上述假设,也建立一定的运动方程，在一定的条件下得到：$H = 2D_纵/u$。从纵向扩散理论所得出的结果可知，理论塔板高度 H 与流动相的线速度 u 成反比，而与纵向扩散系数 $D_纵$ 成正比。

但谱带运动过程中被分析物质在流动相与固定相之间的分配平衡并不能瞬间达成，早在 1952 年就有学者对填充柱色谱过程作了较详细的研究，指出色谱过程中引起组分宽度扩张的主要因素是：①沿柱流动方向的纵向扩散效应；②组分在两相的平衡不能瞬时达成，即它在两相交换时传质速率是有限的。根据这些假设，1956 年由 Van Deemter 等人得到了速率理论方程式，也称作范氏方程式，GC 的速率理论方程式为：

$$H = 2\lambda d_{\mathrm{p}} + \frac{2\gamma D_{\mathrm{g}}}{u} + \frac{8}{\pi^2} \times \frac{k}{(1+k)^2} \times \frac{d_{\mathrm{f}}^2}{D_l} u + \frac{0.01k^2}{(1+k)^2} \times \frac{d_{\mathrm{p}}^2}{D_{\mathrm{g}}} u$$

上面等式右边第一项称涡流扩散项，等式右边第二项称分子扩散项，等式右边第三项称液相传质项，等式右边第四项是气相传质项。

范氏方程可简单地表示为：

$$H = A + B/u + Cu$$

这个方程的最佳载气线速为：

$$u_{\mathrm{opt}} = \sqrt{B/C}$$

最小理论塔板高度为：

$$H_{\mathrm{min}} = A + 2\sqrt{BC}$$

GC 热力学主要讨论色谱保留值和热力学参数的关系、色谱柱的选择性、固定相的分类和选择等，以了解色谱分离过程的实质，并用于解决实际分析问题。两组分在色谱柱出口获得分离的必要条件是两组分的分离系数有差别。

GC 要求固定相化学性质稳定、热稳定、可适用的温度范围和样品范围宽，易于制备高效柱等。1959 年罗胥耐德（Rohrschneider）曾应用相对极性将固定液分成强极性、极性、中等极性、弱极性及非极性五极，数值从 0～100，每 20 为一级。1966 年罗胥耐德在此基础上选用了五种代表不同作用力的物质，即苯（电子给予体）、乙醇（质子给予体）、甲乙酮（偶极定向力）、硝基甲烷（电子接受体）、吡啶（质子接受体），以角鲨烷固定相为基准来表征不同固定液的相对极性。1970 年麦克里诺德（Mcreynolds）在罗氏常数的基础上，选出 5 种标准物质（苯、1-丁醇、2-戊酮、1-硝基丙烷、吡啶）来表征固定液的相对极性。麦氏常数也以角鲨烷固定液为基准，在 120℃测定固定液与角鲨烷固定液之间的保留指数差值，其计算方法如下：

$$x' = I_{p,\text{苯}} - I_{s,\text{苯}}$$

$$y' = I_{p,\text{1-丁醇}} - I_{s,\text{1-丁醇}}$$

$$z' = I_{p,\text{2-戊酮}} - I_{s,\text{2-戊酮}}$$

$$u' = I_{p,\text{1-硝基丙烷}} - I_{s,\text{1-硝基丙烷}}$$

$$v' = I_{p,\text{吡啶}} - I_{s,\text{吡啶}}$$

式中，x'、y'、z'、u'、v' 为麦氏的相常数，下标 p 为待测固定液，s 为角鲨烷固定液。保留指数的计算公式为：

$$I = 100z + 100\frac{\lg t'_{R,i} - \lg t'_{R,z}}{\lg t'_{R,z+1} - \lg t'_{R,z}}$$

式中，z 为正构烷烃的碳原子数，$t'_{R,z}$ 为碳原子为 z 的正构烷烃的调整保留时间，$t'_{R,z+1}$ 为碳原子为 $z+1$ 的正构烷烃的调整保留时间，组分 i 的调整保留时间必须在碳原子数为 z 和 $z+1$ 的两正构烷烃的调整保留时间之间。不同固定相的相常数相同，则表明它们的性质基本相同；相反，若两固定相的相常数差别很大，则表明它们的性质差别较大。相常数的值越小，则固定相的性质越接近非极性的角鲨烷固定液的性质；相常数的值越大，则固定液的极性越强；相常数中某特定值如 x' 或 y' 的值越大，则表明该固定液对相应的基准物所表征的性质越强。利用相常数的值及其所表征的性质有助于固定液的评价、分类和选择。

从理论上讲，组分在两相间的平衡都可以表示为它在两相间的化学势的等式，若溶质在液相是稀溶液，则其可用拉乌尔定律（Raoult Law）描述。色谱柱对不同组分的选择性体现在它对不同组分的保留值是否有差别，通常用分离因子 α 来表示。

分离因子为：

$$\alpha = \frac{t'_{R2}}{t'_{R1}}$$

式中，t'_{R2} 为第二个峰的调整保留时间，t'_{R1} 为第一个峰的调整保留时间。

三、分类及操作

（一）填充柱气相色谱

GC 分为填充柱 GC 和毛细管 GC。在填充柱 GC 中，又分为气固色谱和气液色谱两大类。由于大多数情况下填充柱 GC 的塔板数为 400 块/m 左右，且填充柱的长度又非常有限，通常不会超过 6m，很难达到手性分离的柱效。在实际应用过程中，基本上都是采用毛细管 GC 来达到手性分离的目的。因此笔者在此只介绍毛细管 GC，对填充柱 GC 不作详述。

（二）毛细管气相色谱

填充柱是马丁等在发明 GC 的同时提出并付诸实现的，毛细管色谱的概念最早也是由马丁提出来的，他预言色谱柱如采用内径很细小的柱子，则色谱分离的效率将大大提高。1957 年马丁的预言由戈雷实现，其成功地在内径为 250μm 的金属毛细管内壁，用 1%的聚乙二醇的二氯甲烷溶液涂渍了一层很薄的固定液，用热导池检测器实现了毛细管 GC 分离。随着玻璃毛细管柱拉制、涂渍技术的进展，毛细管色谱法不断完善。1979 年柔性石英毛细管柱的出现又把毛细管色谱法的研究工作推向一个新高潮。

在毛细管内壁直接涂渍色谱固定液的称壁涂层毛细管柱；在其内壁均匀涂敷载体，并进一步在其上涂渍固定液的称载体涂层毛细管柱；在内壁均匀涂敷吸附剂，如氧化铝、硅胶、石墨化炭黑、分子筛等吸附剂的称多孔层毛细管柱；在毛细管内均匀、紧密填充色谱载体或吸附剂的称微型填充柱；在毛细管内均匀但较松散地充填色谱固定相的称填充毛细管柱。

毛细管柱的理论塔板高度可用著名的戈雷方程表示：

$$H = \frac{2D}{u} + \frac{2}{3}\frac{k}{(1+k)^2} \times \frac{d_f^2}{D_1}u + \frac{1+6k+11k^2}{24(1+k)^2} \times \frac{r_0^2}{D}u$$

式中，k 为保留系数；D_1 为溶质在固定液中的扩散系数；D 为溶质在气相中的扩散系数；u 为载气的线速度；d_f 为涂渍的固定液厚度；r_0 为毛细管柱的内径。

等式右边第一项称分子扩散项，第二项称液相传质项，第三项称流型扩散项或气相传质项。由于毛细管中载气流动呈抛物线分布，因此溶质分子在径向的不同位置其移动速度各不相同；同时不同的径向位置要到达管壁和液膜交换所需的时间也各不相同，从而使原来进样时在同一起点的溶质分子被逐步拉开。管径越粗，扩散越慢，其影响就越大。毛细管柱和填充柱的液相传质项常系数有差别，这是因为填充柱中假设填充颗粒为球形，而在毛细管柱中则假设其液膜为一平面。

由于毛细管色谱柱是空心的，渗透性好，所以它可以使用很长的柱长。另外由于毛细管柱气相所占的比重很大，因此它的气相传质项对整个理论板高的贡献也发生了很大的变化。有数据表明：当液膜厚度小于 0.2μm 时，液相传质和气相传质相比，液相传质对理论板高的贡献仅占百分之几，因此一般情况下都可以忽略。气相传质项随管径的增加而增加；液相传质项随液膜厚度的增加而增加；当 $k=1$ 时，液相传质项有最大值，其后随 k 值增大而下降。气相传质相随 k 质的增加缓慢增加。对毛细管 GC 而言，传质过程的控制因素是气相传质。由于：

$$H = B/u + C_g u$$

所以有：

$$H_{\min} = 2\sqrt{BC_{\mathrm{g}}} \qquad u_{opt} = \sqrt{\dfrac{B}{C_{\mathrm{g}}}} \qquad CE = \dfrac{H_{\min}}{H_{\text{实际}}} \times 100\%$$

早期使用的柱材料有聚乙烯、尼龙、金属不锈钢、铜及玻璃等，现在使用最普遍的是石英毛细管。常用毛细管柱的规格为内径 250～530μm，长度 10～30m。

一个高性能的毛细管柱应该是选择性好、柱效高、对样品不吸附、与样品不起化学反应。为了改变固定液对原料管内表面的润湿性，多年的经验表明必须对其改性。其一是化学改性，改造内壁的化学性质，以利于形成一个均匀的膜，并使内表面去活惰性化。另一则是物理改性，在内壁使表面粗糙化，增大其表面积，以使固定液能较均匀地在其上面形成一个准膜。

改性好的柱子就可以进行固定液的涂渍，涂渍分动态和静态两种，目前更多的是静态涂渍法。动态涂渍法早在 1958 年就已提出，方法是将要涂渍的固定液配制成一定浓度的溶液，通常是 10%～30%（质量分数）。一定量的溶液在气流的推动下，流经要涂的毛细管柱，控制涂渍液的线速度（一般小于 1cm/s），待溶液流出毛细管柱后继续通以小气量的气流使溶剂挥发，待溶剂完全挥发后，在毛细管柱内表面就会流下一层很薄的液膜。静态涂渍法是先用涂渍液充满整个要涂渍的柱子，然后将柱子一端密封，另一端在外力作用下使溶剂挥发，这样在毛细管内壁就流下一层均匀的液膜。静态涂渍时涂渍液的浓度一般为 0.2%～2%（体积分数），戈雷的第一根毛细管色谱柱就是采用静态法制备的。一般静态涂渍的涂渍效率较高，但它的缺点是费时过长，一根内径 250μm、长 20m 的柱子约需 30h。所以有学者又提出了自由逸出法，可以缩短制柱时间。

固定液固载化的概念是 1981 年提出的。固定液的固载化有多层含义：一是固定液分子中的功能基团和柱内表面产生化学结合，形成一个稳定的液膜，称固定相的键合；另一是固定液分子之间化学结合，交联生成一个网状的大分子覆盖在毛细管的内表面，成为一个不可抽提的液膜，称固定液的交联；最后一种情况是固定液分子既和内表面形成化学结合，其自身又交联成网状的大分子，即键合交联法。

无论是自制的还是商品的毛细管柱，在使用前都要对其性能进行评价。能反映柱子综合性能的有三项主要指标，即柱效、表面惰性和热稳定性。

柱效是指色谱柱在分离过程中主要由动力学因素（操作参数）所决定的分离效能，在通常情况下选用一个化合物，如萘、辛醇或正十二烷等来测定柱效。柱效的评价是测定一定 k 值组分的单位长度的理论塔板数，即每米理论塔板数和涂渍效率。一个好的非极性柱，它的涂渍效率在 90% 以上。对于一根内径为 0.25mm 的石英毛细管柱，在 $k>2$ 的前提下，其柱效一般在 4000 塔板/m 左右。

毛细管柱的活性主要是来自于玻璃或石英内壁的硅羟基或硅氧桥与被分离物的作用。另外玻璃内存在的金属氧化物所表现出的酸碱活性会引起吸附。这些将造成峰扩宽和拖尾，响应值减小，对试样产生催化作用。柱子惰性的评价，一般都采用 Grob 试剂和条件进行考核，但也有通过考量极性组分如苯胺、苯酚、脂肪酸酯等对正构烷烃的峰面积比是否恒定进行考核。

毛细管柱常常是在高温下或是程序升温到很高温度下使用，所以固定液涂渍的毛细管柱要具有良好的热稳定性。影响热稳定性的因素有两个：一是固定液本身的物理化学稳定性；二是柱表面对固定液的催化作用会导致固定液的流失。热稳定性可通过程序升温时基线漂移信号进行测定，也可通过升温处理后再降到一定的温度，进行升温前后柱保留值、柱效和峰对称性测量，以判断柱子是否能承受一定温度的考验。

毛细管柱和填充柱的色谱系统基本上是一样的，一般的填充柱 GC 仪就能做毛细管色谱分析，仅有下面几点需要作一定的改进：

① 分流气路 毛细管柱内径很细，样品容量很小，要把这样极微量样品瞬间引进毛细管柱，一般只能采用特殊的进样技术，如分流进样、不分流进样、柱头进样、直接进样、程序升温蒸发进样等。其中最常见的是分流进样，即在汽化室出口接上分流装置，使样品绝大部分放空，极小部分进入柱子（这两部分的比例叫分流比）。

② 尾吹气路 因毛细管柱流量很低，低于 10mL/min，一般为 0.5～2mL/min，为了减少毛细管柱到检测器之间空间死体积对柱效的影响以及调节检测器的灵敏度，在色谱柱后、检测器前要加一个补充气路，或叫尾吹气路。

③ 检测器 毛细管 GC 主要用氢火焰离子化检测器（FID），也可用其它高灵敏度的检测器。但一般的热导池（TCD）因灵敏度低不能应用于毛细管 GC。

④ 数据处理系统 与填充柱 GC 不同的是毛细管 GC 要求有较快的采样速度，因为毛细管色谱峰的出峰时间有时小于 1s。一般要求数据系统采样速率为每秒 20 个点左右，对于快速 GC 分析的采样速率可以高达如每秒 100 个点。

（三）操作

综合考虑 GC 中的各种因素，对于一个具体的实验，实验条件的选择应该考虑到以下因素：

① 载气的选择 载气的选择主要是考虑检测器的特点、柱效和分析速度。

② 汽化室温度 对一般分析色谱，汽化温度比柱温高 10～50℃左右即可。

③ 进样量 进样量对板高、峰高及峰面积都有影响。一般色谱柱内径越粗、柱子越长、固定液含量越高、试样组分的 k 越大，则允许进样量越多。

④ 色谱柱 一般选择不锈钢或玻璃填充柱以及石英毛细管柱。对于某些易

分解、易发生结构转化的化合物，特别是农药残留量的分析，必须用玻璃填充柱。根据被分离的难易还要选择柱径和柱长。

⑤ 载体　气液填充柱一般选择硅藻土载体，特别是白色载体。还要选择载体的粒度和范围大小。

⑥ 固定液　一般根据相似性原则选择。另外还要考虑固定液与载体的配比。

⑦ 柱温　选择柱温是根据混合物的沸点范围、柱效、固定液的配比和检测器的灵敏度。

⑧ 检测器　主要考虑灵敏度进行选取。

要系统了解 GC 的知识，请阅读本丛书《气相色谱方法及应用》分册。

第二节　氨基酸衍生物类手性柱及其应用

利用 GC 分离手性化合物的研究始于 20 世纪 50 年代末期，但真正第一次成功地分离是在 1966 年，Gil-Av 等[1]首次报道了氨基酸对映异构体的分离。Gil-Av 等用 *N*-三氟乙酰基-D-异亮氨酸月桂醇酯作为手性固定相，利用静态涂渍法将其涂在长 100m、内径 250μm 的毛细管的内壁上，柱效达到了 98000 理论塔板数的分离效能。氨基酸样品用三氟乙酸酐和异丙醇衍生化，以 100∶1 的分流比进样，在 90℃的等温下进行，分离总共花了 4 个多小时。实验注意到，L-型的固定相的分离能力较 D-型的分离能力稍好，L-型的样品在 L-型的固定相上先流出，D-型样品在 D-型固定相上先流出。1967 年 Gil-Av 等又用填充柱 GC 实现了氨基酸的半制备分离。该固定相的最大缺点是由于热不稳定性，只能在较低的温度下使用，分离时间往往太长，并且限制了它的应用范围。

尽管 GC 较早地应用于手性分离，但其在随后的年代里发展较慢，主要是因为该类固定相热不稳定。为了改善这种固定相的热稳定性，研究了多种氨基酸衍生物类手性固定相，包括二肽型、二酰胺型、脲型、单酰胺型、均三嗪等。

将氢键型物质用作这类固定相必须具有以下性能：第一，要求其具有低熔点和高沸点。三个和三个以上的多肽熔点较高，很少有报道；有些氨基酸熔点低，但沸点也低，柱流失严重，也不能使用。第二，固定相必须具有分子识别性，即要满足"三点作用原理"。第三，柱效要高，否则不能分离手性化合物。一般情况下，随着温度的升高手性分离因子 α 减小，极性化合物的分离效果优于非极性化合物，随着固定相的酯基链的增长 α 值也在降低，它们的最高使用温度绝大多数只能达到 150℃左右。

该类固定相主要用于分离氨基酸、羟基酸、羧酸、醇、胺、内酯、内酰胺等化合物的对映体，氢键作用是对映体分离的主要作用力。除此之外，分子间的相互作用，如偶极相互作用、范德华力和空间阻碍等，也对对映体分离有较大影响。这类固定相往往要求样品衍生化以增加挥发性，或引入适当的基团以提高氢键作用力。

一、Chirasil-Val 类

直到 1977 年，Frank 等将二甲基硅氧烷、L-缬氨酸-叔丁基胺和（2-羧丙基）甲氧基硅烷进行共聚，产生了一种新的固定相，该固定相远较上述 Gil-Av 固定相稳定，已经商品化，商品名叫 Chirasil-Val，其使原手性固定相的性能得到改善。该固定相涂渍的石英毛细管柱，可在 30～230℃的温度范围内使用。Chirasil-Val 柱特别适合拆分氨基酸的衍生物[2,3]，也可以拆分一些羟基酸、氨基醇、氨、醇的衍生物以及部分其它的手性化合物，图 2-1 是商品 Chirasil-Val 柱手性固定相的结构式。

手性的聚硅氧烷固定相仍然能通过 OV-225（含 25%氰丙基和 25%苯基的聚甲基硅氧烷）来制备。方法是将其氰基转化成 Chirasil-Val 类型聚合物中的羧基，然后使其与 L-缬氨酰叔丁胺中的氨基结合，就可合成与之类似的 OV-225-L-缬氨酰叔丁胺（图 2-2）。

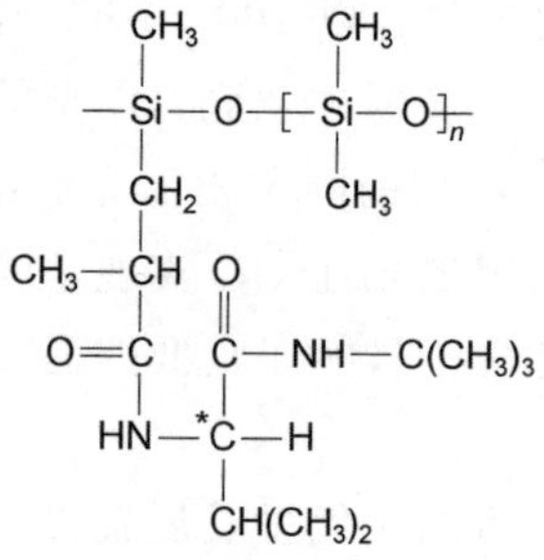

图 2-1　商品 Chirasil-Val 柱手性固定相

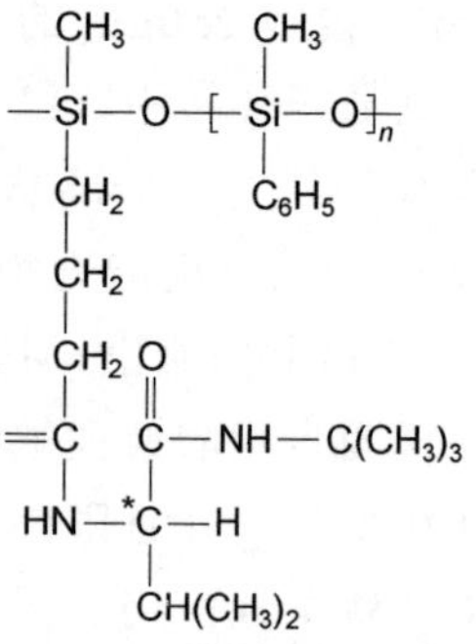

图 2-2　OV-225-L-缬氨酰叔丁胺

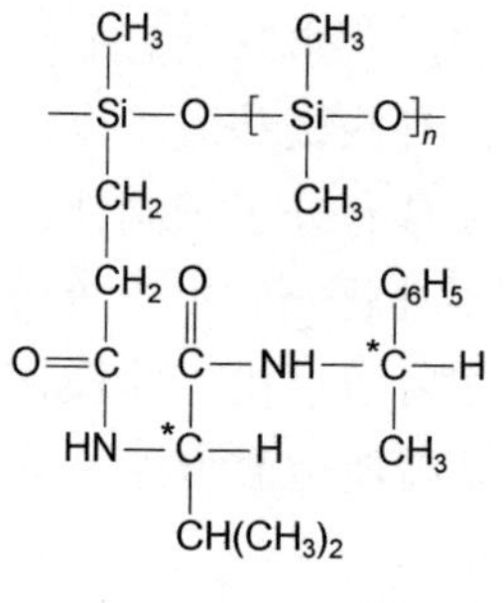

图 2-3　XE-60-L-缬氨酰-*S*（或 *R*）-*α*-苯乙胺

Konig 等利用 *S*（或 *R*）-*α*-苯乙胺作为另外的手性成分，以 XE-60（含 25%氰乙基的聚硅氧烷）合成了类似的手性固定相 XE-60-L-缬氨酰-*S*（或 *R*）-*α*-苯乙胺（图 2-3），也具有较好的涂渍性能和较宽的使用温度。

Konig 等还原 OV-225 中的氰基为氨基后，让其与 *N*-乙酰基-L-缬氨酸中的羧基作用，所生成的手性固定相仍然有较广泛的应用。

在上述手性固定相中，手性中心一般选择缬氨酰叔丁胺，主要因为它的对映体选择能力强，外消旋趋势小。研究表明，手性中心的含量也影响固定相的对映体选择性和耐温性，较理想的含量是 13%～25%，含量太高使固定相的软化点升高；含量太低又会降低固定相的对映体选择能力。因此，通常选择含 13%～25%氰基的聚硅氧烷作键合固定相的基质，通过水解、缩合等反应，把手性中心连接到聚硅氧烷骨架上。

由于交联毛细管柱具有耐溶剂冲洗、耐高温、寿命长、柱效高等特点，并可在超临界流体色谱条件下使用，手性交联毛细管柱的研制，也备受人们的重视。但是手性固定相的交联与非手性固定相也有一定差别，交联条件不当，会引起固定相的外消旋化及其它的副反应，使固定相的对映体选择性降低。文献报道的交联方法有热交联法、过氧化物法和偶氮化物法等，手性固定相的交联一般采用过氧化物引发法。交联时，要控制过氧化物的用量，过氧化物用量过大会造成手性中心的外消旋化，用量过小有可能交联不够。交联手性固定相虽然提高固定相的稳定性，由于受手性中心外消旋化的限制，仍不能在较高温度下使用。文献报道的交联手性毛细管柱的制备不多，主要有 Chirasil-Val、OV-225-L-缬氨酰叔丁胺、XE-60-L-缬氨酰-S（或 R）-α-苯乙胺、乙烯基氰乙基聚硅氧烷-L-缬氨酰叔丁胺等，上述 4 种二酰胺手性交联固定相常以过氧化苯甲酰为引发剂。

相关资料称 Chirasil-Val 柱的最大优点是能拆分开全部 19 种人体必需手性氨基酸的衍生物，如果采用程序升温，在 30min 内可一次分离所有的蛋白质氨基酸，文献[4]还展示了同时拆分 19 种手性氨基酸的 N,O,S-五氟丙酰基异丙基酯的谱图。

在 GC 分离中，由于氨基酸挥发性差，难以直接进行 GC 分析，必须将其转变成挥发性较大的衍生物后才能满足 GC 分析要求。现在常用的方法是将氨基酸中的氨基和羧基分别进行衍生化，一般是将氨基进行甲基硅烷或氟烷酰化，将羧基酯化，即氨基酸转化为 N-甲基硅烷基或者 N-氟烷酰基氨基酸甲酯、乙酯、正（异）丙酯、正（异）丁酯等挥发性衍生物，当然不同的衍生物其拆分性能不同。较常用的 N-三氟乙酰基氨基酸异丙酯的制法为：将氨基酸（通常小于 10mg）与 1mL 异丙醇-乙酰氯（3：1，体积比）混合，振荡使其溶解，在 110℃反应 30min，用干燥 N_2 流吹去过量试剂和水分；加入 1mL 二氯甲烷和少量三氟乙酸酐，在 80～100℃反应 30min，过量试剂仍用干燥 N_2 流吹去，产物溶于二氯甲烷中备用。

笔者购买了商品 Chirasil-L-Val 柱（柱为 25m×0.25mm id，膜厚为 0.12μm，生产厂家为 Agilent Technologies），对一些外消旋体进行了拆分，氨基酸衍生化为它的三氟乙酰基异丙基酯后进行测定。检测器选择 FID，载气选择 N_2，分流比选择 80：1，载气线速度控制在 11～15cm/s 的范围。图 2-4 是笔者团队所做的一些拆分效果较好的（分离度 $R>1$ 的手性拆分）手性分离图谱。

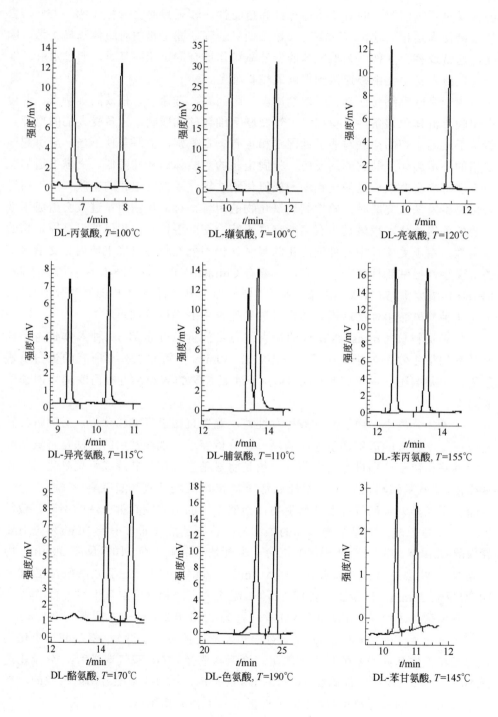

DL-丙氨酸, T=100℃

DL-缬氨酸, T=100℃

DL-亮氨酸, T=120℃

DL-异亮氨酸, T=115℃

DL-脯氨酸, T=110℃

DL-苯丙氨酸, T=155℃

DL-酪氨酸, T=170℃

DL-色氨酸, T=190℃

DL-苯甘氨酸, T=145℃

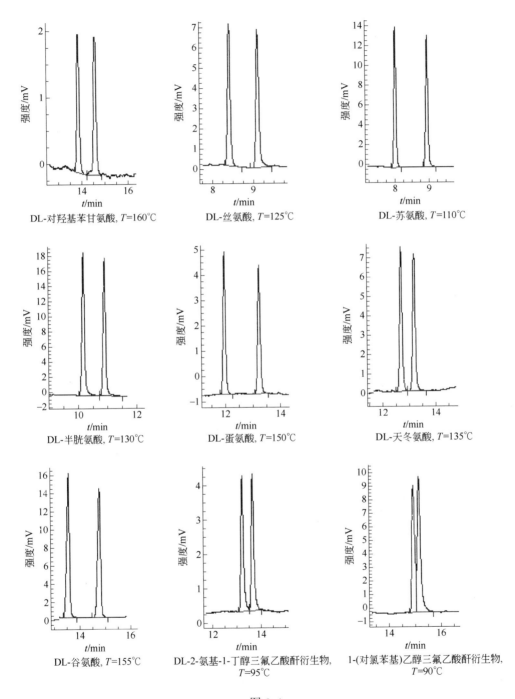

图 2-4

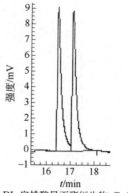

DL-扁桃酸异丙酯衍生物, T=120℃

图 2-4　商品 Chirasil-L-Val 柱对一些外消旋体的拆分图谱

通过图 2-4 可以看出，商品 Chirasil-L-Val 手性柱拆分开了大多数蛋白质氨基酸，也能分离少数其它的手性化合物；除此之外，还有一些分离度低的或者未能分离的外消旋体的数据列在本章第四节的表 2-2 中。该商品手性柱的最主要优势就是在拆分氨基酸的衍生物方面。然而，按照前面的衍生方法笔者并没能拆分开全部 19 个人体必需氨基酸，一方面可能是文献中是将氨基酸衍生成为 *N,O,S*-氟烷酰基的烷基酯后进行测试的，另一方面也可能是不同的氨基酸、不同的衍生化试剂、衍生化反应的控制和完全程度以及不同批次的商品柱等因素都会对分离结果产生一定影响的原因。

二、其它类型的氨基酸衍生物类

第一个成功分离 *N*-三氟乙酰基-氨基酸烷基酯对映异构体的手性固定相是 *N*-三氟乙酰基-D-异亮氨酸月桂醇酯［图 2-5（a）］涂渍在一根毛细管柱上。这种固定相由于热不稳定性，使其只能在较低的温度下使用而限制了它的应用范围。为了改善这种固定相的热稳定性，Gil-Av 又研究了另一种手性固定相［图 2-5（b）］，尽管在此固定相中引入了长的烷基链，但该固定相仍然对热不稳定，在该固定相熔点之上其固定液产生严重的流失。

为了增加操作温度，他们考察了二肽型的固定相，在一根填充柱上利用 *N*-三氟乙酰基-L-缬氨酸基-L-缬氨酸-环己烷酯［图 2-5（c）］分离了氨基酸的衍生物。二肽型的固定相具有较小的挥发性，具有两个手性中心，增大了固定相的手性选择性。当增加二肽固定相中手性碳原子上 R 的长度时，3～4 个碳原子长度则达到最高作用力。接着研究了三肽型的手性固定相，但实验发现，三肽化合物的高的熔点严重地影响了它作为手性 GC 固定相的有效性。因此，他们又研究了二酰胺型的固定相［图 2-5（d）］，该固定相用于短装柱，拆分 *N*-三氟乙酰基-氨基酸酯显示了较好的拆分性。经仔细纯化制备的二酰胺相 N-二十二烷酰基-缬氨酸-特丁酰胺显示了可达 190℃ 的操作温度，由于其对一些对映异构体的拆分因子很大，故也可以作小规模的制备性拆分。

脲型的固定相 [图 2-5 (e)] 也成功地对 N-三氟乙酰基胺进行了分离，但它的使用温度只能在 80～100℃ 之间。

单酰胺型固定相中由于有一个酰亚胺和一个不对称中心，具有代表性的是 N-月桂酰基-(S)-α-(1-萘基)乙胺 [图 2-5 (f)]，它提供了足够的拆分 N-乙酰基-α-氨基酸酯、α-甲基-α-氨基酸酯、α-甲基-羧酸酯、α-苯基-羧酸酯对映异构体的能力。

除此之外，也有将均三嗪 [图 2-5 (g)] 用作固定相的报道。

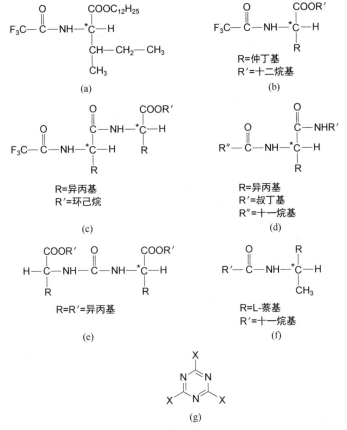

图 2-5 氢键型手性固定相

不过所有的上述手性柱，目前都未见商品柱出售。

第三节　环糊精衍生物类手性柱及其应用

Chirasil-Val 柱在拆分氨基酸衍生物方面具有很好的效果，但环糊精衍生物手性固定相具有更广泛的手性选择性。环糊精在形成包合物的手性固定相这一大类中，主要指α-环糊精、β-环糊精、γ-环糊精的烷基化或酰基化的衍生物。α-环糊精、β-环糊精、γ-环糊精分别是由六个、七个、八个 D-(+)-吡喃型葡萄糖单元经1,4 位连接构成的环状化合物。它是由淀粉经细菌如软腐芽孢杆菌或好碱芽孢杆菌发酵而成，目前世界上生产量最大的是 β-环糊精（见图 2-6）。环糊精早在 1891年就被 Villiers 发现，但在 1904 年才由 Schardiger 确定其结构为一环状。在环糊精的环状结构中吡喃葡萄糖单元以 α-1,4-糖苷键结合，互为椅式结构，这样的结构使环糊精分子中的官能团形成特殊的排列，整个分子呈一头大，一头小的圆台状结构，并形成具有一定孔径，一定深度的笼形化合物。每个单糖 C-2、C-3 上的羟基处于开口较大的这面圆周上，C-2 在圆周外，C-3 在圆周内。C-6 上的羟基以—CH₂OH 基处于截锥较小的一面，可以转动到部分遮住截锥较小的一面形成一个洞穴。由于环糊精含有多个羟基，故能溶于水。在笼形圆筒内侧只有两圈碳氢键的氢原子和夹在中间的葡萄糖苷氧原子，每个葡萄糖单元的氧原子的孤对电子朝着内腔，产生高电子云密度，与多种有机化合物有偶极-偶极作用，因而能与许多有机物形成包合化合物。该空腔内相对比较疏水。环糊精具有很好的手性选择性在于其分子结构中具有很多的手性中心，例如在β-环糊精中就有 35 个，这是它具有较好手性识别能力的重要原因。

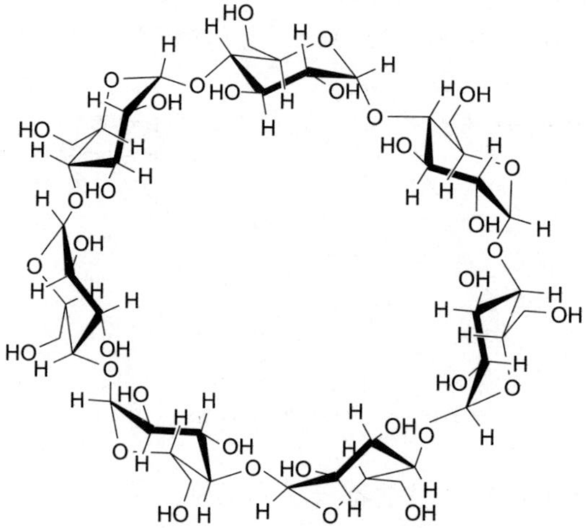

图 2-6　环糊精的结构式

环糊精作为 GC 固定相的研究起于 1961 年，D. M. Sand 等首次把环糊精用于

GC 分离脂肪族化合物，由于它未衍生化，天然的环糊精熔点高达 290℃，因此在 GC 上的应用一度被冷落。作为手性固定相的研究 1983 年才开始[5]，将天然α-环糊精与甲酰胺的混合物用作填充柱 GC 固定相对α-蒎烯、β-蒎烯的外消旋体进行了分离，从此由于它对位置异构体和对映异构体有良好的选择性而受到人们的重视。非衍生化的环糊精可以分离一些一元醇、二元醇、羧酸、烷烃和环烷烃的对映异构体，且在拆分时具有较大的分离因子，但柱的热稳定性低、寿命短、柱效也差。

一、全甲基-β-环糊精

1987 年 Z. Juvancz 等首次将非稀释的全甲基-β-环糊精涂渍到玻璃毛细管柱上，分离了二取代苯和一些手性化合物[6]，随后又进行了进一步的研究。为了克服全甲基 β-环糊精熔点高的缺点，V. Schurig 将全甲基-β-环糊精用 OV-1701 进行稀释[7]，使全甲基-β-环糊精固有的手性选择性同聚硅氧烷优良的色谱性能相融合，使多种不同种类的手性化合物得到了成功的分离，稀释法现在也成了常规的方法，用该方法制得的商品柱适合各种类型的 GC 仪。目前由于该柱的广泛使用，也使其成为在 GC 商品手性柱中，价格最低的手性柱。

1990 年 V. Schurig[8]和 P. Fischer[9]同时独立地在 HRC 和 Angew Chem Int Ed 上发表了把全甲基-β-环糊精接枝到聚硅氧烷固定相的文章，该固定相具有较强的耐清洗、不易流失、极性适中、环糊精有效浓度高的特点，称此固定相为 Chirasil-Dex（见图 2-7）。

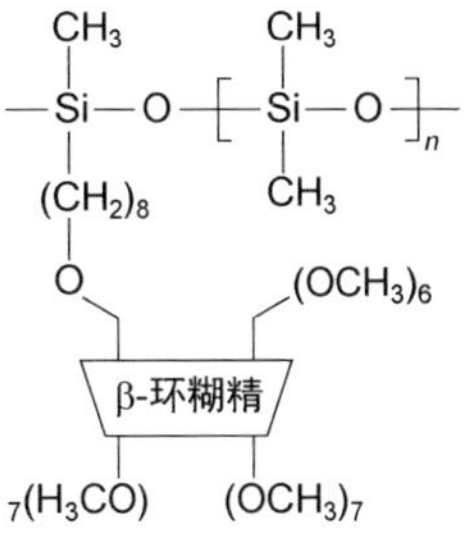

图 2-7 Chirasil-Dex

1992 年 Schurig 在 HRC 上发表了关于 Chirasil-Dex 分离 106 种不同消旋异构体的结果，范围从非极性的烃到高极性的二元醇、自由酸，并同全甲基-β-环糊精溶于 OV-1701 的固定相在同一条件下进行了比较，实验结果表明，Chirasil-Dex 有着广泛的实用性。另外一个好的事例是 Chirasil-Dex 可以利用热交联在石英毛细管柱的内表面，该柱还可用于超临界流体色谱。也有报道将γ-环糊精中一个葡萄糖的 2-或 6-位通过一个间隔臂同聚硅氧烷相连接，其分子结构见图 2-8，该固定相也已成功地用于手性化合物的分离。

笔者实验室购买了全甲基-β-环糊精的商品柱 β-DEX 120，柱为 30m×0.25mm，膜厚为 0.25μm，生产厂家为 Supelco 公司。利用该柱对一些外消旋体进行了拆分。色谱检测器为 FID，载气为 N_2，分流比为 80∶1，载气线速度选择在 11～15cm/s 的范围。图 2-9 是笔者团队拆分的一些效果较好的手性分离图谱，拆分效果不好或者未拆分开的手性样品的色谱数据见本章第四节表 2-2。

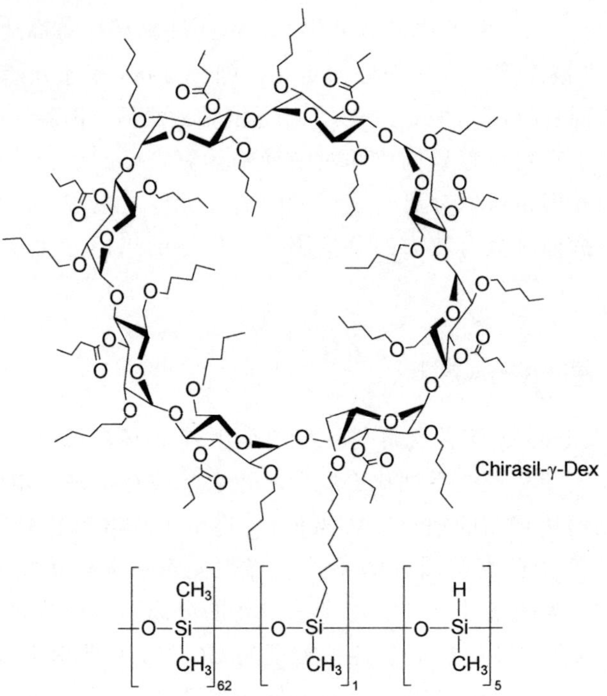

Chirasil-γ-Dex

图 2-8 衍生的γ-环糊精

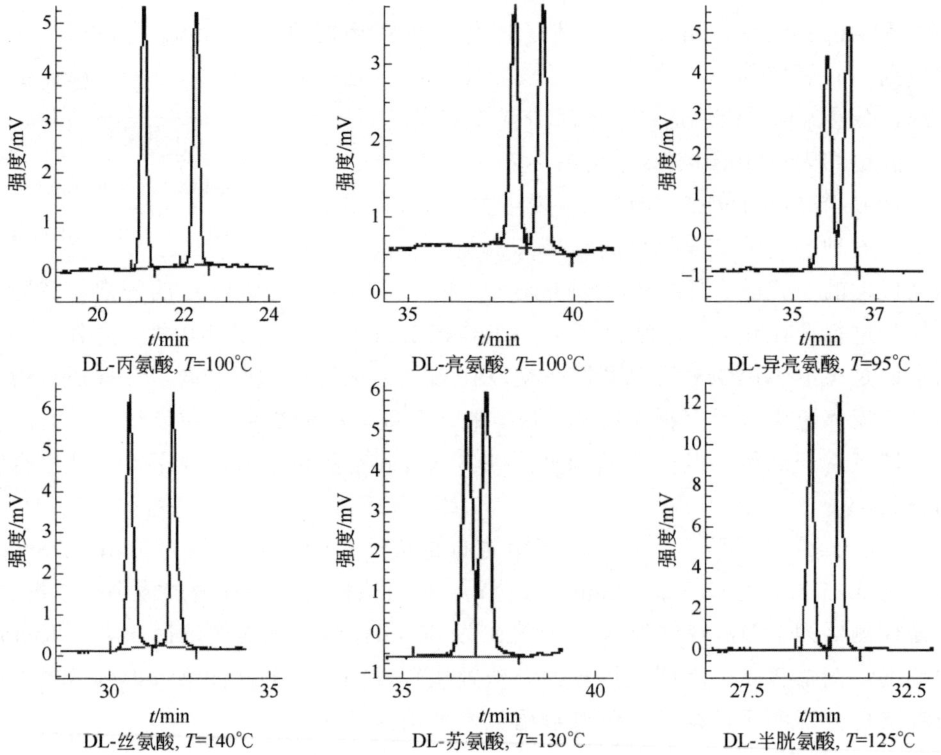

DL-丙氨酸, T=100℃

DL-亮氨酸, T=100℃

DL-异亮氨酸, T=95℃

DL-丝氨酸, T=140℃

DL-苏氨酸, T=130℃

DL-半胱氨酸, T=125℃

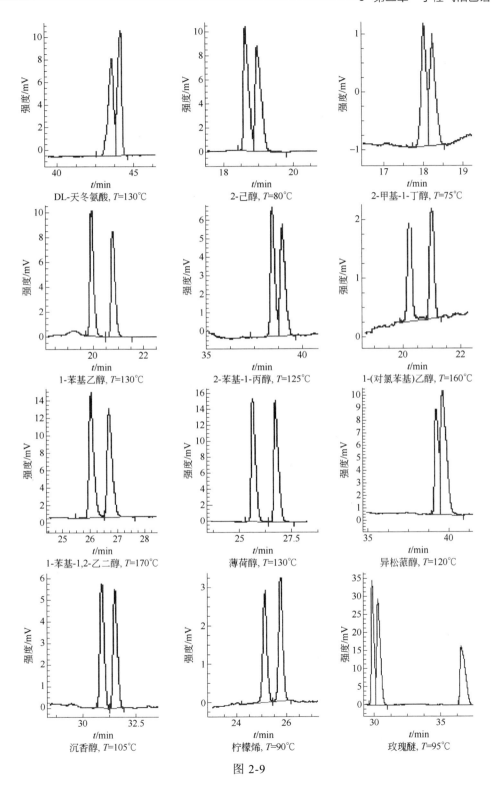

图 2-9

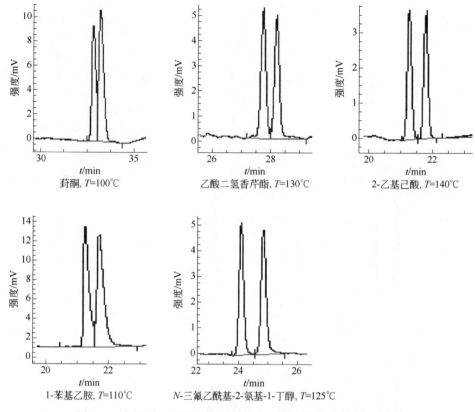

图 2-9　全甲基-β-环糊精商品柱对一些外消旋体的拆分图谱

从图 2-9 和表 2-2 可见，商品 β-DEX 120 柱可以拆分开一个宽范围的手性化合物。当然从表 2-2 中也可看到该柱的手性选择性也仍然有限，对于一些外消旋体样品也不能拆分。但不管怎样，该柱已经是目前在 GC 中应用最为广泛的商品手性柱了。

二、八(2,6-二-*O*-正戊基-3-*O*-三氟乙酰基)-γ-环糊精

文献上报道用于 GC 分离手性化合物的环糊精衍生物固定相有数十种之多，并且还不时有新的种类出现。已经商品化的环糊精衍生物 GC 柱有二十余种，除上面介绍的全甲基-β-环糊精手性固定相是最典型的代表柱之外，八(2,6-二-*O*-正戊基-3-*O*-三氟乙酰基)-γ-环糊精手性柱也是目前具有高的手性选择性的环糊精衍生物 GC 固定相之一[10]。

笔者实验室也专门购买了八(2,6-二-*O*-正戊基-3-*O*-三氟乙酰基)-γ-环糊精的商品 Chiraldex G-TA 柱，柱为 30m×0.25mm，0.12μm 膜厚，生产厂家 Advanced Separation Technologies。笔者同样选择 FID 检测器，N$_2$ 为载气，分流比为 80∶1，

载气线速度选为 11～15cm/s，对一些外消旋体进行了拆分。图 2-10 是拆分的一些手性分离图谱，表 2-1 是未拆分开的手性样品的色谱数据。

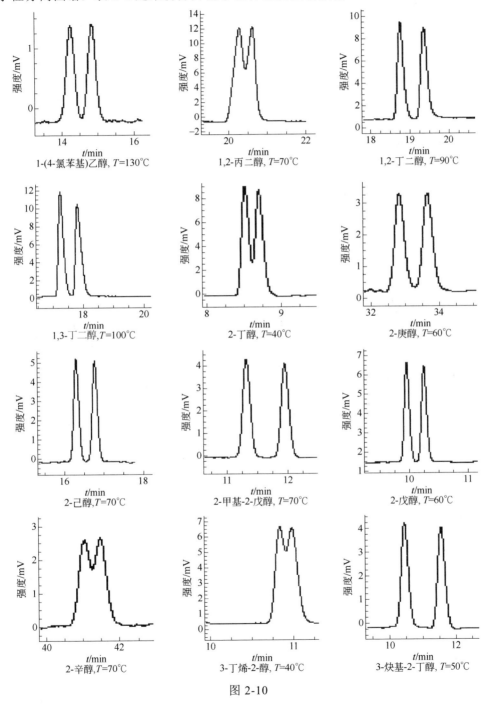

图 2-10

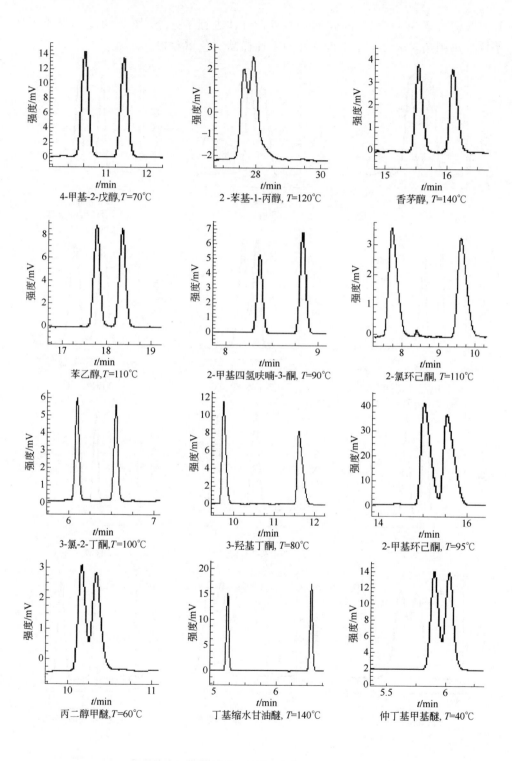

4-甲基-2-戊醇,T=70℃

2-苯基-1-丙醇, T=120℃

香茅醇, T=140℃

苯乙醇,T=110℃

2-甲基四氢呋喃-3-酮, T=90℃

2-氯环己酮, T=110℃

3-氯-2-丁酮,T=100℃

3-羟基丁酮, T=80℃

2-甲基环己酮, T=95℃

丙二醇甲醚,T=60℃

丁基缩水甘油醚, T=140℃

仲丁基甲基醚, T=40℃

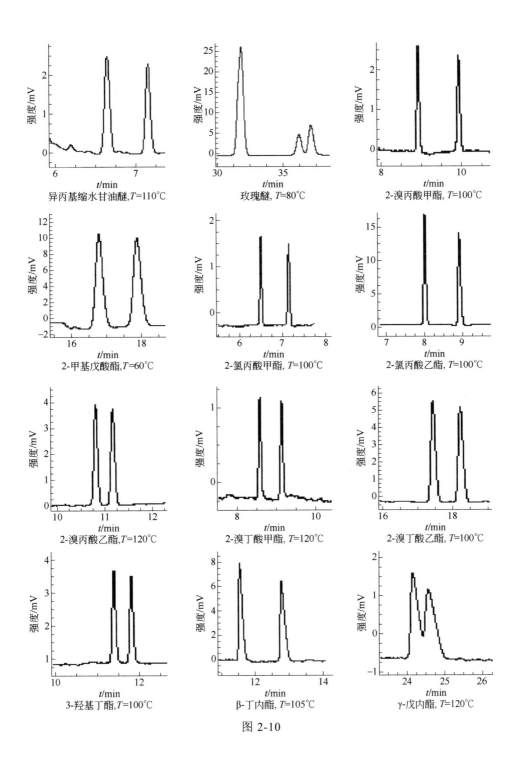

图 2-10

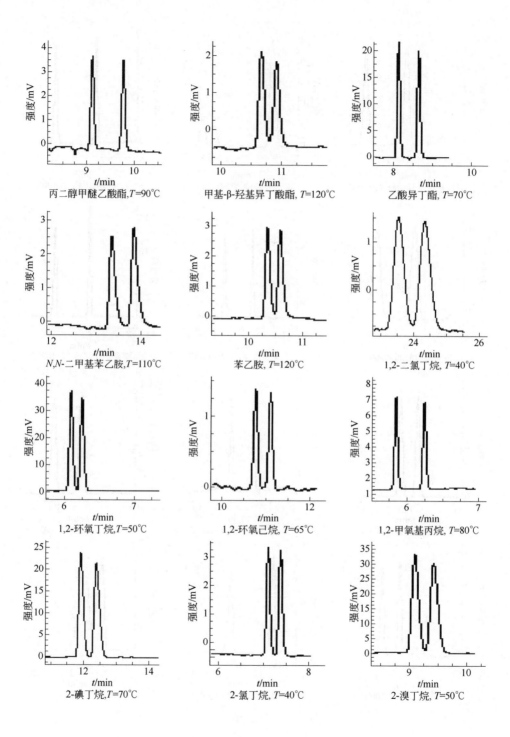

丙二醇甲醚乙酸酯,T=90℃

甲基-β-羟基异丁酸酯, T=120℃

乙酸异丁酯, T=70℃

N,N-二甲基苯乙胺,T=110℃

苯乙胺, T=120℃

1,2-二氯丁烷, T=40℃

1,2-环氧丁烷,T=50℃

1,2-环氧己烷, T=65℃

1,2-甲氧基丙烷, T=80℃

2-碘丁烷,T=70℃

2-氯丁烷,T=40℃

2-溴丁烷, T=50℃

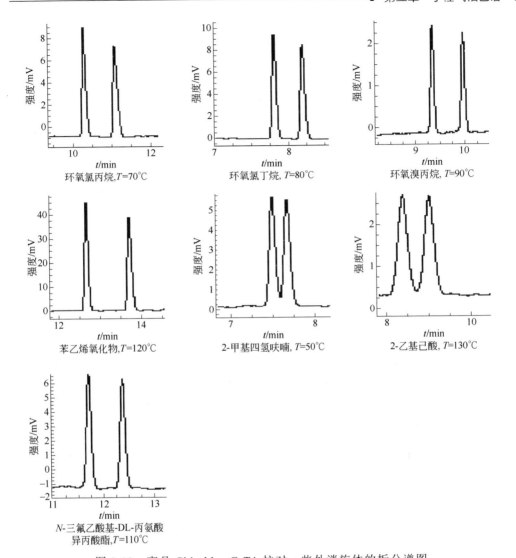

图 2-10　商品 Chiraldex G-TA 柱对一些外消旋体的拆分谱图

表 2-1　商品 Chiraldex G-TA 柱对一些未拆分开的外消旋体数据

外消旋体①	$T/℃$	k_1	外消旋体①	$T/℃$	k_1
1,2-二氯丙烷	80	0.28	DL-异亮氨酸	90	3.22
1,2-环氧辛烷	70	4.36	N,N-二甲基-1-苯乙胺	120	1.43
1-氨基-2-丙醇	140	0.10	α-蒎烯	80	1.88
1-甲氧基-2-丁醇	80	0.83	γ-庚内酯	140	0.27
2,3-丁二醇	80	2.82	苯丙甲酯	70	0.25
2-氨基-1-丁醇	100	1.17	薄荷醇	110	5.45
2-丁胺	120	0.04	沉香醇	80	2.94
2-甲基丁醇	70	1.10	莳酮	110	3.30

续表

外消旋体[①]	T/℃	k_1	外消旋体[①]	T/℃	k_1
2-甲基丁酸	80	6.83	环己基乙胺	110	1.51
2-甲基己酸	140	1.49	环氧辛烷	110	1.39
2-甲基戊酸	100	5.03	亮氨酸甲酯	100	0.05
2-氯丙酸	140	1.55	柠檬烯	80	2.88
2-戊胺	60	1.01	乳酸	150	2.09
3-羟基丁酸乙酯	110	1.15	乳酸乙酯	50	0.05
DL-半胱氨酸	150	2.89	香茅醛	80	7.50
DL-蛋氨酸	140	3.04	香芹酮	110	6.60
DL-脯氨酸	120	2.92	氧化丙烯	40	0.04
DL-亮氨酸	110	4.13	氧化辛烯	80	2.81
DL-丝氨酸	120	2.35	异松蒎醇	110	0.06
DL-苏氨酸	140	3.23	樟脑	40	0.10
DL-缬氨酸	140	3.35			

① 氨基酸衍生化为 N-三氟乙酸基异丙醇酯。

从图 2-10 可见，该柱仍然是一个选择性良好的手性分离柱，部分外消旋体的拆分超过了商品 β-DEX 120 柱，其与商品 β-DEX 120 柱之间还具有一定程度的互补性。当然从表 2-1 也看出，一些手性化合物在该柱上未能实现拆分，产生这种现象一方面是因为 Chiraldex G-TA 柱中的 γ-环糊精的空腔大于 β-DEX 120 柱中的 β-环糊精，另一方面应该是因为 γ-环糊精上的 2,6-二-O-正戊基-3-O-三氟乙酰基的空间位阻明显大于 β-环糊精上的甲基。因此，为了实现一个宽范围的手性化合物的分离，往往需要根据实验室的要求和条件，使用多根手性柱才能达到要求。

三、其它环糊精衍生物

Konig 等发现下列环糊精在室温下是液体，用它们可在非稀释的情况下涂渍脱活的玻璃或石英毛细管柱分离对映异构体：

六(2,3,6-三-O-正戊基)-α-环糊精

六(3-O-乙酰基-2,6-二-O-正戊基)-α-环糊精

七(2,3,6-三-O-正戊基)-β-环糊精

七(3-O-乙酰基-2,6-二-O-正戊基)-β-环糊精

八(2,3,6-三-O-正戊基)-γ-环糊精

八(3-O-丁酰基-2,6-二-O-正戊基)-γ-环糊精

由于环糊精上三个羟基的存在，它们能被烷基化和乙酰化，因而可以产生大量的环糊精的衍生物。像八(2,6-二-O-正戊基-3-O-丁酰基)-γ-环糊精等也有高的手性选择性，

能适用很多类型手性化合物的分离，也是目前应用范围最广的手性固定相之一。

Armstrong 等曾将如下极性更大的环糊精衍生物涂渍在石英毛细管柱上拆分手性化合物：

六[per-O-(S)-2-羟丙基-per-O-甲基]-α-环糊精

七[per-O-(S)-2-羟丙基-per-O-甲基]-β-环糊精

六(2,6-二-O-正戊基)-α-环糊精(二戊基-α-CD)

七(2,6-二-O-正戊基)-β-环糊精(二戊基-β-CD)

七(3-O-三氟乙酰基-2,6-二-O-正戊基)-β-环糊精

引入新的光活性基团的环糊精具有较好的柱性能，并且β-环糊精的手性选择性较α-环糊精、γ-环糊精好。

有报道在环糊精的 6 位羟基上引入庞大基团如叔丁基二甲基硅烷基团，则可阻碍溶质分子从环糊精小的一端进入空腔，其对环糊精的手性选择性具有重大的影响。因此，七(2,3-二-O-乙酰基-6-O-叔丁基二甲基硅烷基)-β-环糊精、七(2,3-二-O-甲基-6-O-叔丁基二甲基硅烷基)-β-环糊精被用作环糊精手性固定相是有用的补充。

把各种环糊精的衍生物与聚硅氧烷混合涂渍在毛细管柱上拆分对映异构体常是有效的方法，但分离因子随环糊精的比例变化而变化。实验表明，分离因子受环糊精衍生物的浓度大小影响，但这种影响是非线性的，最佳分离因子常常是在环糊精衍生物比例比较小的时候。如全甲基取代的β-环糊精其质量分数超过30%时，其对对映异构体的分离没有进一步的改进，对于全戊基取代的γ-环糊精其质量分数超过 50%时对对映异构体的分离也没有进一步的改进。因此，用非稀释的环糊精衍生物直接涂渍毛细管柱的方法相对较少。

起初人们对环糊精进行衍生化只是为了降低环糊精的熔点和增加环糊精的疏水性，仅是对环糊精的羟基简单地烃基化得到不同的疏水性衍生物，后来已经发展到有目的地引入有特殊作用的基团。它们在室温下多呈黏稠状，有较好的成膜性。根据已有的研究，可把衍生化的环糊精按下列方法粗略分类。

① 从衍生化的位置不同分：2,3,6-位衍生化基团都相同的环糊精；2,6-位衍生化基团相同、3 位不同的环糊精；2,3-位衍生化基团相同、6 位不同的环糊精；2,3,6-位衍生化基团都不相同的环糊精。

② 从衍生化的基团分：烃基（甲基、乙基、丙基、丁基、戊基、异戊基、己基、庚基、辛基、壬基），酰基（乙酰基、三氟乙酰基、丁酰基等），烯丙基，光活性羟丙基和叔丁基二甲基硅基等。

环糊精衍生物手性固定相可以用于分离稠环烷烃及烯烃、没有取代的烯烃、卤代烃、醇、醛、酮、胺、氰类、环氧化合物、羧酸、卤代酸、羟基酸、内酯和氨基酸等化合物的对映体。许多在氢键型固定相中无法分离的对映体，如烃类、卤代烃、环氧化合物等，都可在环糊精衍生物手性固定相上得到较好的分离。某

些极性化合物，如醇和胺，可以直接进行分析，不另衍生，简化了分析步骤。在 Chirasil-γ-Dex 上分离 $CH_3OCF_2CH(CF_3)OCH_2F$，其分离因子达到了从未有过的高值（$\alpha=8$）。这类物质的出现，使手性 GC 固定相得到蓬勃发展。

必须指出，一些环糊精衍生物与水蒸气接触很容易降解，同时环糊精中的糖结构也很容易被微量的氧气氧化。因此，在使用环糊精手性分离柱时，所用载气一定要认真脱水和脱氧，手性柱使用后两端一定要密封后再保存，防止氧气和水分的进入，保证手性分离柱有较长的使用寿命。

手性拆分的主要依据是手性分子与手性固定相形成非对映异构体，由于非对映异构体保留作用力的不同而达到手性分离的目的。环糊精具有环状的空腔结构，空腔内部存在多个手性中心，2,3,6 位的羟基处于空腔的两端，分子呈圆台型结构已被计算化学、X 射线衍射及 NMR 证实。其拆分机理，目前主要有下面三种解释。

① 包合作用机理：环糊精能与手性分子形成包合物已被 X 射线衍射、NMR、UV 及色谱证实。如 Vitamin A 与β-环糊精、2,6-O-二甲基-β-环糊精形成包合物时表现在 UV 和熔点等物理数据显著不同。杀虫剂对氯苯基苯磺酯与β-环糊精形成的包合物已被 X 射线衍射所证实，包含的杀虫剂分子个数还经 LC 得到确证。我们可以预期能进入环糊精空腔和排斥在空腔之外的一对对映异构体可以产生较高的分离因子α。在 GC 中，没有溶剂，柱温通常也较高，包合物可能难于形成并稳定存在，因此，包合物效应在 GC 中的作用可能被削弱。有些实验表明包合作用与环糊精空腔大小并非一定成正比例关系，包合作用不一定完全在环糊精空腔内发生。如全甲基-γ-环糊精的拆分效果不如全甲基-α-环糊精、全甲基-β-环糊精；处于环糊精环上向内倾斜的 3 位取代基小也许对手性分离更有利，然而 2,6-O-二戊基-3-O-甲基-β-环糊精的拆分能力却比 2,6-O-二甲基-3-O-戊基-β-环糊精弱。

② 缔合作用机理：D. W. Armstrong 等通过对热力学参数的计算证明，环糊精及其衍生物在手性拆分过程中形成的包合物不是简单的包合作用，而是包括两种以上的分离机理。其中之一可能是溶质分子与环糊精的顶端和底部相缔合，形成强有力的缔合作用，而不一定进入环糊精的内腔，这种作用力源于偶极-偶极作用、氢键、范德华力等。还有实验表明，强的分子作用也未必是手性分离的主要原因，常常一个弱的具有手性的饱和碳氢键可以产生手性辨认。

③ 构象诱导作用机理：A. Venema 等认为，改性后的环糊精固定相降低了熔点、提高了成膜能力，不仅使其在 GC 中作为固定相成为可能，而且在 2,3,6-位的衍生化基团有利于分子间的相互诱导作用，增强环糊精空腔的柔韧性，使被分离分子的手性中心易于与环糊精的手性部分接近，因而拆分能力增强。K. Kano 等报道了通过 X 射线衍射证明α-环糊精经全甲基化后，分子的柔韧增加，能与邻甲基苯甲酸形成稳定的包合物，未经衍生化的α-环糊精因空腔太小，不能与邻甲基苯甲酸形成包合物。

总之，衍生化的环糊精的手性拆分机理是很复杂的，从非极性的溶质分子到高极性的溶质分子、甚至包括金属配体化合物的对映异构体的分离中，α-环糊精、β-环糊精、γ-环糊精与溶质分子在分子形状、分子大小以及作用基团方面常常没有必然的逻辑关系，很显然，这是多个作用机理同时存在的结果，在不同的情况下，主要矛盾将发生改变，预期的结果也发生变化。全戊基化的直链淀粉已经成功用于对映异构体的分离，可见衍生化环糊精的分子包合作用也不一定是进行手性分离的必要条件[11]。

第四节　多孔材料类手性柱及其应用

多孔材料是一种由相互贯通或封闭的孔洞构成网络结构的材料，已被广泛应用于离子交换、吸附与分离、非均相催化和主客体化学等领域，一直受到全世界科研工作者的普遍关注。多孔材料具有组成和结构多样、比表面积大、孔道尺寸可调控等特点。2011 年开始将手性多孔材料用于 GC 固定相的研究，这些材料主要包括金属-有机框架材料、共价-有机骨架材料、手性向列型介孔硅、多孔有机笼、手性高序无机介孔硅、金属-有机笼等。

一、笼状化合物

笼状化合物是具有三维结构且为中空、笼状分子的统称。它包括无机笼、无机-有机笼、有机笼三大类。目前在 GC 手性固定相研究中主要有两类：一类是多孔有机笼（porous organic cages, POCs）；另一类是金属-有机笼（metal-organic cages, MOCs）。

（一）多孔有机笼

多孔有机分子材料是由单独的分子通过分子间作用力而形成的一种多孔材料，这种分子与分子之间的作用力相对较弱，并不像共价键或配位键作用力强烈。这类多孔材料与具有框架或网状结构的多孔材料不同，它们一般可以溶解在常见的有机溶剂（如二氯甲烷、氯仿、乙腈、四氢呋喃）中。POCs 是由形状持久稳固并且具有永久分子内部空腔的三维有机笼状分子通过相对较弱的分子间作用力堆积组装形成的一种新型的多孔材料，已被用于气体吸附和分离、分子识别、传感等研究领域，因而引起了人们的广泛关注。

笔者团队[12]利用 1,3,5-均苯三甲醛与(R,R)-1,2-环己二胺合成了一种具有三维钻石网络状手性通道的手性 POCs 的 CC3-R（图 2-11），因为这类笼状化合物是

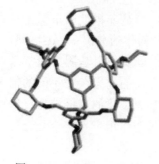

图 2-11 CC3-R 手性笼
的分子结构

由共价键生成的,常被简称为 CC(covalent cage)。将其与聚硅氧烷 OV-1701 溶于二氯甲烷后作为固定相溶液,采用静态涂敷的方法制备了毛细管 GC 柱,柱为 15m×0.25mm id,对一些外消旋体进行了手性拆分。检测器选用 FID,N_2 为载气,分流比为 80∶1,载气线速度选取在 11~17cm/s 的范围,许多外消旋体在该柱上都得到了很好的拆分,其中包括手性一元醇、二元醇、胺、醇胺、酯、酮、醚、卤代烃、有机酸、氨基酸甲酯和亚砜等,图 2-12 是拆分的色谱分离图,具体的拆分数据列于表 2-2 中。

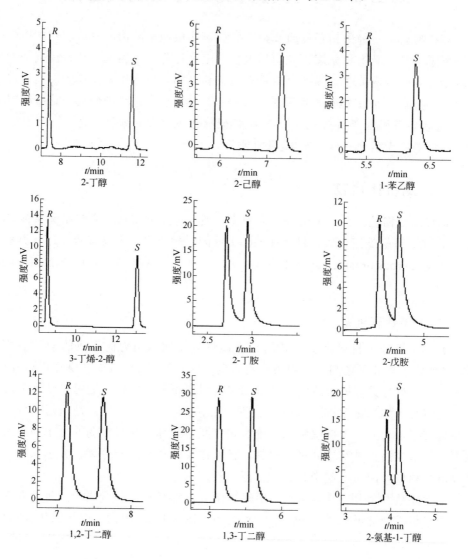

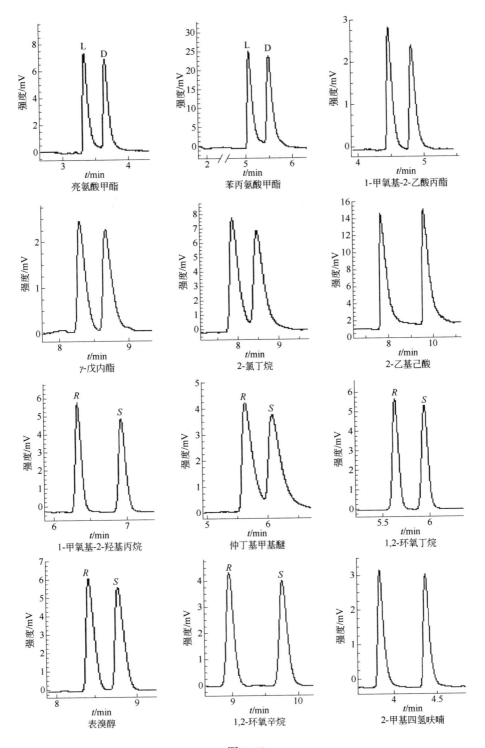

图 2-12

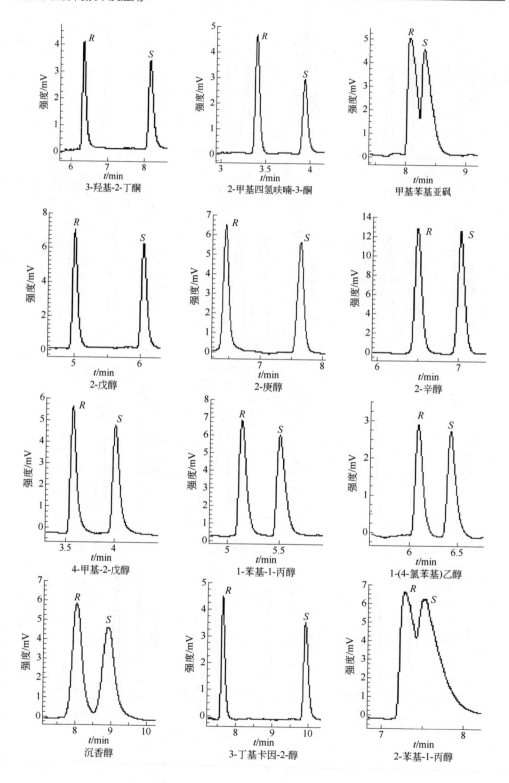

3-羟基-2-丁酮

2-甲基四氢呋喃-3-酮

甲基苯基亚砜

2-戊醇

2-庚醇

2-辛醇

4-甲基-2-戊醇

1-苯基-1-丙醇

1-(4-氯苯基)乙醇

沉香醇

3-丁基卡因-2-醇

2-苯基-1-丙醇

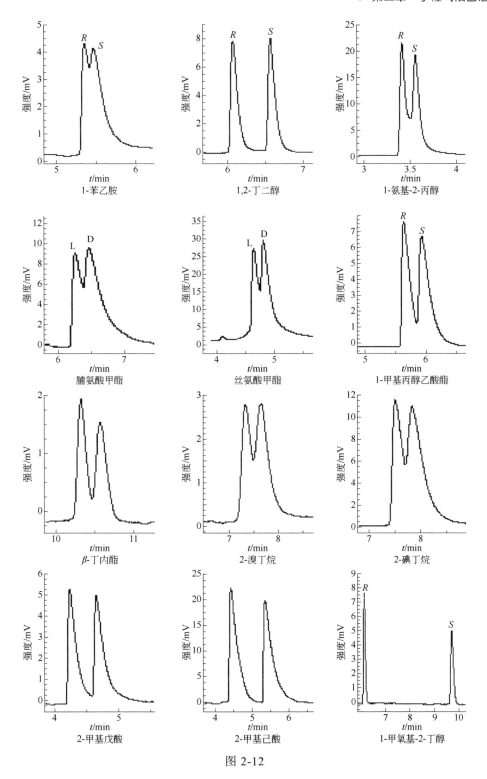

图 2-12

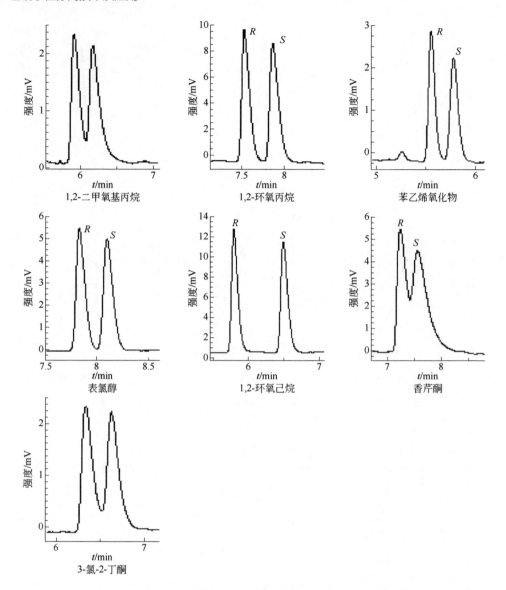

图 2-12 CC3-R 手性柱对一些外消旋体拆分的色谱图[12]
（各种化合物的拆分条件列于表 2-2 中）

　　将 CC3-R 手性柱拆分外消旋体与目前广泛使用的商品柱 β-DEX 120 和 Chirasil-L-Val 相比较，相关数据列于表 2-2 中，从该表数据可以看出，涂敷的 CC3-R 手性毛细管柱展现出的手性选择性明显好于全甲基-β-环糊精手性柱，更优于缬氨酰叔丁基氨的聚硅氧烷手性柱。此外，CC3-R 涂敷的毛细管柱对正构烷烃混合物、正构醇混合物、芳香烃混合物和位置异构体也具有较好的分离性能。该柱优秀的手性识别性能、良好的再现性和热稳定性使得 CC3-R 有很大希望成为一

表 2-2 CC3-R 手性柱与商品 β-DEX 120 和 Chirasil-L-Val 手性柱对一些外消旋体拆分的数据比较[12]

外消旋体	CC3-R					β-DEX 120					Chirasil-L-Val				
	T/°C	k_1	α	R_s	v/(cm/s)	T/°C	k_1	α	R_s	v/(cm/s)	T/°C	k_1	α	R_s	v/(cm/s)
2-丁醇	110	3.87	1.71	16.09	16.5	50	2.68	1.04	1.35	12.8	45	0.64	1.00	①	12.0
2-戊醇	145	1.96	1.32	6.14	14.8	63	3.64	1.03	1.23	14.3	50	1.11	1.00	①	13.0
2-己醇	180	2.71	1.31	6.84	15.6	75	5.26	1.02	1.17	15.0	60	1.55	1.00	①	12.3
2-庚醇	200	3.02	1.25	5.75	15.6	85	6.03	1.00	①	14.3	65	2.69	1.00	①	12.3
2-辛醇	215	3.32	1.11	2.93	16.6	100	4.27	1.00	①	14.3	75	2.88	1.00	①	12.3
4-甲基-2-戊醇	145	1.10	1.24	3.16	14.7	80	3.02	1.04	1.51	14.2	60	1.13	1.00	①	12.3
1-苯乙醇	165	1.89	1.20	3.92	13.0	130	4.99	1.05	2.62	15.0	90	3.27	1.02	0.80	13.4
1-苯基-1-丙醇	190	2.04	1.11	2.29	14.8	145	4.49	1.03	1.45	12.8	100	3.64	1.03	1.08	12.0
1-(4-氯苯)乙醇	205	2.62	1.08	1.86	14.8	160	5.09	1.04	2.50	15.0	115	4.67	1.01	0.47	12.0
沉香醇	170	4.35	1.13	1.32	16.6	105	9.28	1.02	1.40	16.6	85	3.83	1.00	①	12.0
3-丁烯-2-醇	115	3.29	1.67	15.08	12.5	50	1.95	1.05	1.93	12.5	40	0.63	1.00	①	13.4
3-丁基卡因-2-醇	125	3.76	1.38	9.25	15.6	65	2.07	1.09	3.46	12.5	45	0.83	1.02	0.36	13.9
2-苯基-1-丙醇	165	3.28	1.04	0.55	15.6	125	11.76	1.02	0.95	16.6	100	4.17	1.00	①	14.6
2-丁胺	140	0.69	1.23	1.45	14.8	60	0.85	1.00	①	14.3	60	0.36	1.00	①	12.0
2-戊胺	145	1.57	1.11	1.42	14.8	70	1.26	1.00	①	14.3	70	0.36	1.00	①	12.0
1-苯乙胺	150	2.48	1.03	0.42	16.2	110	5.47	1.03	1.12	15.2	80	1.66	1.00	①	14.6
1,2-丙二醇	160	3.74	1.09	2.45	16.6	93	3.80	1.02	1.18	12.5	105	1.80	1.00	①	12.0
1,2-丁二醇	165	2.60	1.11	2.60	14.7	110	3.69	1.04	1.51	13.1	110	0.91	1.00	①	12.0

续表

外消旋体	CC3-R					β-DEX 120					Chirasil-L-Val				
	$T/℃$	k_1	α	R_s	$v/(cm/s)$	$T/℃$	k_1	α	R_s	$v/(cm/s)$	$T/℃$	k_1	α	R_s	$v/(cm/s)$
1,3-戊二醇	170	2.40	1.13	3.01	16.6	110	4.78	1.01	0.66	12.5	115	1.06	1.00	①	12.0
2-氨基-1-丁醇	170	1.44	1.10	1.32	15.6	95	5.21	1.00	①	16.6	110	0.61	1.00	①	13.0
1-氨基-2-丙醇	170	1.13	1.08	1.10	15.6	90	2.57	1.00	①	15.0	105	0.47	1.00	①	13.0
亮氨酸甲酯	165	1.22	1.17	1.92	16.6	110	3.44	1.03	1.35	12.5	140	0.42	1.00	①	12.6
苯丙氨酸甲酯	200	2.39	1.13	1.82	16.6	155	9.04	1.02	1.06	12.5	165	1.40	1.00	①	13.4
脯氨酸甲酯	160	3.16	1.05	0.50	16.6	120	3.14	1.02	0.52	13.5	160	1.86	1.00	①	13.4
丝氨酸甲酯	180	2.09	1.06	0.55	16.6	160	4.06	1.00	②	14.2	190	②	②	②	15.0
1-甲基丙基乙酸酯	120	2.52	1.07	0.91	15.6	60	2.34	1.17	5.15	14.3	55	0.48	1.00	①	12.0
1-甲氧基-2-丙基乙酸酯	145	1.63	1.12	1.98	14.7	70	4.48	1.15	7.27	14.3	70	0.72	1.00	①	12.0
β-丁内酯	135	5.26	1.03	0.95	15.2	80	3.45	1.02	1.15	13.5	90	0.41	1.00	①	12.0
γ-戊内酯	158	4.54	1.06	1.53	16.6	105	4.95	1.03	1.45	13.5	90	0.90	1.00	①	12.0
2-氯丁烷	90	4.26	1.09	1.24	16.6	40	1.82	1.00	①	12.5	40	0.27	1.00	①	11.2
2-溴丁烷	105	3.87	1.06	0.59	14.8	55	2.30	1.01	0.25	12.5	40	0.43	1.00	①	11.2
2-碘丁烷	142	3.99	1.05	0.57	15.2	70	4.10	1.00	①	12.5	45	1.04	1.00	①	11.2
2-甲基戊酸	180	1.82	1.15	1.52	16.6	125	3.69	1.08	3.07	13.9	110	5.98	1.02	0.73	13.9
2-甲基己酸	200	1.76	1.33	2.10	16.6	130	5.11	1.07	3.02	14.3	125	5.41	1.03	1.12	13.9
2-乙基己酸	210	3.81	1.32	3.17	16.6	140	6.06	1.03	1.76	16.6	130	6.71	1.01	0.32	14.2
1-甲氧基-2-羟基丙烷	150	2.35	1.13	3.21	13.2	55	3.03	1.00	①	12.5	75	0.33	1.00	①	12.0

续表

外消旋体	CC3-R					β-DEX 120					Chirasil-L-Val				
	$T/℃$	k_1	α	R_s	$v/(cm/s)$	$T/℃$	k_1	α	R_s	$v/(cm/s)$	$T/℃$	k_1	α	R_s	$v/(cm/s)$
1-甲氧基-2-丁醇	160	3.10	1.77	17.6	16.6	70	4.75	1.04	2.06	14.3	90	0.37	1.00	①	12.0
仲丁基甲基醚	90	1.94	1.12	1.18	13.0	40	0.93	1.00	②	14.3	40	0.16	1.00	①	12.5
1,2-二甲氧基丙烷	125	2.48	1.06	1.01	14.7	50	2.08	1.03	0.99	14.0	55	0.30	1.00	①	12.0
苯乙烯氧化物	85	3.44	1.06	1.59	14.7	40	0.41	1.00	①	14.3	40	0.19	1.00	①	13.9
1,2-环氧丙烷	165	2.27	1.06	1.52	14.7	115	4.98	1.03	1.92	14.3	65	3.56	1.00	①	13.9
1,2-环氧丁烷	110	2.05	1.08	2.21	13.9	40	1.54	1.00	①	14.3	40	0.29	1.00	①	13.9
表氯醇	125	3.61	1.04	1.51	14.7	65	2.82	1.00	①	14.3	50	0.57	1.00	①	13.9
表溴醇	138	3.95	1.05	1.63	14.7	70	5.74	1.00	①	14.3	60	0.67	1.00	①	13.0
1,2-环氧己烷	170	2.88	1.17	3.66	16.6	65	3.86	1.02	1.02	15.6	60	0.58	1.00	①	12.0
1,2-环氧辛烷	185	4.97	1.11	3.20	16.6	105	4.53	1.00	①	14.3	70	1.86	1.00	①	13.9
2-甲基四氢呋喃	115	1.26	1.25	3.68	14.7	60	2.83	1.00	①	14.3	60	1.57	1.00	①	12.0
香芹酮	150	2.77	1.06	0.62	13.0	160	7.69	1.00	①	16.6	95	3.33	1.00	①	13.0
3-氯-2-丁酮	115	2.17	1.07	1.07	12.5	65	2.63	1.02	0.91	12.5	50	0.50	1.00	①	13.0
3-羟基-2-丁酮	130	2.18	1.42	7.70	12.5	80	1.84	1.11	4.2	13.5	80	0.56	1.00	①	13.0
2-甲基四氢呋喃-3-酮	140	1.13	1.30	4.68	15.6	65	6.65	1.03	1.60	14.3	70	0.53	1.00	①	12.0
甲基苯基亚砜	190	3.75	1.04	0.72	14.7	160	7.07	1.00	①	14.2	145	2.12	1.03	0.53	12.0

① 不被拆分。

② 无峰流出。

注：k_1 为第一个峰的保留因子；α 为分离因子；R_s 为分离度；v 为线速度。

种新颖的 GC 固定相，具有很好的商业化应用前景，其为 POCs 在 GC 领域的应用开辟了途径。

笔者将与 CC3-R 孔尺寸、空腔大小和环境相似的手性 CC10 ［图 2-13，利用 1,3,5-均苯三甲醛与(R,R)-1,2-二(4-氟苯基)-1,2-乙二胺合成］作为 GC 固定相进行了研究，它同样表现出了优秀的手性识别能力[13]。其是将聚硅氧烷 OV-1701 与 POCs 的 CC10 混合制备毛细管 GC 柱，在前面类似的实验条件下，许多不同类型的外消旋体化合物包括醇、醚、酮、酯、卤代烃、环氧化合物和有机酸在该柱上也得到了很好的拆分，相关的实验数据列于表 2-3 中。该手性柱对 β-DEX 120 商品柱和笔者报道的 CC3-R 涂敷的手性毛细管柱具有补充作用。CC10 优秀的手性识别性能不仅具有好的理论价值，而且也具有很好的实际应用前景。另外，CC10 对正构烷烃混合物、正构醇混合物、Grob 试剂和位置异构体也具有较好的分离效果。

CC9 ［由 1,3,5-均苯三甲醛与(R,R)-1,2-二苯基-1,2-乙二胺合成］与 CC3-R 孔尺寸、空腔大小也类似，作为 GC 固定相也表现出了良好的手性识别能力[14]。具有更大孔尺寸和内部空腔结构的分子笼可以容纳更大的客体分子，因而可以用于

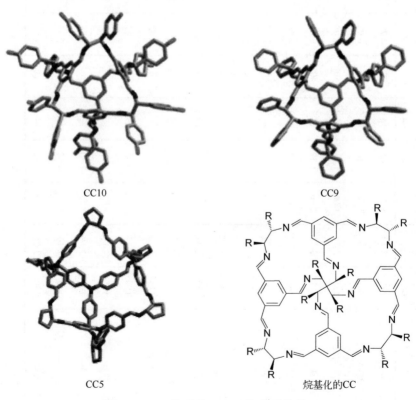

CC10

CC9

CC5

烷基化的CC

图 2-13   一些手性 POCs 的分子结构

表 2-3 CC10 手性柱对一些外消旋体的拆分数据[13]

外消旋体	CC10 手性柱				
	$T/℃$	k_1	α	R_s	$v/(cm/s)$
2-丁醇	105	2.31	1.17	4.68	13.5
2-戊醇	110	2.60	1.18	5.48	14.7
2-己醇	145	2.31	1.12	3.99	14.8
2-庚醇	155	2.38	1.06	2.12	14.8
4-甲基-2-戊醇	120	2.24	1.11	2.58	14.8
3-丁烯-2-醇	110	2.31	1.19	5.13	13.6
3-丁基卡因-2-醇	115	2.73	1.05	1.53	13.6
1-甲基丙基乙酸酯	115	1.73	1.06	1.56	16.6
1-甲氧基-2-丙基乙酸酯	130	2.22	1.06	1.52	16.6
甲基-2-氯丙酸酯	135	2.50	1.07	2.02	14.3
乙基-2-氯丙酸酯	140	2.55	1.11	3.36	15.6
甲基-2-溴丙酸酯	140	2.13	1.05	1.76	16.0
乙基-2-溴丙酸酯	145	2.37	1.10	3.05	16.0
甲基-2-溴丁酸酯	143	2.32	1.04	1.45	16.0
乙基-2-溴丁酸酯	150	2.30	1.05	1.56	16.6
甲基-3-羟基丁酸酯	155	2.32	1.09	2.80	14.3
乙基-3-羟基丁酸酯	165	1.89	1.15	4.36	14.3
γ-戊内酯	150	2.23	1.03	0.82	15.6
2-氯丁烷	95	2.14	1.04	1.41	13.2
2-溴丁烷	105	2.39	1.03	1.30	13.2
2-碘丁烷	130	2.05	1.03	1.28	13.2
2-甲基丁酸	155	1.71	1.05	0.80	16.6
2-甲基戊酸	165	2.28	1.10	1.45	16.6
2-甲基己酸	175	2.23	1.05	0.88	16.6
1-甲氧基-2-羟基丙烷	145	2.42	1.33	9.34	16.6
1-甲氧基-2-丁醇	155	2.00	1.42	11.82	15.6
仲丁基甲基醚	80	1.34	1.06	1.08	13.5
正丁基-缩水甘油基醚	170	2.31	1.04	1.59	15.1
1,2-二甲氧基戊烷	120	1.90	1.03	0.92	13.5
1,2-环氧基丙烷	95	2.10	1.03	0.88	13.2
1,2-环氧基丁烷	100	3.03	1.05	1.82	13.2
1,2-环氧基己烷	130	2.12	1.04	1.61	13.2
1,2-环氧基辛烷	135	2.60	1.03	1.53	13.2
2-甲基四氢呋喃	100	3.33	1.05	1.56	13.2
3-氯-2-丁酮	120	1.92	1.04	1.02	13.8
3-羟基-2-丁酮	130	1.38	1.08	1.82	12.5
2-甲基四氢呋喃-3-酮	130	2.63	1.05	1.52	13.8

较大客体分子的识别。由三(4-甲酰苯基)胺与(*R*,*R*)-1,2-环戊二胺构筑的手性 POC CC5，其分子内部空腔大小约是以 1,3,5-均苯三甲醛为构筑模块的 POCs（如 CC3、CC9 和 CC10）的 3 倍，孔窗口尺寸也相对较大，约为它们的 1.5 倍。将 CC5 作为固定相采用静态涂渍法制备了毛细管 GC 手性柱，并将其用于外消旋化合物的拆分，其能拆分分子尺寸较大的外消旋化合物，如氨基酸衍生物（*N*-三氟乙酰氨基酸异丙酯），它们在 CC3-R 柱上未能得到拆分[15]。烷基化的 CC 也能作为 GC 手性固定相[16]，但总的手性拆分效果不如 CC3、CC10、CC9 等，这些手性 POCs 的分子结构已列入图 2-13 中。目前，动态亚胺化学是构筑结构稳定的手性 POCs 最有效、最简便的方法之一，但适合用此法合成手性 POCs 的构筑模块还很有限。

（二）金属-有机笼

　　MOCs 是基于金属离子或金属簇与结构匹配的有机构筑模块（有机配体）通过配位自组装形成的笼状分子，其可通过弱相互作用形成超分子晶体材料。利用金属离子-有机配体配位自组装（即金属导向自组装）的方式构筑 MOCs 具有如下优点：①配位键的能量介于共价键和弱作用之间，此外配位作用具有方向性和可逆性，因而易于获得稳定的 MOCs 产物；②由于可作为构筑模块的配体和作为节点的金属离子的多样性，可以设计合成出结构和性质多样的 MOCs 配合物；③在 MOCs 的自组装过程中，通过对配体的调整，更容易在分子水平上对目标配合物结构的尺寸、几何外形、内部空腔等方面进行精准控制，并且可以方便地引入特定的物理、化学功能基团，实现其功能化；④MOCs 的合成过程简单而且产率高。

　　笔者团队[17]以纯手性大环配体（L）与 Zn^{2+} 通过自组装合成了单一手性的 MOC[Zn_3L_2]，合成路线为图 2-14。将其与聚甲基硅氧烷 OV-1701 混合溶于二氯

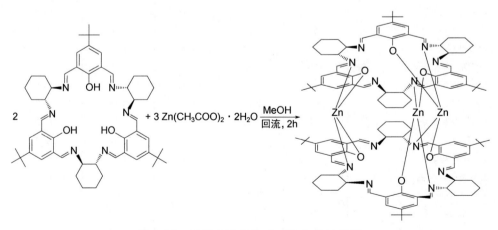

图 2-14　手性 MOC[Zn_3L_2]的合成示意图

甲烷中，采用静态涂渍法制备了毛细管 GC 手性柱。一些外消旋化合物包括一元醇、二元醇、环氧化合物、醚、卤代烃和酯在该手性柱上得到了拆分，且表现出良好的重现性和稳定性。将商品 β-DEX 120 柱和手性[Zn_3L_2]柱进行对比，手性[Zn_3L_2]柱所拆分的外消旋化合物有一半在 β-DEX 120 柱上未能获得拆分。将用于构筑[Zn_3L_2]的纯手性大环配体 L 作为固定相静态法制备毛细管手性柱，上述相同的外消旋化合物在手性大环配体 L 柱上都未能得到拆分，表明手性[Zn_3L_2]的内部空腔对其手性识别能力起着重要作用。MOC[Zn_3L_2]手性柱拆分外消旋体的相关实验数据列于表 2-4 中。

表 2-4　MOC[Zn_3L_2]手性柱对一些外消旋体的拆分数据[17]

外消旋体	MOC[Zn_3L_2]手性柱			
	$T/℃$	$α$	R_s	$v/(cm/s)$
2-丁醇	70	1.15	1.43	16.0
2-戊醇	75	1.10	0.83	16.2
4-甲基-2-戊醇	80	1.12	0.96	13.8
表氯醇	85	1.18	1.69	14.5
表溴醇	90	1.25	2.26	14.6
甲基-3-羟基丁酸酯	112	1.29	1.74	14.3
乙基-3-羟基丁酸酯	118	1.11	0.89	14.3
1-甲氧基-2-羟基丙烷	115	1.17	1.60	14.6
1-甲氧基-2-丁醇	120	1.30	2.41	14.6
1,2-丁二醇	125	1.04	0.75	13.5
1,2-环氧基丙烷	55	1.24	1.62	16.2
扁桃酸①	130	1.20	1.53	14.8

① 三氟乙酸基异丙酯衍生物。

从表 2-4 可以看出，该手性柱的选择性和柱效不如 CC3-R，但其对 β-DEX 120 柱和 CC3-R 柱具有一定的补充作用。[Zn_3L_2]手性柱对正构烷烃混合物、正构醇混合物、Grob 试剂和位置异构体也具有较好的分离效果。将 MOCs 作为 GC 手性固定相的研究才刚起步，期待其在不远的将来有好的发展。

二、无机介孔硅

自从 1992 年第一次发现了介孔硅之后，这种材料便在很多科学领域出现。孔径大于 50nm 的多孔材料为大孔材料，孔径在 2～50nm 范围的多孔材料为介孔材料，孔径小于 2nm 的多孔材料为微孔材料。介孔材料具有高的比表面积和孔容量、孔径分布均一并且可调、物理化学性质稳定等特性。手性介孔硅是在介孔硅材料中引入手性，其在手性分离、不对称催化、选择性吸附、手性传感等领域具有潜在的应用价值，因而引起了科学家的广泛研究兴趣。

（一）液晶介孔硅

纤维素是由许多 D-葡萄糖结构单元组成的高分子多糖，纳晶纤维素（NCC）是由纤维素酸水解而制得的一种纳米材料，NCC 具有纳米尺寸、高的比表面积、独特的光学特性等。棒状的 NCC 在水中的悬浮液能自组装形成手性向列型液晶相，缓慢挥干溶剂后可获得具有彩虹色泽的 NCC 薄膜并且内部具有左手螺旋结构。以 NCC 悬浮液作为液晶模板，可以制备许多具有手性向列型结构的多孔材料。手性向列型介孔硅（CNMS）是由高温煅烧 NCC 与四甲氧基硅烷缓慢挥发诱导自组装形成的 NCC-硅复合膜而制备的，在高温煅烧除去 NCC 模板的过程中NCC-硅复合膜内在的手性结构并没有被破坏，NCC 的手性向列型结构被精确地复制在 CNMS 中。CNMS 不但具有左手螺旋结构，还有纤维素在多层次水平印迹在其内部的手性纳米孔结构和液晶材料的一些特性。

笔者团队[18]将 CNMS 研磨成粉末（图 2-15）后作为固定相制备了毛细管 GC柱（15m×0.25mm id）并用于分离。GC 测试条件选择前面几节类似的实验参数，结果表明，该制备的毛细管柱不但对烷烃混合物、Grob 试剂、芳香烃混合物、多环芳烃混合物和位置异构体表现出较好的分离效果，而且对外消旋体化合物也显示出较好的手性识别性能，图 2-16 是利用该柱拆分的一些手性样品的色谱图。将CNMS 柱的手性拆分性能与 β-DEX 120 商品柱和 Chirasil-L-Val 商品柱对比，其也具有明显的手性拆分的互补性，并且 CNMS 柱分离样品的时间较短。目前的GC 商品手性柱只能在 250℃以下使用，而 CNMS 具有优良的热稳定性，甚至能在 350℃以上作为手性固定相使用，有作为高温手性 GC 的应用前景。

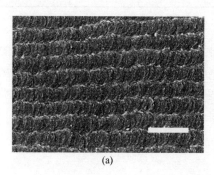
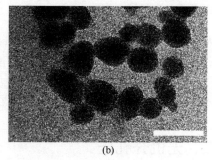

（a）   （b）

图 2-15　（a）CNMS 截面的 SEM 图（标尺=3μm）；
（b）CNMS 粉末的 TEM 图（标尺=100nm）[18]

（二）高序无机介孔硅

手性无机介孔材料的研究主要集中于对二氧化硅的研究。2004 年车顺爱课题组首次合成了高度有序的手性介孔硅（HOCMS），HOCMS 是以阴离子表面活性

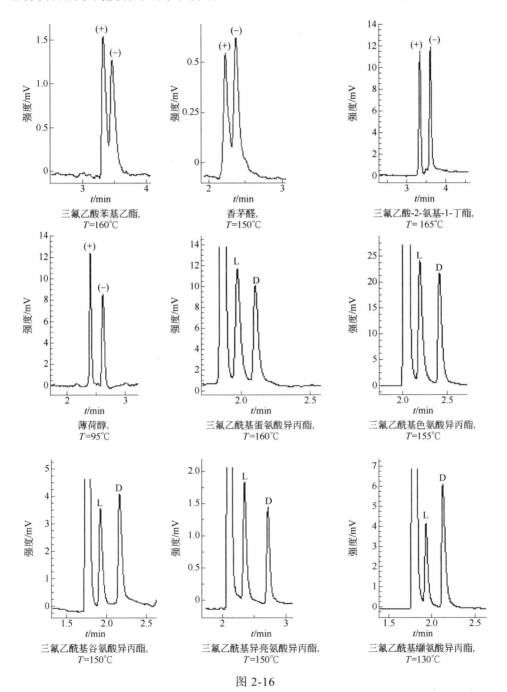

三氟乙酸苯基乙酯，
T=160℃

香茅醛，
T=150℃

三氟乙酸-2-氨基-1-丁酯，
T= 165℃

薄荷醇，
T=95℃

三氟乙酰基蛋氨酸异丙酯，
T=160℃

三氟乙酰基色氨酸异丙酯，
T=155℃

三氟乙酰基谷氨酸异丙酯，
T=150℃

三氟乙酰基异亮氨酸异丙酯，
T=150℃

三氟乙酰基缬氨酸异丙酯，
T=130℃

图 2-16

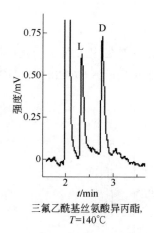

三氟乙酰基丝氨酸异丙酯,
T=140℃

图 2-16　CNMS 手性柱对一些外消旋体的色谱分离图[18]

剂十四烷基-L-丙氨酸钠为模板,四乙氧基硅烷为硅源,含季铵盐的硅源作为助结构导向剂合成的,这种无机介孔材料拥有螺旋的棒状结构和高度有序的介孔通道。此后,各领域的研究人员也相继研究出了多个手性介孔硅。

近年来笔者团队[19]将聚硅氧烷 OV-1701 与研磨并筛选好的适宜大小颗粒的 HOCMS 制备成乙醇悬浮液,在一定氮气压力下缓慢压入毛细管柱中用动态涂敷法制备毛细管 GC 柱。通过实验表明 15 个手性化合物和 6 个位置异构体均能在 HOCMS 涂敷的毛细管气相柱上得到不同程度的拆分,此外,还有一些混合物,如芳香烃混合物、Grob 试剂、长链烷烃、正构烷烃混合物和多环芳烃(PAHs)混合物几乎都能在该柱上得到基线分离。表 2-5 是外消旋体化合物在 HOCMS 毛细管柱上的分离数据。

表 2-5　外消旋体化合物在 HOCMS 毛细管柱上的分离数据[19]

外消旋体	T/℃	k_1	α	R_s
3-丁烯-2-醇	90	1.01	1.11	1.45
香茅醛	95	0.71	1.10	1.53
2-甲基戊醛	124	0.57	1.11	1.02
沉香醇	160	1.26	1.06	0.55
氧化苯乙烯	150	1.51	1.11	0.74
乙酸二氢香芹酯	127	0.87	1.05	0.29
柠檬烯	120	1.28	1.05	0.52
2-氯丙酸	165	0.94	1.03	0.13
苯甘氨酸甲酯	135	0.93	1.27	0.94
2-氨基-1-丁醇①	115	1.32	1.17	2.38
苯甘氨酸②	130	0.92	1.10	1.58

外消旋体	$T/℃$	k_1	α	R_s
异亮氨酸[②]	110	0.63	1.22	1.74
苏氨酸[②]	100	0.78	1.08	0.13
天冬氨酸[②]	115	0.79	1.17	1.12
缬氨酸[②]	90	0.86	1.14	1.66

① 三氟乙酰基衍生物。

② 三氟乙酰基异丙酯衍生物。

HOCMS 气相毛细管柱对测试样品的分离时间短、柱效较高，尤其能耐高温，特别适用于一些所需测试温度较高的物质。HOCMS 涂敷的柱子与其它类型的毛细管柱有一定的拆分互补性，在手性分离领域也具有较好的应用前景。

三、金属-有机框架材料

金属-有机框架材料（MOFs）通常是指由有机配体与金属离子通过自组装过程形成的具有周期性网络结构的晶体材料。MOFs 与传统的无机多孔材料相似，具有特殊的拓扑结构、内部排列的规则性以及特定尺寸和形状的孔道。因其具有独特的光、电、磁等性质，已经迅速发展成为跨学科的研究热点之一。MOFs 也因其具有高的比表面积和大的孔尺寸，尤其是高的热稳定性而使其适合作为 GC 固定相。

2006 年，O. M. Yaghi 等[20]首次将 MOFs 用于 GC 固定相。他们利用一种微多孔的晶体 Zn-(BDC)(4,4'-Bipy)$_{0.5}$（MOF-508；BDC 为 1,4-苯二羧酸；4,4'-Bipy 为 4,4'-双吡啶）作固定相制备了 GC 填充柱，实验结果表明烷烃的同系物和异构体在此固定相上得到了较好的分离。对于烷烃的同系物，分子量小的烷烃保留时间小于分子量大的烷烃；而对于烷烃的异构体，含支链多的烷烃保留时间小于含支链少的烷烃。这些烷烃混合物能够在此固定相上实现选择性分离，主要源于烷烃分子与固定相之间相互作用的范德华力的差异和 MOF-508 具有相互贯穿的三维层状和一维窄通道（0.4nm×0.4nm）的结构特点。

2010 年，Yan 课题组[21]首次将 MOFs 用作毛细管 GC 固定相。他们使用 MIL-101（Cr）晶体采用动态涂渍法制备了一根毛细管柱，其对二甲苯异构体和乙苯表现出很高的分辨能力和选择性，在 1.6min 内全部达到基线分离。除此之外，其它一些异构体混合物（如氯苯异构体）和直链烷烃混合物（n-C$_7$～n-C$_{14}$）在该固定相上也能得到基线分离。

笔者课题组[22]最先将手性 MOFs 作为毛细管 GC 固定相，自制毛细管色谱柱（2m×75μm id），采用前面几节类似的测试条件，用于分离系列有机物。该材料具有三维单手螺旋通道[{Cu(sala)}$_n$][H$_2$sala=N-(2-羟苄基)-L-丙氨酸]。实验结果表明此固定相对很多化合物具有良好的分离能力，尤其对外消旋体化合物表现出良好的手性选择性，图 2-17 是对一些外消旋体的色谱分离图谱。

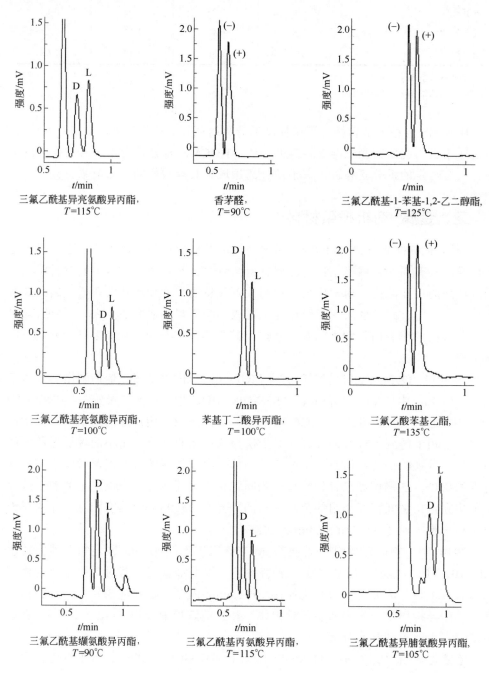

三氟乙酰基异亮氨酸异丙酯，
T=115℃

香茅醛，
T=90℃

三氟乙酰基-1-苯基-1,2-乙二醇酯，
T=125℃

三氟乙酰基亮氨酸异丙酯，
T=100℃

苯基丁二酸异丙酯，
T=100℃

三氟乙酸苯基乙酯，
T=135℃

三氟乙酰基缬氨酸异丙酯，
T=90℃

三氟乙酰基丙氨酸异丙酯，
T=115℃

三氟乙酰基异脯氨酸异丙酯，
T=105℃

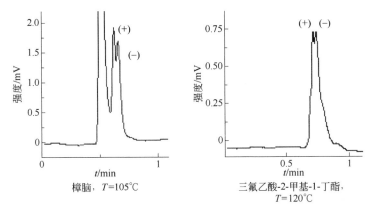

图 2-17　外消旋体在手性 MOFs 毛细管柱上的色谱分离图谱[22]

从 2011 年笔者将手性 MOFs 第一次用于现代手性色谱技术后，一直持续开展该方向的系列研究，按照已有的文献报道进行了大量的手性 MOF 的合成，总结出成功率较高的是以氨基酸类为桥联和以樟脑磺酸类为桥联的两类 MOF 材料，展现出了该类手性固定相良好的应用前景[23-25]。不管怎样，MOFs 中金属元素具有较强的活性，一方面其使待分离物具有较大的手性分离因子，但另一方面也常常造成色谱峰的拖尾，影响对映异构体的分离测定。而对于这些问题的解决，笔者团队仍在探索研究中。

四、共价有机框架材料

共价有机框架材料（COFs），是在热力学调控下，有机基团通过有机可逆反应进行缩合形成牢固的共价键而制备的结晶性二维、三维有机多孔材料。COFs材料不仅具有高的热稳定性、化学稳定性、大的比表面积及孔隙率、低的骨架密度等特点，还具有优于 POPs 材料的一些特性：它们具有整齐排列的刚性结构单元，能形成统一尺寸的孔道结构，孔道尺寸大小可以设计到从微孔到介孔之间，并且通过化学方法能够精准地调控其表面化学性质。十多年来，已经有非常丰富的结构单元被用来合成 COFs 材料，主要包括硼酸酐类、硼酸酯类、三嗪类和亚胺类 COFs。合成功能化 COFs 材料主要有两种途径：①将 COFs 材料作为载体，通过后修饰的方法负载功能基团得到功能化的 COFs 材料；②通过"bottom-up"策略先将功能基团嵌入到构筑模块中，然后再进行 COFs 的合成。不管怎样，目前报道的含有手性的 COFs 还是非常之少。

2016 年，严秀平课题组[26]采用"bottom-up"方法制备了手性 COFs-CTpPa-1等（图 2-18），他们第一次将手性 COFs 原位生长在开管毛细管柱内壁制备了 GC手性柱。该手性柱对 4 个外消旋化合物 1-苯乙醇、1-苯基-1-丙醇、柠檬烯和乳酸甲酯进行了手性拆分，表现出了一定的手性选择性和拆分能力，拆分色谱图见图 2-19。该研究开辟了手性 COFs 用作 GC 手性固定相的新思路。

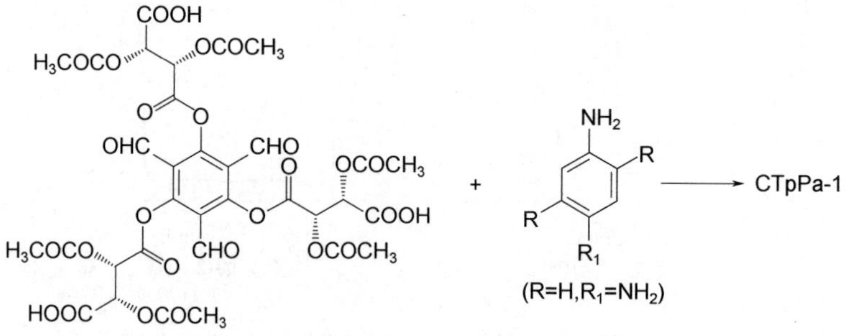

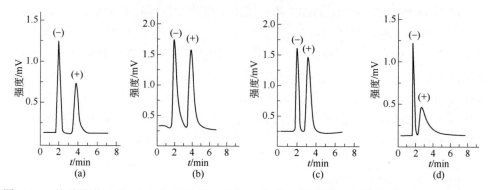

图 2-18 手性 COFs CTpPa-1 的合成

图 2-19 外消旋化合物（a）1-苯乙醇、（b）1-苯基-1-丙醇、（c）柠檬烯、（d）乳酸甲酯在 CTpPa-1 毛细管柱（25m×0.32mm id）上的 GC 拆分谱图[26]

第五节 金属配合物类手性柱及其应用

在实际拆分过程中，用氢键型手性固定相去分离不饱和烃、醚、酮等对映异构体常常非常困难。1971 年 Schurig 和 Gil-Av 的研究证实将这些对映异构体与具有光学活性成分的金属络合物作用可实现手性分离。

一、樟脑酸金属配合物

Schurig 和 Gil-Av[27]将图 2-20（a）的二羰基-铑(Ⅰ)-3-三氟乙酰基-(1R)-樟脑与角鲨烷混合涂渍在一根不锈钢毛细管柱（200m×500μm id）的内壁上，在 20℃的柱温下，经历了约 130min，实现了 3-甲基环戊烯的分离。尽管将这种对映体拆分方法扩展到其它类外消旋体烯烃的尝试没有成功，但它首次确定了络合 GC 有可能显示配位络合的手性识别能力。紧接着 Golding 等用图 2-20（b）的铕(Ⅱ)-双-3-三氟乙酰基-(1R)-樟脑作为 GC 的固定相拆分了甲基环氧乙烷。Schurig 等用图 2-20（c）的镍(Ⅱ)-二[3-三氟乙酰基-(1R)-樟脑]定量拆分了甲基环氧乙烷和反式-2,3-二甲基环氧乙烷的对映异构体。环醚、1-氯氮杂环丙烷、硫杂环丙烷、环酮和脂肪醇等在图 2-20（d）的镍(Ⅱ)-二[3-七氟乙酰基-(1R)-樟脑酸盐]上也得到了拆分。各种不同的螺缩酮、二环缩酮、三环缩酮在由 5-七氟丁酰基-(R)-胡薄荷酮与镍(Ⅱ)生成的图 2-20（f）螯合物上都表现出很好的拆分性，将图 2-20（e）锰(Ⅱ)-二[3-七氟乙酰基-(1R)-樟脑]溶于聚硅氧烷 OV-101 中，混合涂渍预处理过的玻璃毛细管柱，则进一步改善了配合 GC 的拆分效果和分析速度[28]。

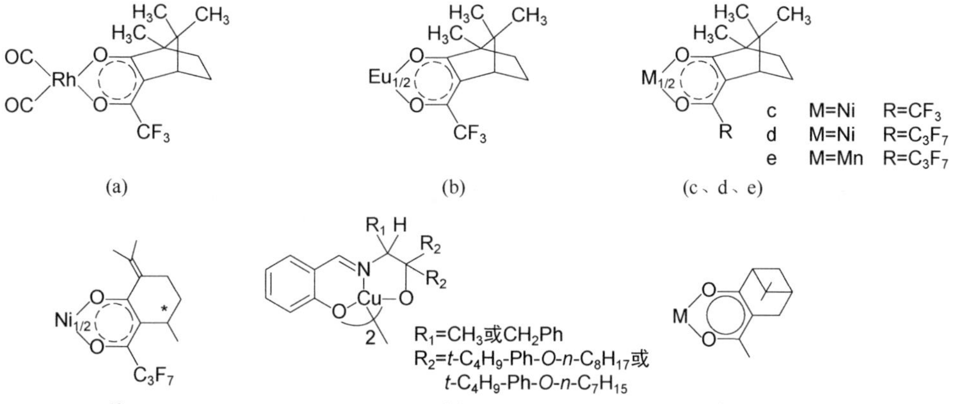

图 2-20　金属螯合手性固定相

　　同样，由于金属配合物手性固定相能在较低的温度范围内使用，所以将其与聚合物连接也有报道，如 Chirasil-Nickel 的结构如图 2-21，其还用于超临界流体色谱中手性化合物的分离。

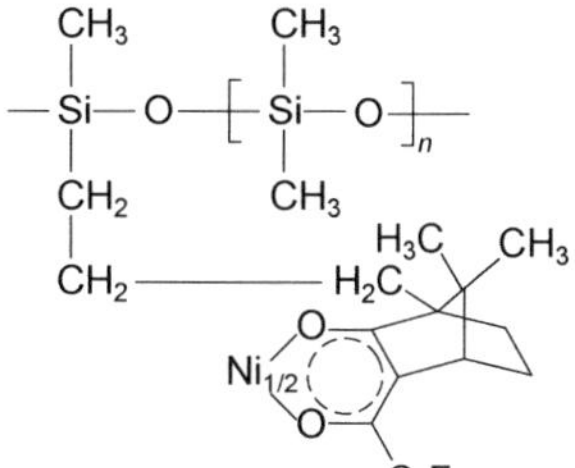

图 2-21　Chirasil-Nickel

二、其它类型的金属配合物

　　3-频哪醇或 4-频哪醇、不蒎酮、薄荷酮、异薄荷酮、香芹酮、蒲勒酮等已被用作过手性固定相。除此之外，还有学者合成了一种手性铜(Ⅱ)-西佛碱螯合物［图 2-20（g）］拆分了 α-羟基酸酯和氨基醇。虽然该固定相分离因子 α 对某些化合物是高的，但有时因柱效差，会使峰的分辨不好。将脂肪族的二醇酮类如图 2-20（h）分散在聚硅氧烷 OV-101 中，作为 GC 的手性固定相，也可分离对映异构体。

　　用络合 GC 拆分对映体，一般不需要先衍生化，这是很重要的优点。将这类固定相与某些聚硅氧烷固定液如 OV-101 等混合，涂到毛细管柱上，可以分离烯烃、环酮、醇、胺、环氧化合物、氨基醇、氨基酸、羟基酸和卤代酸等化合物的对映体，但该类固定相使用温度较低，不能分析高沸点的化合物，而且固定相合成和色谱柱制备都较复杂。不过，这类固定相对某些化合物的分离因子 α 较大，是分离这些化合物的一种补充技术。

金属配合物手性固定相的对映体分离机理，是对映体分子中的活性部位，如双键和杂原子等，与金属配位化合物中的金属离子在色谱柱内建立快速、可逆的配位平衡；由于金属配位化合物手性固定相中的手性配基在空间的有序排列，使对映体靠近金属离子的难易有别，在通过多次的配位与交换以后，就可以达到对映体的分离。在这一分离过程中，起关键作用的是配位作用，其作用强度要比氢键型和包合型手性固定相中的氢键、包合、吸附及分配等作用要大，因而对映体的分离因子也较大。但是，很多金属配体化合物不能耐高温，是其较大的缺陷。

第六节　其它类型手性色谱柱及其应用

一、离子液体

离子液体是 21 世纪以来较受关注的新型材料。与一般的离子化合物相比，它是液态的；与传统的液态物质相比，它是离子的。因而离子液体往往展现出其独特的物理化学性质和功能，是一类值得研究和发展的新型材料。普通的离子液体 1999 年开始被用作 GC 的固定相，2005 年后开始有手性离子液体被用作 GC 手性固定相的研究[29]。笔者实验室也合成了一种手性离子液体，其阳离子上有手性（结构见图 2-22），把它作为固定相应用于 GC，对玫瑰醚、乙酸二氢香芹酯、香茅醛、亮氨酸等外消旋体可以进行拆分[30]。由于其阳离子或阴离子上具有手性特征，其手性识别机理也应该遵循 Dalgliesh 的"三点作用"原理。

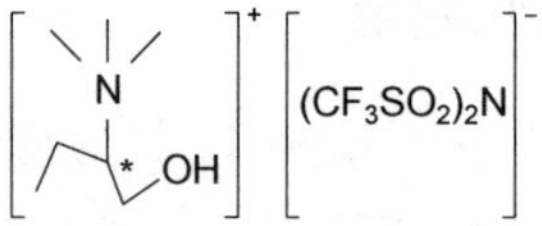

图 2-22　手性离子液体的结构式

二、多糖类

纤维素是最早被发现具有手性拆分能力的天然物质，在 20 世纪 50 年代就有人用纸色谱成功地对氨基酸的对映异构体进行了拆分。70 年代后，开始了纤维素衍生物的液相色谱手性固定相的研究，由于日本 Y. Okamoto 研究组的杰出工作，使得纤维素和直链淀粉类手性固定相现已成为目前使用最为广泛的液相色谱手性固定相。在 1989 年，有利用直链淀粉作为 GC 手性固定相的报道，一些手性化合物在该柱上得到了分离[31]。笔者课题组以三醋酸纤维素、纤维素三苯基氨基甲酸酯以及纤维素三(3,5-二甲基苯基氨基甲酸酯)为新型毛细管 GC 固定相，也对一些手性化合物进行了拆分[32]。该类固定相的手性识别机理在于对映异构体与纤维素衍生物内部的螺旋形手性空间的适应性，以及它们之间的氢键作用、偶极作用和色散力的作用。

环果糖（cyclofructan）仍然被 Armstrong 等用于 GC 手性固定相的研究。天然环果糖常含 6、7、8 个寡糖单元，由于熔点高、成膜性不好，因此参考环糊精衍生物手性固定相，其被衍生化成全-O-甲基环果糖-6、全-O-甲基环果糖-7 和 4,6-二-O-戊基环果糖-6，可分离一些醇、酯、氨基酸的衍生物。但二取代的效果低于三取代的，三取代的效果低于环糊精相应的衍生物[33]。衍生物 4,6-二-O-戊基-3-O-三氟乙酰基环果糖-6 和 4,6-二-O-戊基-3-O-丙酰基环果糖-6 仍被合成用于 GC 手性固定相的研究，但其选择性仍没有明显的改善[34]。

三、环肽类

环肽是一种由氨基酸构成的环状化合物，第一篇关于环肽被用作色谱固定相的报道是关于太子参环肽 B，该化合物是从传统中药太子参中分离得到。当其被用作 GC 的手性固定相时，其对氨基酸外消旋体的衍生物显示出了手性识别能力[35]。缬氨霉素是一种脂溶性抗生素，它的化学结构分别含有三个 D-缬氨酸、L-乳酸、L-缬氨酸和 D-羟基异戊酸盐序列并组成了一个环状的肽，它与 K⁺具有特异的亲和力。笔者课题组已经证实缬氨霉素可以作为毛细管 GC 固定相，其与 OV-1701 的混合物具有较好的成膜性质，其对一些难分离物质对、位置异构体以及外消旋体具有一定的分离选择性[36]。毫无疑问，拆分机理除了来自固定相与被分离物的氢键作用外，主要来自于其环状结构的超分子作用。

四、其它包合物

具有胺手性功能团的硫代杯[4]芳烃已经被合成，其已被用于氨基酸衍生物、醇和胺等对映异构体的分离。一个更加有序的超分子结构是先将手性的 L-缬氨酸与杯[4]芳烃的八个羟基结合，然后该杯芳烃再与二甲基聚硅氧烷作用，但该固定相并没有由于超分子的包合作用展示出比 Chirasil-Val 更好的手性分离能力[37]。

作为本章的总结和展望，笔者认为 GC 具有操作简单、快速、环保、设备相对低廉等特点而深受广大科研工作者的欢迎，已经成为现代色谱分离技术中必不可少的技术之一。手性分离一直是分离科学中的一个重点，而其核心是设计和制备具有高选择性的手性固定相。与高效液相色谱手性固定相相比，GC 手性固定相的种类要少得多，能商品化的手性固定相就更少。还有一些手性化合物的分离利用常规的手性色谱柱进行拆分往往效果并不理想，需要筛选大量的商品柱才能得到分离，并且绝大多数 GC 手性分离柱的单根价格都超过万元，所以 GC 手性固定相还有待于进一步的研究和开发。

参考文献

[1] Gil-Av E, Fiebush B, Charles-Sigler R. Tetrahedron Lett, 1966, 7: 1009.

[2] Frank H, Nicholson G J, Baye E. J Chromatogr Sci, 1977, 15: 174.

[3] Frank H, Nicholson G J, Bayer E. Angew Chem Int Ed, 1978, 17: 363.

[4] Nicholson G J, Frank H, Bayer E. J HRC & CC, 1979, 2: 411

[5] Koscielski T, Sybilska D, Jurczak J. J Chromatogr, 1983, 261: 357.

[6] Juvancz Z, Alexander G, Szejtli J. J HRC & CC, 1987, 10: 105.

[7] Schurig V, Nowotny H P. J Chromatogr, 1988, 441: 155.

[8] Schurig V, Schmalzing D, Muhleck U, et al. J HRC, 1990, 13: 713.

[9] Fischer P, Aichholz R, Bolz U, et al. Angew Chem Int Ed, 1990, 29: 427.

[10] Li W Y, Li H, Armstrong D W. J Chromatogr, 1990, 509: 303.

[11] 李莉, 字敏, 袁黎明, 等. 化学进展, 2007, 19: 393.

[12] Zhang J H, Xie S M, Yuan L M, et al. Anal Chem, 2015, 87: 7817.

[13] Zhang J H, Xie S M, Yuan L M, et al. J Chromatogr A, 2015, 1426: 174.

[14] Xie S M, Zhang J H, Yuan L M, et al. Analytica Chimica Acta, 2016, 903: 156-163.

[15] Zhang J H, Xie S M, Yuan L M, et al. J Sep Sci, 2018, 41: 1385.

[16] Xie S M, Zhang J H, Yuan L M, et al. Molecules, 2016, 21, 1466.

[17] Xie S M, Fu N, Yuan L M, et al. Anal Chem, 2018, 90(15): 9182.

[18] Zhang J H, Xie S M, Yuan L M, et al. Anal Chem, 2014, 86: 9595.

[19] Li Y X, Fu S G, Yuan L M, et al. J Chromatogr A, 2018, 1557: 9.

[20] Chen B, Liang C, Yaghi O M, et al. Angew Chem Int Ed, 2006, 45: 1390.

[21] Gu Z Y, Yan X P. Angew Chem Int Ed, 2010, 49: 1477.

[22] Xie S M, Zhang Z J, Yuan L M, et al. J Am Chem Soc, 2011, 133: 11892.

[23] Xie S M, Yuan L M. J Sep Sci, 2017, 40: 124.

[24] Xie S M, Hu C, Yuan L M, et al. Microchemical Journal, 2018, 139: 487.

[25] Li L, Xie S M, Yuan L M, et al. Chem Res in Chinese Universities, 2017, 33: 24.

[26] Qian H L, Yang C X, Yan X P. Nat Commun, 2016, 7: 12104.

[27] Schurig V, Gil-Av E. J Chem Soc Chem Commun, 1971, 43: 2030.

[28] Schurig V, Betschinger F. Chem Rev, 1992, 92: 873.

[29] Ding J, Welton T, Armstrong D W. Anal Chem, 2004, 76: 6819.

[30] Yuan L M, Han Y, Zhou Y, et al. Anal Lett, 2006, 39: 1439.

[31] Schurig V, Nowotny H P, Schleimer M, et al. JHRC, 1989, 12: 549.

[32] Yuan L M, Zhou Y, Zhang Y H. Anal Lett, 2006, 39: 173.

[33] Zhang Y, Breitbach Z S, Armstrong D W, et al. Analyst, 2010, 135: 1076.

[34] Zhang Y, Armstrong D W. Analyst, 2011, 136: 2931.

[35] Yuan L M, Fu R N, Tan N H, et al. Anal Lett, 2002, 35: 203.

[36] 艾萍，刘凯华，袁黎明，等. 高等学校化学学报, 2006, 27: 2073.

[37] Pfeiffer J, Schurig V. J Chromatogr A, 1999, 840: 145.

CHAPTER 3

手性液相色谱

高效液相色谱（HPLC）是在经典液相色谱法的基础上，于 20 世纪 60 年代后期引入气相色谱（GC）理论而迅速发展起来的分离技术。HPLC 仪由高压输液系统、进样系统、分离系统、检测系统和数据处理及控制系统五大部分组成。与经典液相色谱相比，HPLC 的色谱柱是以特殊的方法用小颗粒的填料填充而成，从而使柱效大大高于经典液相色谱；另外在仪器方面，采用了高压泵输送流动相，同时在色谱柱后连有检测器，可以对流出物进行连续检测。在仪器中压力泵的最大压力往往需达到 40MPa 以上，使用的最主要的检测器有紫外检测器和示差折光检测器，示差折光检测器属通用型检测器，但其灵敏度较低。

第一节　引言

在液相色谱中溶质的保留方程式可表示为：

$$t_R = t_M(1+k)$$

式中，t_R 为保留时间，t_M 为死时间，k 为保留因子。

分离柱的理论塔板数 n 为：

$$n = 5.54(t_R / W_h)^2$$

式中，W_h 为半峰宽。

在色谱过程中的 Van Deemter 方程式，综合所有影响塔板高度 H 的因素，可以得到下面这样一个普通的表达式：

$$H = Au^{0.33} + B/u + Cu + Du$$

式中，H 为折合塔板高度，u 为折合速度，A 为涡流扩散以及流动相传质常数，B 为纵向扩散常数，C 为停滞流动相传质常数，D 是固定相传质常数。

由于填充良好的粒径较大的多孔填料柱子的固定相厚度 d_f 很小，故 $D=0$，B/u 一项也很小，所以上式可简化为：

$$H = Au^{0.33} + Cu$$

该式明确地反映出影响塔板高度的最主要的一些因素。

色谱柱是色谱仪的心脏，色谱分离过程就是在色谱柱内进行的。色谱柱一般是由内部抛光的不锈钢制成的直形柱，内径一般为 2～5mm，柱长一般为 5～25cm。柱内充满的微粒分离材料是实现分离的关键（固定相），因此高性能的色谱柱填料一直是色谱研究中最丰富、最富有创造性的部分之一。色谱柱填料主要可以分为有机基质和无机基质两大类：有机基质通常是高分子有机聚合物，如离子交换树脂和部分多孔性凝胶等；无机基质包括硅胶、氧化铝、氧化钛、羟基磷灰石、石墨化碳等多孔活性材料。由于硅胶具有良好的机械强度、化学稳定性和热稳定性，孔结构和比表面积可控，表面含有丰富的硅羟基而能进行表面化学键合或改性等优点，比较符合高柱效和高选择性的理想柱填料的条件，因此硅胶成为开发最早、研究最深入、应用最广泛的 HPLC 填料。目前以硅胶为基质的 HPLC 填料占 90% 以上，绝大部分为多孔球形基质。在 20 世纪 70 年代中期，HPLC 仪开始出现，其主要填料为 10μm 的无定形硅胶；70 年代后期，发展了反相液相色谱；80 年代，HPLC 被广泛应用于化合物的分离，主要填料为 5～10μm 的球形硅胶；90 年代早期发展了粒径为 5μm 的高纯硅胶（只含微量的金属）；90 年代后期为满足快速分离的需求，发展了性能优越的 3μm 球形硅胶；21 世纪早期，出现了粒径小于 2μm 的无机和有机杂化硅胶等以达到超快速分离的要求，并发展了整体柱。目前市面上分析用的基质填料主要是 3～5μm 的高纯硅胶。另外，从固定相的孔隙深度可将其分为表面多孔型（薄壳型）和全多孔型（全孔型），前者适用于比较简单的样品分析和快速分析，但是柱容量小；而全多孔型固定相的柱容量大，有利于痕量组分以及多组分复杂混合物的分离分析。在开发和研究色谱填料的过程中，通常需要自己制备液相柱，由于液相色谱中所使用的填料颗粒较小（小于 10μm），通常使用匀浆法装柱机进行湿法装柱。

一、键合相色谱

在现代液相色谱中应用最为广泛的柱填料是经化学键合的有机固定相。现在应该 80%以上的分析任务是在键合相色谱柱上进行的。在硅胶表面键合极性有机基团的称为极性键合相，最常见的有氰基、氨基、二醇基键合相。极性键合相一般都作正相色谱，即用比键合相极性小的非极性或弱极性有机溶剂如己烷或庚烷作流动相，并在其中加入一定量的极性溶剂如异丙醇、乙醇、乙腈等以调节其洗脱强度。一般认为正相键合相色谱的分离机制主要是吸附作用和氢键作用。溶质的保留存在以下一些经验规律：a.溶质分子极性大的保留值大；b.流动相的强度随极性增大而增大；c.极性键合相的极性越大或极性配合基的浓度越大，则溶质保留值越大。

亲水作用色谱又称含水的正相色谱，含 3%～40%的水，乙腈为最常用的有机溶剂。增加水的比例会减少样品的保留，极性较强的和电离的溶质在亲水作用色谱中的保留较强。其保留因子随 pH 增加的变化趋势与反相相反，与离子对以及离子交换色谱一致。改善峰型常改变 pH 或者增加缓冲液浓度可达 100mmol/L。亲水作用色谱的保留机理主要是分配色谱的作用机制。

在硅胶表面键合烃基硅烷，所得到的就是非极性键合相。目前商品化的非极性键合填料主要有：己基、辛基、十六烷基、十八烷基、二十二烷基及苯基等键合相。其中以十八烷基键合相（简称 ODS 或 C_{18}）应用最广。非极性键合相通常都作反相色谱。反相色谱一般用水作基础溶剂，加入与水互溶的称为有机调节剂的有机溶剂如甲醇、乙腈、四氢呋喃等。在反相系统中，固定相是非极性的，流动相是极性的，样品的保留顺序是非极性的组分保留值大，极性组分先流出。水是极性最强的溶剂，也是反相色谱中最弱的溶剂。目前，对反相色谱的保留机制还没有一致的看法，一种认为属于分配色谱，另一种认为属于吸附色谱；也有人认为对单分子层固定相是以吸附为主，对多分子层固定相则偏向是分配色谱的作用机制；还有人认为反相色谱的保留机理可能是固定相对溶质的疏水作用、吸附作用以及固定相中的吸附流动相对溶质的分配作用。

在键合相色谱中反相色谱大约又占了整个分析任务的 70%，所以反相键合相色谱是 HPLC 中最重要的分析方法，常见的反相色谱技术见表 3-1。

表 3-1　反相色谱技术

技术	典型的流动相
常规反相技术	A=H_2O+MeCN、MeOH 等
控制离子化技术	B=A+缓冲溶液
离子抑制技术	对于酸，A+酸 对于碱，A+碱
离子对色谱	对于阳离子，B+烷基磺酸盐等 对于阴离子，B+季铵盐
次级化学平衡法 （银化色谱）	B+Ag^+等
非水反相技术	MeOH，MeCN+THF，CH_2Cl_2 等

二、液固吸附色谱

液固吸附色谱适用于分离中等分子量的油溶性的样品，对具有不同官能团的化合物和异构体有较高的选择性，其对强极性分子或离子型化合物有时会发生不可逆吸附，分离同系物的能力也较差。

液固色谱使用的填料主要是全多孔型球形硅胶填料。在色谱分离过程中，硅胶表面上起吸附作用的是游离型硅羟基，溶质分子从溶剂中被吸附剂所吸附，是通过取代被吸附剂吸附的溶剂分子而实现的。在液固吸附色谱中，复杂混合物的分离很难以纯溶剂来实现，而必须采用二元或三元的混合溶剂体系来提高分离的选择性。在混合溶剂的选取过程中，溶剂强度能随其组成而连续变化，在保持一定的溶剂强度的情况下，可以选择低黏度溶剂体系，以降低柱压和提高柱效。使用不同的混合溶剂，还可以提高选择性，改善分离。另外值得注意的是，硅胶柱的减活处理是必要的，若在分析前已对硅胶进行减活处理，那在使用过程中需要维持硅胶含水量恒定，即溶剂必须含有一定量的水。若用干燥硅胶装柱，则必须用含水溶剂平衡柱子，控制硅胶的含水量。

三、离子交换色谱

离子交换色谱以离子交换剂为固定相，借助于试样中电离组分对固定在交换剂基体上带相反电荷的离解部位亲和力的不同，使其彼此分离。在此过程中，为了维护固定相和流动相的电中性，与试样离子交换到活性部位的同时，必须取代相当量的原来与该部位相缔合的配衡离子。在离子交换过程中，溶质也可能与交换剂的基体部位相互作用，尤其当溶质是有机化合物时。对溶质保留的另一个因素与 Donnan 平衡有关，Donnan 电势是离子交换剂内部溶液与外部溶液之间的电势差。Donnan 电势的存在阻止了与固定在树脂上的功能基具有相同电荷的离子进入到树脂内部，这种现象被称之为离子排阻。

常用的离子交换剂有两类：以交联聚苯乙烯为基体的离子交换树脂和以硅胶为基体的键合离子交换剂。以硅胶为基体的离子交换剂和树脂型相比较，具有耐压、高效率等优点，但从 pH 操作范围和交换容量考虑，不如树脂交换剂。离子交换剂可以分为强弱两类，弱离子交换功能团的电离度在 pH 4～8 之间有急剧的变化，而强离子交换剂在很宽的 pH 范围内功能团完全电离。

影响离子交换色谱中保留的因素有：a.离子交换容量，离子交换容量越大，分配系数和容量因子越大。离子交换容量还可能引起选择性的显著变化；b.交联度，溶质离子的保留和选择性一般随树脂交联度的加大而提高；c.流动相的组成和 pH 也是影响溶质离子保留的重要参数。强离子交换剂的交换容量在很宽的范围内不随流动相的 pH 值变化；d.一般而言，配衡离子的价数越高，水合体积越小，越易极化，则它对离子交换剂的亲和力就越高；e.向流动相中加入有机溶剂，明显地改变有机溶质的保留。

离子色谱是离子交换色谱的一个分支，其特点是以低容量的离子交换剂为固定相。离子色谱包括两个类型：带有抑制柱的离子色谱（双柱离子色谱）和单柱离子色谱。

四、操作的注意事项

在整个 HPLC 领域中要保持色谱的高效能，应采取如下措施：

（1）保持高柱效　a.流速宜采用 0.7～1.5mL/min，对大分子量样品用较低的流速；b.进样器与色谱柱、色谱柱与检测器之间的连接管应尽可能短；c.进样体积不要超过 20μL（内径 8cm 以上的色谱柱可大些）；d.绝对进样量不大于 1μL（指分析的用途）。

（2）保持重复性　a.泵的流量重复性应比所要求保留值的重复性好；b.进样阀、流动相和色谱柱应保持相同的环境温度；c.采用固定体积的进样阀；d.尽量用等强度洗脱；e.使用预先混合的溶剂，尽量避免在流动相中加入比例很小的溶剂组分，保持流动相组分比例不变；f.梯度洗脱的重复性应比所要求保留值的重复性至少高 10%；g.做梯度洗脱时，尽量避免采用多元溶剂组合；h.溶剂及样品溶液要充分脱气。

（3）提高使用寿命　a.过滤溶剂及样品；b.使用保护柱；c.流动相不应腐蚀仪器零件和损害柱子；d.使用缓冲溶液后应将系统冲洗干净，不要留置过夜；e.色谱柱长期不用时，应用甲醇充满其间并保存之，不可让色谱柱填充床干掉。

色谱分离条件的选择一般涉及：a.液相色谱柱系统的选择；b.流动相选择性的最佳化；c.温度的选择；d.进样量的选择。应该强调指出，在 HPLC 中，不存在一种能够分析所有样品的色谱方法，典型的实验室应能够使用几种基本的分离方法。一种液相色谱方法是否能进行有效的分离一般取决于下列因素：样品的性质，所需分离选择性的类型，实验的便利程度，选用方法的经验，其它问题。

为了评价目前市场上各种类型的商品 HPLC 手性柱，我们选择了 13 个相对中性的手性化合物，6 个碱性手性化合物，6 个酸性手性化合物，19 个人体必需手性氨基酸，在厂家推荐的最主要的拆分条件下，对这些商品柱进行了上述外消旋化合物的拆分。这些外消旋体的分子结构式列于图 3-1 中。

在没有特殊指明的情况下，本章涉及的外消旋体的中性化合物、碱性化合物、酸性化合物以及氨基酸，都来自于图 3-1 中的这些外消旋体。选择上述化合物主要是从常见以及具有一定的代表性的角度考虑。由于从未有研究者将如此多类型

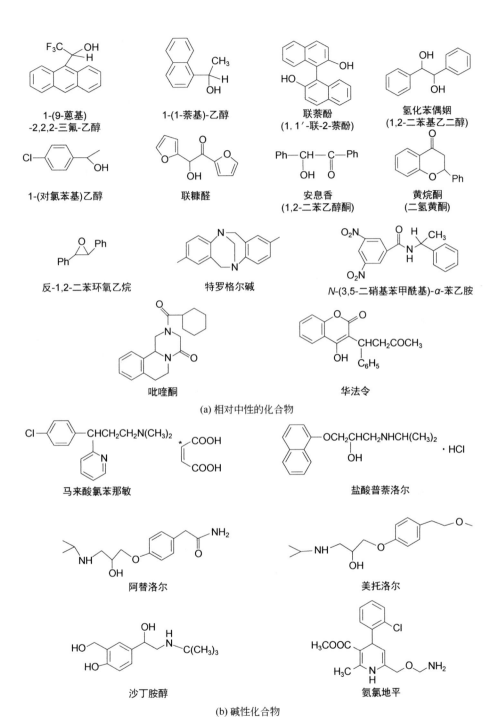

1-(9-蒽基)
-2,2,2-三氟-乙醇

1-(1-萘基)-乙醇

联萘酚
(1,1′-联-2-萘酚)

氢化苯偶姻
(1,2-二苯基乙二醇)

1-(对氯苯基)乙醇

联糠醛

安息香
(1,2-二苯乙醇酮)

黄烷酮
(二氢黄酮)

反-1,2-二苯环氧乙烷

特罗格尔碱

N-(3,5-二硝基苯甲酰基)-α-苯乙胺

吡喹酮

华法令

(a) 相对中性的化合物

马来酸氯苯那敏

盐酸普萘洛尔

阿替洛尔

美托洛尔

沙丁胺醇

氨氯地平

(b) 碱性化合物

图 3-1

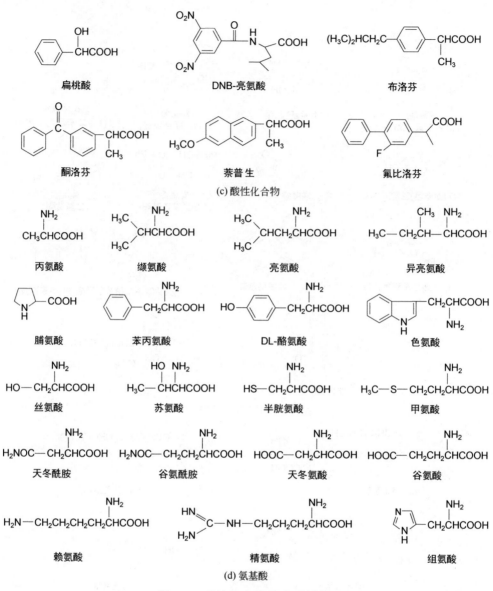

图 3-1 手性化合物的分子结构

的商品手性柱进行系统的比较研究，笔者期待进行该方面的尝试，得到一些粗浅的表观实验结果，能对这些手性柱的特性有一个粗略的认识，希望有利于读者知晓这些手性柱的特点。

需要特别说明的是，笔者实验中的商品手性柱的新旧程度并不统一，这些图谱的测定前后也断断续续经过了多年，且是在多台 HPLC 仪上进行，对于众多手性柱用这些样品统一进行测试并不一定客观。只选择一两个溶剂系统来测试这些手性柱，对它们的评价也肯定不全面。使用率高、选择性广的手性柱对于某个具体的样品也未必是最适宜的选择。但了解采用商家对某手性柱推荐的最常用的一个溶剂系统能够拆分的随机的外消旋体种类和数目，这对于很多读者初选手性商品柱无疑具有积极意义。对于在实验中观察到的选择性较窄的手性商品柱，笔者还调研了这些手性柱的一些代表性的原始文献，评述了文献数据与笔者实验的非一致性。除此之外，还有一些手性商品柱的缺点，如抗某类样品污染力较差、使用寿命较短、不耐高压等，在文中也适当地给予介绍。

第二节　多糖类手性色谱柱及其应用

1973 年 Hesse 和 Hagel 首先制备出了具有实用价值的多糖衍生物——微晶三醋酸酯纤维素（图 3-2）。

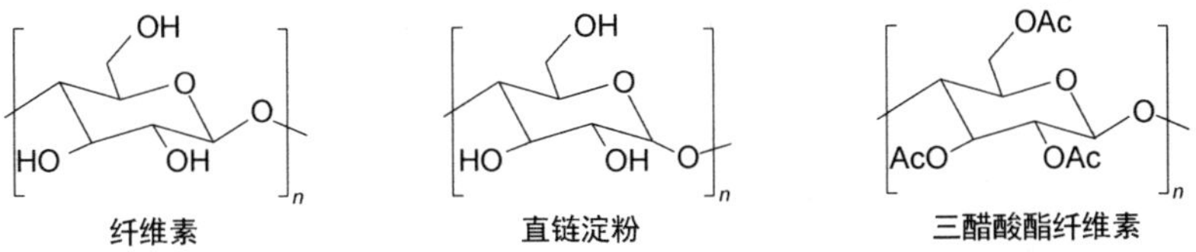

图 3-2　纤维素、直链淀粉和三醋酸酯纤维素的分子结构

随后，Y. Okamoto 进行了大量的研究，先后合成了数百个多糖类的衍生物，成功开发了基于纤维素和直链淀粉的商品化的手性分离材料，成为该领域最杰出的科学家。在 HPLC 以及制备液相色谱手性分离柱中，多糖类无疑是目前使用最为广泛的，有 90% 左右的手性样品可以在该类分离柱中识别。该类商品柱主要由日本 Daicel 公司（其在中国的分公司中文名为大赛璐）生产，一根 4.6mm×250mm 的色谱分析柱，除去其中的硅胶基质后真正的手性识别材料不足 1g，但该柱人民币售价在万元以上。制备柱中手性识别材料增多，则价格更高，可高达数十万元。该公司生产的多糖手性柱，可使用 10μm 硅胶。其商品名的后面有 H 的表示固定相支撑体是 5μm 硅胶，有 3 的表示固定相支撑体是 3μm 硅胶，有 U 的表示固定相支撑体是 1.6μm 硅胶，有 R 的表示该商品柱适合在反相条件下使用（和正相柱相比较主要是支撑体硅胶有差别）。由于缓慢的吸附-解吸动力学，粒径小的柱子的优势并不如在非手性分离柱如 C18 中明显。纤维素和直链淀粉固定相中最具有代表性的是苯甲酸酯和苯基氨基甲酸酯两大类，但从众多的该类衍生物的手性识别性能统计分析，苯基氨基甲酸酯又更优于苯甲酸酯类[1,2]。

三苯甲酸酯纤维素类的分子结构如图 3-3 所示，一些商品化的商品手性柱列在表 3-2 中。在多糖类手性色谱柱中，最具有代表性的是 OJ 柱，其被公认为多糖类中四大首选商品柱之一（并且已有公司将其变成了固载化的商品柱），其余三根柱是后面要介绍的 OD、AD、AS 手性多糖柱。

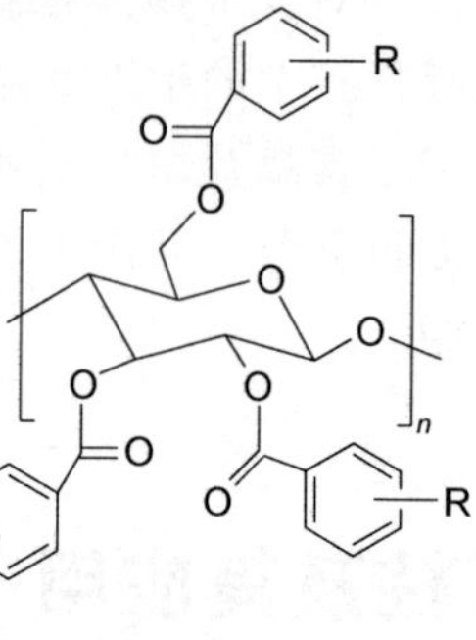

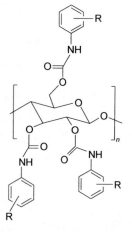

图 3-3　三苯甲酸酯纤维素类的
分子结构

表 3-2　一些常见的三取代酸酯
纤维素类衍生物

名称	商品名
三醋酸酯(非苯甲酸酯类)纤维素	Chiralcel　OA
三苯甲酸酯纤维素	Chiralcel　OB
三(4-甲基苯甲酸酯)纤维素	Chiralcel　OJ
三(3-苯基丙烯酸酯)纤维素	Chiralcel　OK

一、纤维素三(3,5-二甲基苯基氨基甲酸酯)

苯基氨基甲酸酯类商品柱又主要分为两大类，一类是三苯基氨基甲酸酯纤维素类，另一类为三苯基氨基甲酸酯直链淀粉类。

三苯基氨基甲酸酯纤维素类的分子结构如图 3-4 所示，已经商品化的手性柱列在表 3-3 中。在这些衍生物中，纤维素三(3,5-二甲基苯基氨基甲酸酯)（Chiralcel OD）对各种外消旋体显示了优秀的分辨能力，被列为多糖类四大商品柱之首，是我们通常应该首选的多糖商品手性柱。其它的手性固定相的特殊选择性主要依靠对映异构体的性质。由于涂渍型多糖柱不耐四氢呋喃、氯仿、二氯甲烷等有机溶剂，OD 柱已由涂渍型研制成为键合型手性柱，可以在更加广泛的溶剂下使用，商品名为 IB。同时，纤维素三(3,5-二氯苯基氨基甲酸酯)也已经被研制成为键合型手性柱，可以在更加广泛的溶剂下

图 3-4　三苯基氨基甲酸酯
纤维素类的分子结构

表 3-3　一些三苯基氨基甲酸酯纤维素类衍生物

名　　称	商品名
纤维素三(4-甲基苯氨基甲酸酯)	Chiralcel　OG
纤维素三(苯基氨基甲酸酯)	Chiralcel　OC
纤维素三(4-氯苯氨基甲酸酯)	Chiralcel　OF
纤维素三(3,5-二甲基苯基氨基甲酸酯)	Chiralcel　OD
纤维素三(3-氯-4-甲基苯基氨基甲酸酯)	Chiralcel　OZ

使用，商品名为 IC。

　　笔者实验室使用大赛璐的商品 Chiralcel OD-H 柱，柱为 250mm×4.6mm，利用该柱在室温下对图 3-1 的外消旋体样品进行了拆分。流动相全部采用该类手性柱推荐的最主要的溶剂系统，正己烷：异丙醇=90：10（体积比）。对于酸性样品，在该流动相中再添加 0.2%的三氟乙酸；对于碱性样品，则在该流动相中添加 0.2%的二乙胺，图 3-5 是我们拆分开的手性分离图谱。读者可以参考我们的实测结果，结合自己所要分离的样品，选择合适的手性柱。

　　在图 3-5 中，由于图 3-1 中的 19 个氨基酸样品在正己烷：异丙醇=9：1 的正相系统中不溶解，所以难以测定。在剩下的所测试的 25 个样品中，有 20 个样品

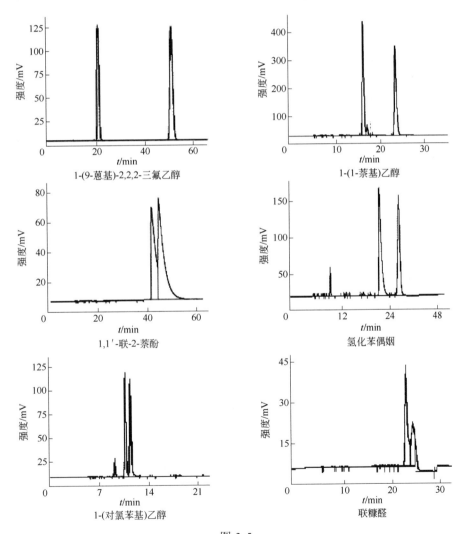

图 3-5

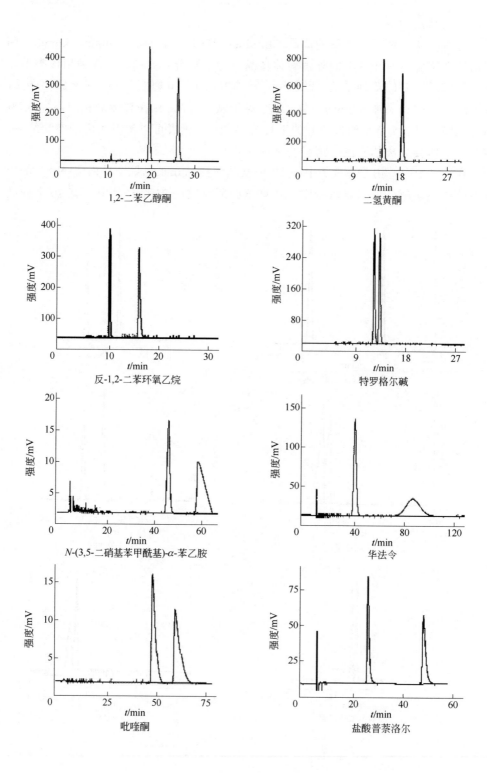

1,2-二苯乙醇酮

二氢黄酮

反-1,2-二苯环氧乙烷

特罗格尔碱

N-(3,5-二硝基苯甲酰基)-α-苯乙胺

华法令

吡喹酮

盐酸普萘洛尔

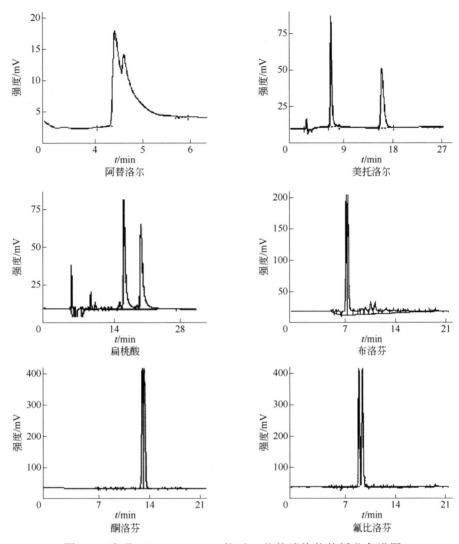

图 3-5 商品 Chiralcel OD-H 柱对一些外消旋体的拆分色谱图

得到拆分。其中 13 个中性样品全部被识别，6 个碱性样品拆分开了 3 个，6 个酸性样品拆分开了 4 个。在拆分开的 4 个酸性样品中有 3 个分离因子还是太小，随着新柱子的进一步使用，其对这些酸性样品会失效较快。但该柱面对这样一批随机的手性样品，只采用一个流动相，就有如此高的概率对这些样品进行成功拆分，彰显了该手性柱的广泛实用性。

二、直链淀粉三(3,5-二甲基苯基氨基甲酸酯)

直链淀粉也被衍生化，已经商品化的手性柱列入表 3-4。其中直链淀粉三（3,5-

二甲基苯基氨基甲酸酯）（Chiralcel AD）（图 3-6）对各种外消旋体也显示了优秀的分辨能力。三[(S)-α-甲基苯基氨基甲酸酯]直链淀粉（Chiralpak AS）（图 3-7）也展示了一个高的手性拆分选择性，其对部分手性化合物的选择性还超过了 Chiralcel OD 和 Chiralcel AD。因此，AD 以及 AS 柱也分别被列为多糖四大手性柱之一。

表 3-4　一些三苯基氨基甲酸酯直链淀粉类衍生物

名　　称	商品名
直链淀粉三[(S)-α-甲基苯基氨基甲酸酯]	Chiralpak　AS
直链淀粉三(5-氯-2-甲基苯基氨基甲酸酯)	Chiralpak　AY
直链淀粉三(3,5-二甲基苯基氨基甲酸酯)	Chiralpak　AD
直链淀粉三(3-氯-4-甲基苯基氨基甲酸酯)	Chiralpak　AZ

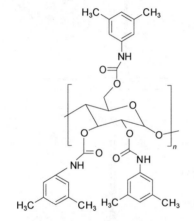

图 3-6　直链淀粉三(3,5-二甲基苯基氨基甲酸酯)的分子结构

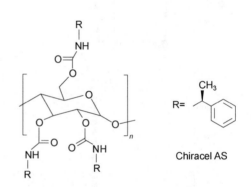

图 3-7　三[(S)-α-甲基苯基氨基甲酸酯]直链淀粉的分子结构

笔者也使用了大赛璐的商品 Chiralpak AD-H 柱，柱为 250mm×4.6mm，将其对图 3-1 的外消旋体样品进行拆分，仍是在同一个溶剂系统正己烷：异丙醇（90∶10，体积比）下拆分的。如果是酸性样品，流动相中还是添加 0.2%的三氟乙酸；如果是碱性样品，流动相中仍然添加 0.2%的三乙胺。图 3-8 是我们拆分开的手性分离图谱。

在图 3-8 中，同样由于 19 个氨基酸样品在正己烷：异丙醇=9∶1 的正相系统中难溶解，不能测定。在剩下的所测试的 25 个样品中，有 18 个样品得到拆分，其中 13 个中性样品有 11 个被识别，6 个碱性样品拆分开了 4 个，6 个酸性样品拆分开了 3 个。所以该柱仍然是一根选择性非常优秀的手性分离柱。

笔者仍然购买了商品 Chiralpak AS-H 柱，柱为 250mm×4.6mm。利用该柱对图 3-1 的外消旋体样品进行拆分，溶剂系统还是正己烷:异丙醇（90∶10，体积比）（酸性样品流动相中添加 0.2%的三氟乙酸，碱性样品流动相中添加 0.2%的三乙胺）。图 3-9 是我们拆分开的手性分离图谱。

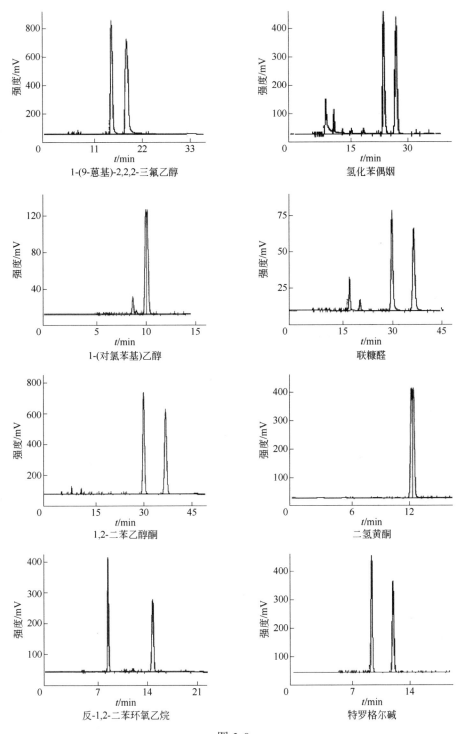

图 3-8

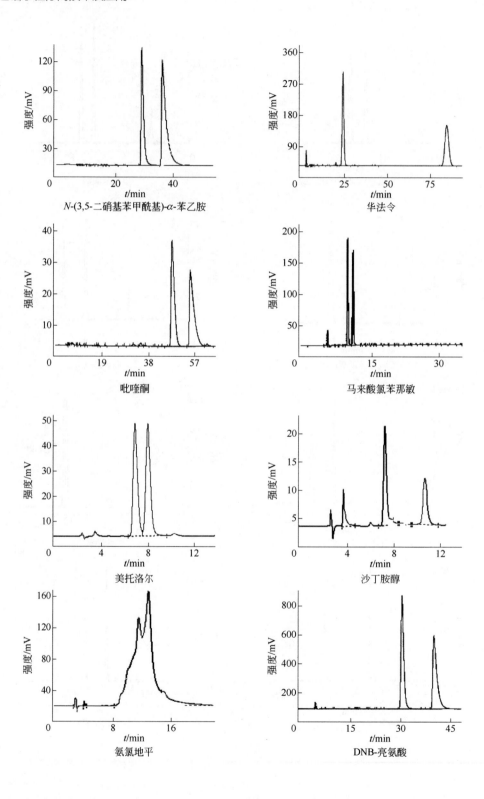

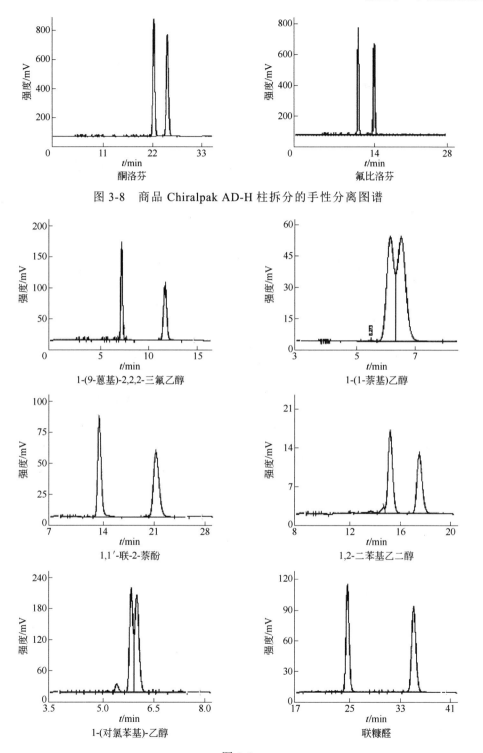

图 3-8　商品 Chiralpak AD-H 柱拆分的手性分离图谱

图 3-9

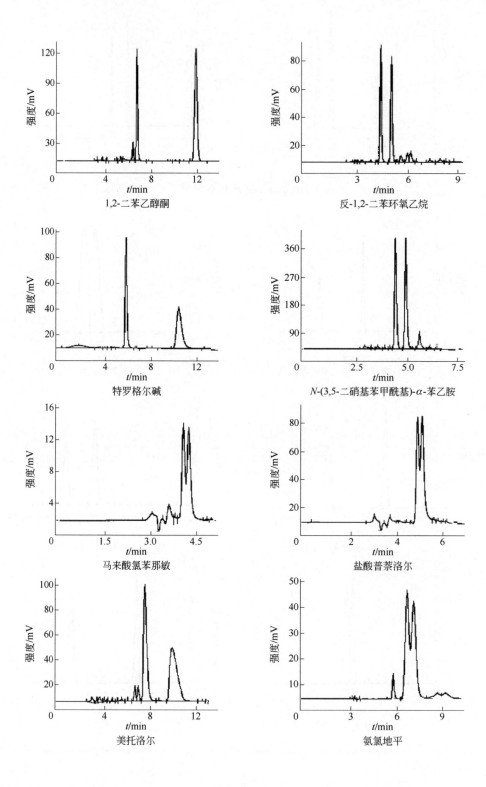

1,2-二苯乙醇酮

反-1,2-二苯环氧乙烷

特罗格尔碱

N-(3,5-二硝基苯甲酰基)-α-苯乙胺

马来酸氯苯那敏

盐酸普萘洛尔

美托洛尔

氨氯地平

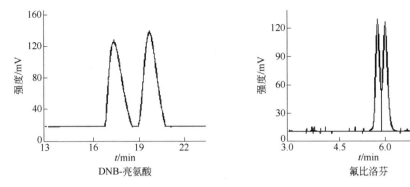

图 3-9　Chiralpak AS-H 柱的手性拆分图谱

在图 3-9 中，除因 19 个氨基酸样品难溶解于正己烷：异丙醇=9：1 的正相流动相而难于测定外，在剩下的所测试的 25 个样品中，有 16 个样品得到拆分。其中 13 个中性样品有 10 个被识别，6 个碱性样品拆分开了 4 个，6 个酸性样品拆分开了 2 个。该柱仍然是一根手性选择性优秀的分离柱。

三、键合型直链淀粉三(3,5-二甲基苯基氨基甲酸酯)

直链淀粉三(3,5-二甲基苯基氨基甲酸酯)、直链淀粉三(3-氯苯基氨基甲酸酯)、直链淀粉三(3,5-二氯苯基氨基甲酸酯)、直链淀粉三(3-氯-4-甲基苯基氨基甲酸酯)、直链淀粉三(3-氯-5-甲基苯基氨基甲酸酯)以及直链淀粉三[(S)-α-甲基苯基氨基甲酸酯]都已经被分别研制成为键合型手性柱，可以在更加广泛的溶剂下使用，商品名分别为 IA、ID、IE、IF、IG、IH。为了比较涂渍手性柱和键合手性柱的手性分离能力，笔者购买了大赛璐的商品 Chiralpak IA 柱，柱为 250mm×4.6mm。利用该柱对图 3-1 的外消旋体样品进行拆分，溶剂系统还是单一的正己烷：异丙醇（90：10，体积比）（酸性样品流动相中添加 0.2%的三氟乙酸，碱性样品流动相中添加 0.2%的三乙胺）。图 3-10 是笔者拆分开的手性分离图谱。

在图 3-10 中，仍然由于 19 个氨基酸样品在正己烷：异丙醇=9：1 的正相系统中难溶解，不能测定。在剩下的所测试的 25 个样品中，有 20 个样品得到拆分。其中 13 个中性样品有 10 个被识别，6 个碱性样品拆分开了 5 个，6 个酸性样品拆分开了 5 个。因此该柱与非键合型的 AD 柱相比，手性选择性似乎并没有因为键合而损失，相反好像还略有加强，总的手性选择性也并不弱于上述的 OD 和 AS，并且其在测定酸性样品方面好像还具有更大的优势。

该类手性柱也可以用于反相液相色谱，商业化的反相柱与正相柱上的多糖衍生物是相同的，但是所使用的硅胶不同，该种硅胶能更好地与反相环境兼容。反相柱适合分析水溶性样品或者对 pH 有特定要求的样品。其使用水-有机溶剂为流

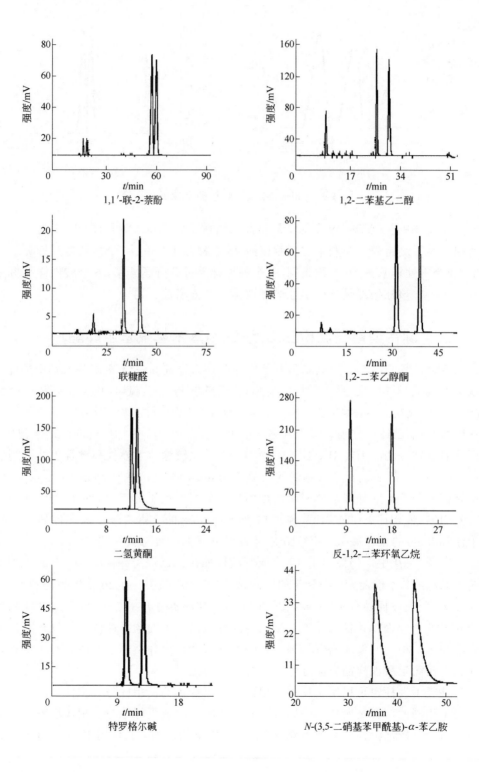

1,1′-联-2-萘酚

1,2-二苯基乙二醇

联糠醛

1,2-二苯乙醇酮

二氢黄酮

反-1,2-二苯环氧乙烷

特罗格尔碱

N-(3,5-二硝基苯甲酰基)-α-苯乙胺

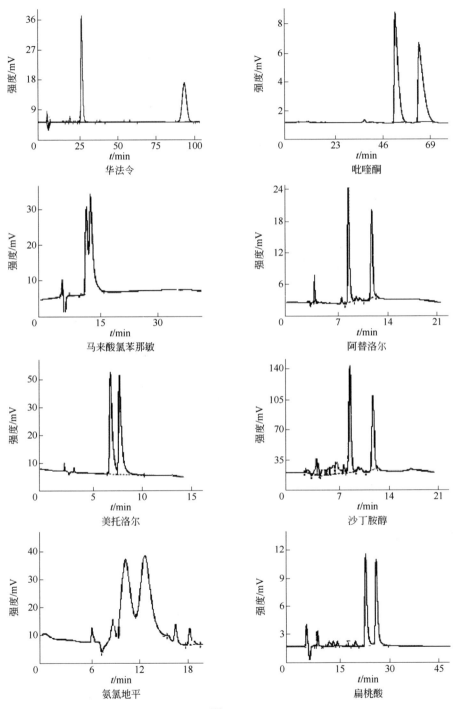

图 3-10

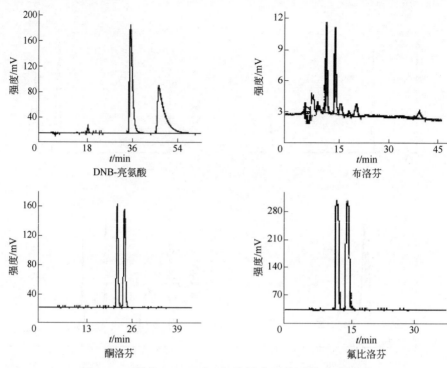

图 3-10 商品 Chiralpak IA 柱拆分开的手性分离图谱

动相，有机溶剂主要是乙腈、甲醇、乙醇或者异丙醇。对于酸性样品，水主要是 50mmol/L 的 pH 2 磷酸水溶液；对于碱性样品，水主要是 20mmol/L 的 pH 8 的磷酸缓冲液（或者 20mmol/L 的 pH 9 的硼酸缓冲液、50mmol/L 的 pH 8 的 $NaPF_6$ 或 KPF_6 缓冲液）。反相手性柱如果使用过缓冲液，保存前务必先冲洗干净。但多糖柱的反相应用在实际工作中远远低于其的正相应用，这主要是在反相环境中，多糖手性选择性远不如其在正相环境中的缘故。但不管用的是怎样的流动相，柱子都必须只在一种模式下使用，必须避免在同根柱下进行正相和反相的条件互换。在个别情况下，多糖柱甚至还可以用于极性有机溶剂模式中，流动相为甲醇、乙腈或者二者的混合物，并且混合物中还可含有少量的有机酸或者碱。极性有机流动性的手性识别过程可能与正相条件下类似。

分离机理普遍接受的是 Dalgliesh 的三点作用原理：a.对映体与手性材料之间存在氢键（或 π–π）作用；b.偶极-偶极相互作用；c.手性空腔的立体作用。由于手性识别要求手性材料至少与对映体之一同时有三个相互作用，因而在研究纤维素和直链淀粉类手性材料时对如何引入新的基团、引入何种基团等都要遵循该原理。在纤维素和直链淀粉的羟基上进行衍生化一般为酯化和醚化，酯类衍生物的识别能力比醚类衍生物要好。纤维素和直链淀粉的结构单元中具有多个手性碳原子，它们的苯基氨基甲酸酯衍生物具有单手螺旋结构，苯基氨基甲酸酯基围绕着主链形成许多手性空穴。在手性空穴中靠近纤维素和直链淀粉主链的外侧是芳基，内侧是手性材料的氨基甲酸酯残基，对映体进入手性空穴中进行多次作用，从而达到手性识别。该类手性固定相的手性识别能力主要来源于样品分子与极性的氨基甲酸酯基基团中的—NH、—C═O 的氢键作用，以及与—C═O 的偶极-偶极作用，其中对手性识别起主导作用的是氢键作用。另外，取代基的吸电子性和供电子性对—NH 基上氢的活性也有影响。在纤维素和直链淀粉的衍生物中大都还引入苯基，这可能是由于增加了空穴的刚性以及立体排阻有利于提高手性识别能力[2]。进一步的机理还有待于深入研究。

四、壳聚糖

甲壳素来自于虾、蟹、昆虫等的壳，由 *N*-乙酰基-D-葡氨糖单元通过 *β*-(1-4) 配糖键连接，壳聚糖是甲壳素脱掉乙酰基后的产物。1984 年，Okamoto 初步考察了它们的手性识别能力，1996 年甲壳素双芳基氨基甲酸酯的衍生物被报道用于 HPLC 手性固定相，1998 年键合型的 3,5-二甲基苯基氨基甲酸酯壳聚糖手性固定相被研究。无论怎样，由于甲壳素和壳聚糖中羟基的衍生化率低，使其分离特性明显地弱于相应的纤维素和直链淀粉的衍生物。2000 年以后，Okamoto 等在 LiCl/DMAc 的溶剂体系中反应，明显地提高了甲壳素和壳聚糖的羟基衍生化率，使得该手性固定相的拆分能力得到了明显的改善[2]。柏正武团队[3,4]2015 年后合成了多个甲壳素和壳聚糖的手性固定相，其主要包括在壳聚糖的 3,6 位衍生为不同取代基的苯基氨基甲酸酯而在 2 位衍生为如环丁基、异丙基、戊基等的烷基甲酰胺，或者将 2 位衍生为如乙氧基、戊氧基、异丙氧基、苄氧基的烷氧基甲酰胺、烷基脲等。这些固定相往往比相应的纤维素和直链淀粉的衍生物有更好的抗有机溶剂的能力，与纤维素和直链淀粉衍生物有一定的手性拆分的互补性，对少数对映体的拆分甚至好于纤维素和直链淀粉的手性固定相。将壳聚糖衍生物与纤维素或者直链淀粉的衍生物混合制柱，则可一定程度地调节它们的手性选择性。

其它聚多糖如 Xylan、Galactosamine、Curdan、Dextran 和 Inulin 的 3,5-二甲基或 3,5-二氯苯基氨基甲酸酯也被合成和评价，其手性识别能力明显地受单糖单元、连接位置、连接类型的影响。在这些衍生物当中，Xylan 的 3,5-二甲基或 3,5-二氯苯基氨基甲酸酯显示了相对较高的手性识别能力，并且少数外消旋体在这些柱上的拆分也可优于常见的 Chiracel OD 和 Chiracel AD[1,5]。

多糖类选择剂的分子量大小对手性分离也具有较大的影响，部分对外部刺激物如溶剂、温度以及添加物也较敏感，它们能引起多糖的超分子结构的改变，使其手性选择性发生变化[6]。笔者[7]曾将全甲基-β-环糊精作为流动相的手性添加剂用于多糖手性柱的分离中，结果在柱中残留了很多的该添加剂，需要用甲醇才能将其洗脱出来。酸性化合物样品能与氨基甲酸酯衍生化的手性柱中的氨基发生一定的反应或者不可逆吸附，这将影响柱寿命。一般的多糖手性柱所用的硅胶是大孔硅胶，因此其抗压的能力也明显低于一般的 HPLC 分离柱。

由于多糖类涂渍型手性柱早期的一些专利已经过期，因此还有一些其它的公司生产该类型的商品手性柱，国外的主要有美国的菲罗门公司，国内也开始有公司生产。然而，就手性识别的选择性、分析物的保留、柱效以及柱寿命等方面，不同公司的商品柱彼此间还存在差异，这主要是制柱的工艺技术方面的差距造成的，就像并不是所有的 C18 反相柱的分离效能和柱寿命都相同一样。

目前商品化的多糖类手性商品柱已达 30 余款，其中键合型的大约有近 10 种。由于支撑体的类型、多糖固载的方式、制柱工艺等还在不断改进，多糖手性柱的新款肯定还将不断推出。对于具体的手性样品，请教厂家或者专家推荐优先的手性柱，这将是一种捷径。

第三节　冠醚类手性色谱柱及其应用

冠醚是具有空腔的大环聚醚，这类化合物呈现王冠状结构，环的外沿是亲脂性的亚乙基，环的内沿是富电子的杂原子，如 O、S、N 等。冠醚是第一代超分子化合物，Lehn 定义"超分子化学是超出单个分子以外的化学，它是有关超分子体系结构与功能的学科。超分子体系是由两个或两个以上的分子通过分子间超分子作用联接起来的实体"。

1975 年 Cram 用联萘基合成了手性冠醚用于 HPLC 分离手性化合物[8]。一般的冠醚没有手性，要在其分子中引入手性中心后才能作为手性识别剂。根据插入到冠醚中的手性单元，可以将手性冠醚大致分为三类：a.插入联萘单体的手性冠醚；b.以酒石酸为基体的手性冠醚；c.插入糖分子的手性冠醚。在这三类手性冠醚中，仅仅有两类已经成功地应用到液相色谱手性识别材料中，主要拆分含有伯氨基及其类似基团的外消旋体化合物。

一、（3,3′-二苯基-1,1′-二萘基）-20-冠-6

在手性冠醚上引入一个 1,1′-联萘单体，例如二-(1,1′-联萘)-22-冠-6 化合物固定到硅胶或聚苯乙烯上，该法是由 Cram 提出的。在 20 世纪 70 年代晚期 Cram 首次用其做手性识别材料，并用来拆分外消旋 α-氨基酸对映体及其衍生物。1987 年和 1992 年，Shinbo 研究组[9,10]曾有报道：将(3,3′-二苯基-1,1′-二萘基)-20-冠-6 或

(6,6′-二辛基-3,3′-二苯基-1,1′-二萘基)-20-冠-6 涂渍到十八烷基硅胶上，得到两种手性材料（图 3-11），它们能较好地用液相色谱法拆分外消旋 α-氨基酸及其包括伯氨基在内的手性化合物。但是，前一种材料有一些缺点，在使用含有 15%甲醇的流动相时，会使手性冠醚脱掉且由于手性固定相的动力学特性会导致手性固定相性能减弱。在后一种手性材料中，连接到手性冠醚上的两个二辛基能够提高固定相的十八烷基与手性选择体之间的亲脂性，但是不能使用含有体积分数高于40%的甲醇的流动相。

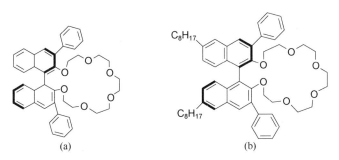

图 3-11　(3,3′-二苯基-1,1′-二萘基)-20-冠-6（a）和
(6,6′-二辛基-3,3′-二苯基-1,1′-二萘基)-20-冠-6（b）

(3,3′-二苯基-1,1′-二萘基)-20-冠-6 已经以共价键连接到硅胶基质上（图 3-12），能应用到各种 α-氨基酸、胺、氨基醇和相关的伯氨化合物的拆分中，其对流动相没有任何限制条件。但由于(6,6′-二辛基-3,3′-二苯基-1,1′-二萘基)-20-冠-6 以及键合型(3,3′-二苯基-1,1′-二萘基)-20-冠-6 的合成比较复杂，因此出售的商品手性柱主要是(3,3′-二苯基-1,1′-二萘基)-20-冠-6。

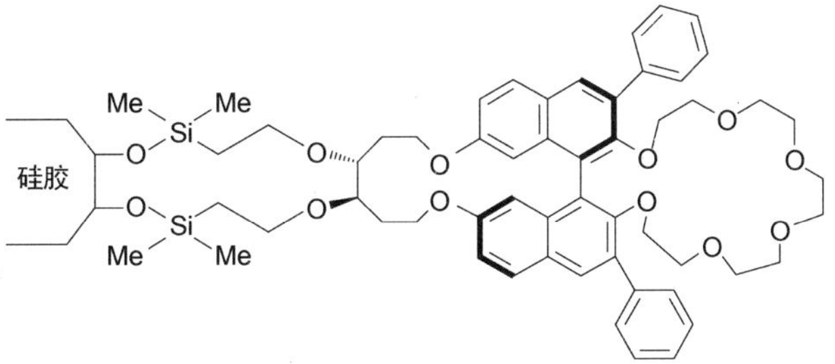

图 3-12　键合(3,3′-二苯基-1,1′-二萘基)-20-冠-6 手性识别材料

这些手性冠醚柱主要用于氨基酸、氨基酸酯、伯胺、氨基醇和带有伯胺官能团的其它对映体的拆分[11]。一般情况下要求使用 pH 为 1~3 的含水流动相，这样才能保证氨基的完全质子化。质子化后的手性铵离子能够通过与冠醚上的三个氧形成三个氢键生成包合物。手性选择性可由立体因素决定，这些立体因素包括手性铵离子上的取代基以及手性冠醚环的空间位阻。典型的流动相为 5mmol/L 高氯

酸水溶液或者高氯酸的甲醇水溶液（甲醇的浓度低于 10%）。毫无疑问，这样高的酸度对仪器及手性固定相是有害的，高氯酸根对于不锈钢也有腐蚀作用，其将一定程度地影响仪器及色谱柱的寿命。每天样品测试完毕后，必须用水将流路冲洗到中性。如果需要保存该手性柱一周以上，建议将该色谱柱置于冰箱内 4℃保存，防止细菌在柱内生长。另外该流动相仅限于样品分析，不推荐进行制备性分离。含有高氯酸或者高氯酸盐的乙腈及甲醇的水溶液流动相具有爆炸及起火的潜在危险，更严禁将该流动相进行加热和蒸发，以免引起爆炸。

笔者实验室使用了大赛璐的商品 CROWNPAK CR（+）柱，柱为 150mm×4.6mm，固定相粒径为 5μm，流动相选择 pH 1.00 的高氯酸水溶液，柱温为室温。由于该流动相是强酸性，又只是水的溶液，考虑到样品的稳定性和溶解性，以及理论上该柱主要适用于氨基酸以及含有伯胺的对映异构体，所以我们利用该柱只对图 3-1d 中 19 对氨基酸的外消旋体样品进行了拆分，图 3-13 是拆分开的氨基酸的手性分离图谱。

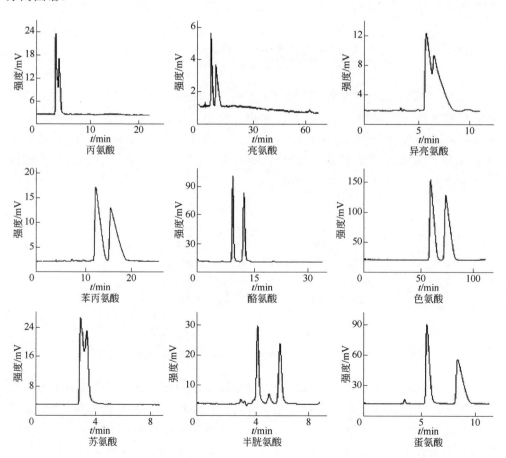

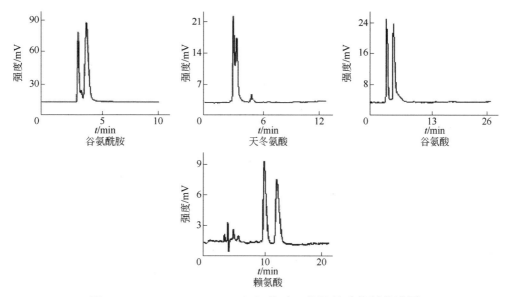

图 3-13　CROWNPAK CR（+）柱对一些氨基酸的拆分谱图

在 19 种人体必需手性氨基酸中，笔者拆分开了 13 种，其中缬氨酸、脯氨酸、丝氨酸、天冬酰胺、精氨酸、组氨酸没能分开。按照该手性柱的使用指南，降低温度，如从室温降到 4℃，还可以进一步拆分开部分其它的氨基酸，一些氨基酸拆分的效果还会得到改善。通过降低流动相的酸度，也会影响氨基酸的分离。但该柱不管怎样改变条件，都不能拆分开全部 19 种氨基酸，如脯氨酸不能被拆分。从测试可以认为，该柱对于大多数氨基酸的分离是非常有效的。

键合型的上述冠醚手性柱也已经商品化，该柱耐有机溶剂的冲洗，由于可以使用有机溶剂，还扩大了对氨基酸的分离选择性，缩短了分析时间[12]。商家推荐的主要流动相条件为：高氯酸水溶液（pH 1.5）：乙腈=80：20（体积比）和高氯酸水溶液（pH 1.5）：甲醇=80：20（体积比）。但不管是涂渍型或者是键合型的冠醚手性柱，商家推荐流动相都含 pH 1～2 的高氯酸水溶液，所以该手性柱的使用寿命相比其它的一些手性柱常常要短一些。

二、(3,3′-二溴基-1,1′-二萘基)-20-冠-6

(3,3′-二溴基-1,1′-二萘基)-20-冠-6 是笔者实验室[13]新研制的一根手性分离柱，图 3-14 是它的合成路线图。

将该手性冠醚溶解于 DCM 中，涂敷于 5μm 的 C18 硅胶上。取该手性冠醚的硅胶固定相与甲醇：水（1：9，体积比）溶液搅拌成匀浆液，用相同体积比的甲醇：水溶液做流动相顶替液，于 40MPa 压力下装填手性色谱柱。使用该柱同样对

图 3-1d 中的 19 对氨基酸的外消旋体样品进行拆分，拆分效果优于商品 CROWNPAK CR（+）柱。图 3-15 是笔者拆分开的氨基酸的手性分离图谱。

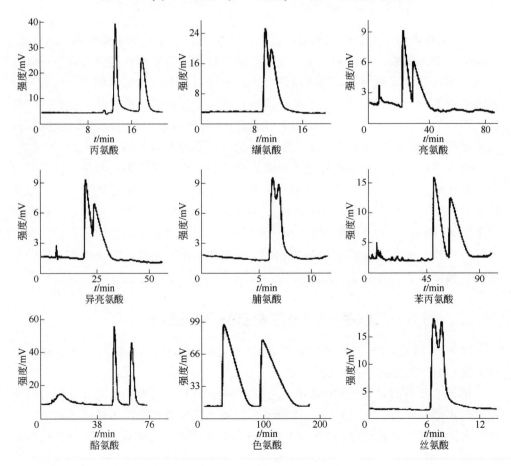

图 3-14　(3,3′-二溴基-1,1′-二萘基)-20-冠-6 的合成路线图

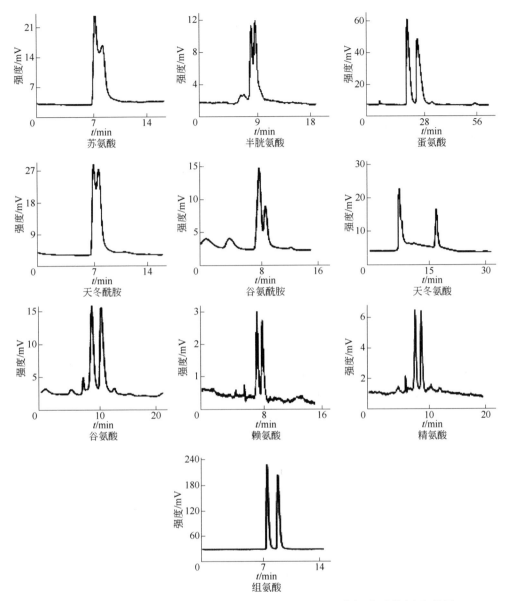

图 3-15　(3,3'-二溴基-1,1'-二萘基)-20-冠-6 柱对 19 个氨基酸的拆分谱图

　　图 3-15 中所用分离柱为 250mm×4.6mm id，流动相为 pH 2 的高氯酸溶液，流速为 0.4mL/min，柱温为室温，19 种人体必需氨基酸全部被拆分开，因此笔者认为该柱的手性选择性高于冠醚手性商品柱 CROWNPAK CR（＋）CSP，期待该柱也能实现商业化，成为具有自主知识产权的手性液相色谱柱。

三、(+)-(18-冠-6)-2,3,11,12-四羧酸酯

第二种类型的手性冠醚也成功地用于 HPLC 的手性识别剂，其是以酒石酸为结构单元的。Lehn 工作组成功合成了(+)-(18-冠-6)-2,3,11,12-四羧酸酯[14]，其能较好地识别胺及氨基酸的对映异构体。手性识别机理为手性化合物的伯氨基质子化后插入到 18-冠-6 环有三个 N—H…O 氢键的空穴，这对手性识别很必要，最近这一机制被 NMR 研究证明，并用 X 射线衍射晶态研究。图 3-16 是 18-冠-6-醚四羧酸以及其与胺分子的包合物化学结构。

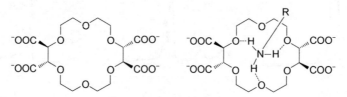

图 3-16　18-冠-6-醚四羧酸以及其与胺分子的包合物化学结构

(+)-(18-冠-6)-2,3,11,12-四乙酸手性固定相是(+)-(18-冠-6)-2,3,11,12-四羧酸二酐和氨丙基硅胶反应，其结构是二酰胺的形式，它们在市场上的商品名分别为ChiroSilRCA（+）和 ChiroSilRCA（−）（Regis 公司，Morton Grove IL）和ChiralHyun-CR-1（韩国 K-MAC 公司）（图 3-17）。文献报道其可以分离多种氨基醇、有机胺以及一些手性药物。但除该柱的研究者外[15]，目前还很少见到使用该柱的文献报道，在我国也鲜见使用该商品手性柱者。

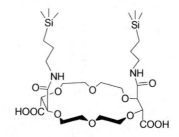

图 3-17　ChiralHyun-CR-1 的结构式

总之，用冠醚手性材料识别对映体化合物时，伯氨基起着至关重要的作用。在仲胺结构中，有两个 N—H…H 氢键形成，同时冠氧基连接到一个相互作用的离子上。另外在手性识别中要想得到较好的分离效果还需要依赖伯氨基和手性中心之间的距离有多近。

第四节 大环抗生素类手性柱及其应用

天然大环化合物往往具有多个手性中心，具备广谱手性识别能力。1994 年 Armstrong 等[16]首次使用大环抗生素制备手性识别材料，在正相和反相模式下拆分了一系列光学异构体，开辟了手性分离科学领域一个新的研究热点。

大环类抗生素用作手性识别材料，可用于拆分多类物质如氨基酸及其衍生物、肽、醇及多种药物等。大环抗生素手性选择剂主要有安莎霉素类、糖肽类、多肽类和氨基糖苷类。安莎霉素类（ansamycins）的两种主要形式是利福霉素 B（rifamycin B）和利福霉素 SV（rifamycin SV）；糖肽类包括阿伏帕星（avoparcin）、瑞斯西丁素 A（ristocetin A）、替考拉宁（teicoplanin）、万古霉素（vancomycin）；多肽类主要有硫链丝菌素；氨基糖苷类（aminoglycosides）主要包括卡那霉素（kanamycin）、链霉素（streptomycin）和弗氏霉素（新霉素、fradiomycin）。在这些大环抗生素中，应用最多最广泛的是糖肽类。商品化的 HPLC 手性分离柱有 Chirobiotic V、Chirobiotic T、Chirobiotic TAG、Chirobiotic R、Chirobiotic A，分别对应于万古霉素、替考拉宁、替考拉宁糖苷配基、瑞斯西丁素 A 和阿伏帕星。Chirobiotic V 和 Chirobiotic T 还因其键合化学和（或）硅胶载体的不同而存在旧的（V1、T1）和新的（V2、T2）两种柱子。它们可以在反相、极性有机相以及正相中使用，一般认为这三种模式分离成功率的比例为 40∶40∶5，当然其中的一些分离的反相模式实质上是属于疏水作用模式，也计入在反相模式之中。

大环抗生素作为手性识别材料具有以下特点：①通常它们的分子量在 600～2200 之间，它们有大量的立体活性中心和功能团，能同手性分子产生多重作用；②它们的结构中除了具有疏水部分以外，还具有亲水基团、大量的可离解化基团、使它们在水中具有好的选择性。它们能发生疏水、偶极-偶极、π-π作用、氢键和空间排斥作用，其中最重要的作用之一是离子和电荷-电荷作用。将大环抗生素连接到硅胶基质上作为手性识别材料有多种方法，既要保证该类材料的稳定性，又要保证它们的手性识别能力不受影响。

一、万古霉素

万古霉素系东方链霉菌（*Streptomyces orientalis*）产生的一种糖苷类两性抗生素。游离形式为无色结晶，等电点 pH 值大约为 7。不耐高温，需要低温保存。万古霉素由于不易结晶和精制，化学结构直到 1982 年才得到确认（图 3-18），分子由两个基本结构组成即糖基部分和肽基部分，7 个肽和 5 个芳环构成了三环糖肽。其有两个边链，一个是碳水化合物二聚体，另一个是 *N*-甲基氨基酸。万古霉素包含 19 个立体中心、9 个羟基、2 个氨基（一个伯氨基另一个是仲氨基）、7 个酰胺基团、2 个氯原子分别取代在两个芳环上。有一些基团是酸性的，还有另一些基团是碱性的，二者皆是可离解的，其它的基团是疏水的。整个分子呈现出一个"半固定蓝"，其在手性识别中起到重要作用。在临床上应用的万古霉素是其盐酸盐，为白色固体，易溶于水（水溶液 pH 约为 4），微溶于甲醇，不溶于更高碳原子的醇。分子式为 $C_{66}H_{75}Cl_2N_9O_{24} \cdot HCl$，分子量是 1485.74。

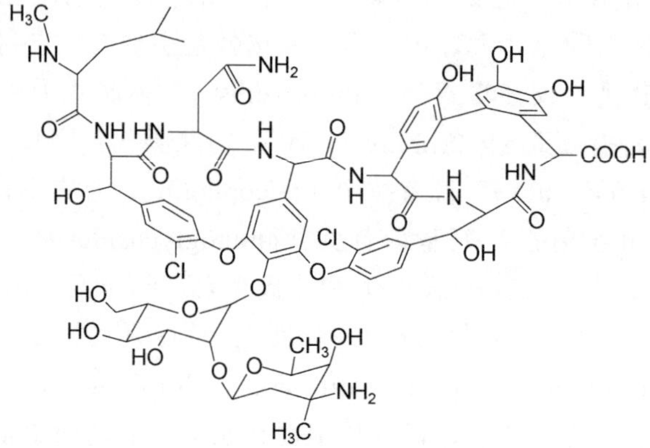

图 3-18　万古霉素的分子结构

由于万古霉素的分子结构含有多个羧基和芳环，因此其紫外吸收强烈。不太适合作为流动相的手性添加剂。对于万古霉素手性柱典型的起始流动相为甲醇，根据样品的性质可以加上 0.1%乙酸或 0.1%三乙胺，乙酸及胺的浓度比是调整对映体选择性的一个关键变量。加入添加物的浓度增加到 1%时溶质还难于洗脱出来，说明该溶质的极性很高，该分离应该改用反相模式。万古霉素反相模式流动相组成一般为甲醇：水，水可以是缓冲水溶液，二者的比例以及 pH 的大小对样品的拆分也很关键。

笔者实验室使用 Supelco 的商品 Astec Chirobiotic™ V 柱，柱为 250mm×4.6mm，粒径为 5μm，分别利用极性有机相甲醇和反相甲醇：水对图 3-1 中的手性样品进行了测试，图 3-19 是我们的测试结果。

从图 3-19 可以看出，在极性有机模式中，万古霉素柱对碱性样品显示了较好的拆分效果，但对中性样品、酸性样品以及氨基酸显示出较差的拆分特性。在反相分离模式中，其对中性样品具有一定的分离能力，但对酸性样品以及氨基酸的拆分，效果仍然较差。该柱在极性有机模式以及反相模式中，具有相对较好的互补性。

不管怎样，Armstrong 等在文献[16]中分别采用反相和正相模式，报道万古霉素柱一共有大约 70 个手性化合物被分离，与上述的实验结果相差较大。笔者认真查找了一下原因：一是二者的手性化合物样品相同的寥寥无几；二是文献中的氨基酸样品基本上被衍生化了，使其更易被拆分；三是有些被测试样品的分离因子 α 低于 1.1，如果不是使用很新的柱子，也往往难以重现文献的结果；四是笔者使用的商家推荐流动相也与文献流动相不完全相同。从文献数据可以看出，该柱对某些具体的手性样品，也具有自己的鲜明特色。该手性柱对流动相的组成以及 pH 值的大小比较敏感，如果细心地进一步优化这些参数，肯定还会有更多的外消旋体得到拆分。

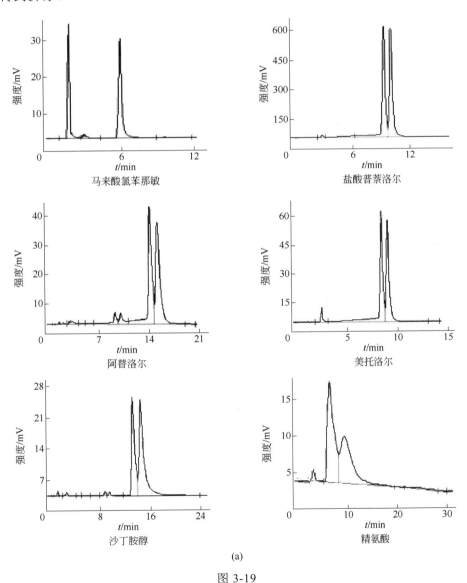

(a)

图 3-19

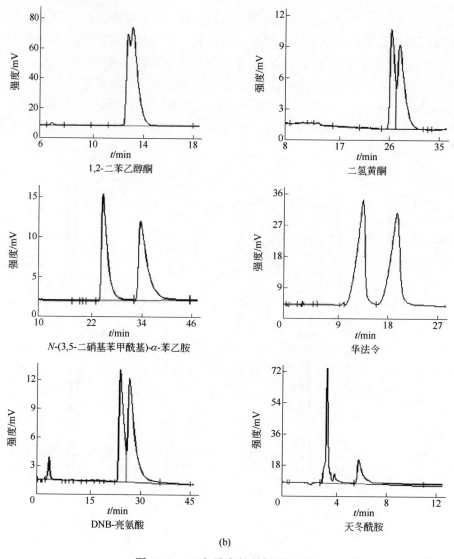

图 3-19　万古霉素柱的拆分结果
（a）100%的甲醇为流动相
（b）甲醇：水=2∶8 为有机溶剂
碱性样品流动相中添加 0.1%的三乙胺，酸性样品流动相中添加了 0.1%的乙酸

二、替考拉宁

替考拉宁（teicoplanin）是由 *Actinoplane Steichomyceticus* 菌产生的大环糖肽类抗生素，它被用来治疗由革兰氏阳性菌引起的严重感染，它是目前继万古霉素之后的又一临床治疗多重耐药菌感染的重要抗生素。其由多种组分组成，分别为：TA2-1、TA2-2、TA2-3、TA2-4、TA2-5 五种成分，其次还有少量的 TA2-2 降解产

物 TA3-1 及杂质。商品替考拉宁 TA2 的总量>85%，其中 TA2-2 为主要组分，占总量的 40%以上。替考拉宁又称壁霉素、得可霉素、太古霉素，是无定形粉末，熔点 260℃（分解）。溶于二甲基甲酰胺、二甲亚砜或 pH 值为 7.0 的水溶液，部分溶于甲醇或乙醇，不溶于非极性有机溶剂。从结构上来看，替考拉宁包含 1 条七肽链，2 个糖单元。这条肽链中包含了 1 个顺式的肽键，它是固定整个大环的关键。糖苷配基中 4 个稠和的中等大小的环形成了 1 个"半固定蓝"。蓝中有 7 个芳香环，其中 2 个被氯取代，4 个连有可质子化的酚羟基。糖苷配基中还有一个伯胺（提供阳离子）和一个羧基（提供阴离子）。伯胺的 pK_a≈9.2，羧基的 pK_a≈2.5，这决定了替考拉宁在 pH 3.5~8.0 范围内以两性离子的形式存在。2 个糖单元都是单糖，分别是 α-D-甘露糖，β-D-N-酰基化葡萄糖胺。替考拉宁中的五个主要成分已经得到证实，它们的区别在于 N-葡萄糖胺上连着的烷基链的长度不同。现在普遍被接受的替考拉宁的结构式见图 3-20（TA2-2），它包含了一条 9 个碳原子的非极性链，导致了它的疏水性比其它的糖肽类如万古霉素和瑞斯托菌素强得多。

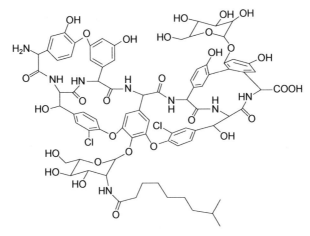

图 3-20　替考拉宁的分子结构

　　由于替考拉宁的分子结构含有多个羧基和芳环，紫外吸收强烈，因此也不太适合作为流动相的手性添加剂。替考拉宁是继万古霉素之后被成功用于 HPLC 的大环抗生素手性固定相，其商品化手性柱在手性分离中获得了成功的应用，如分离天然氨基酸、非天然氨基酸，同时分离多种氨基酸外消旋混合物、保护的氨基酸和二肽等。在手性分离中，手性选择剂结构上的微小变化能在很大程度上影响甚至改变固定相的手性识别能力，从而影响拆分的效果。在对替考拉宁的研究中，去掉替考拉宁上的糖单元，仅留下糖苷配基，以及糖苷配基甲基化等均有文献报道，这在某种程度上扩大了替考拉宁的应用范围。商品柱 Chirobiotic TAG 就是替考拉宁去掉糖单元后剩下的糖苷配基制备的手性柱，也显示了好的手性拆分效果。

对于替考拉宁手性柱典型的极性有机相为甲醇，其中可以添加乙酸或者三乙胺。加入添加物的浓度增加到 1%时溶质还未洗脱出来，说明该溶质的极性很高，该分离则应改用反相模式。替考拉宁反相模式流动相组成一般为甲醇：水，水也可以是缓冲溶液，其浓度及 pH 都将影响手性拆分。

笔者实验室使用 Sepelco 的商品柱 Astec CHIROBIOTIC™T，柱为 250mm×4.6mm，粒径为 5μm，同样分别在极性有机模式和反相模式下，对图 3-1 的外消旋体样品进行了拆分，图 3-21 是我们拆分开的手性分离图谱。

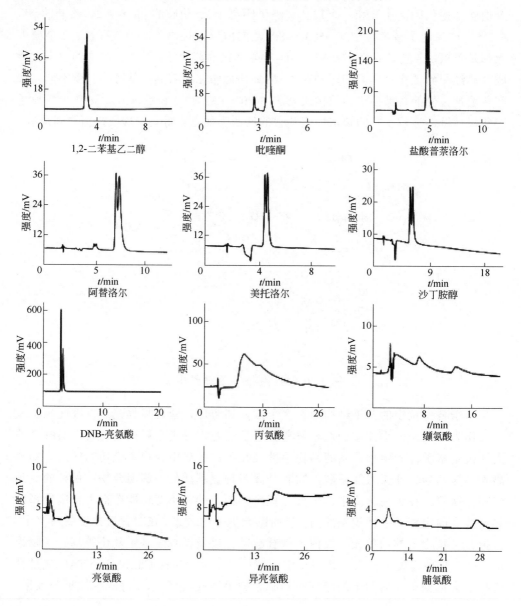

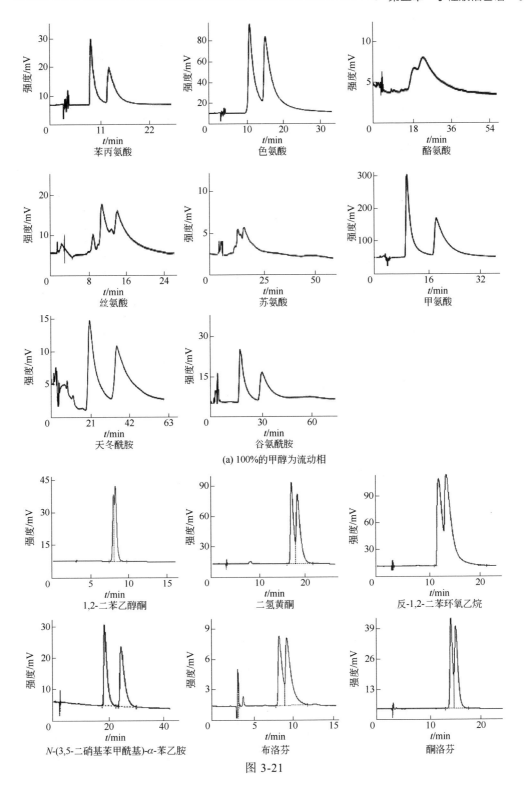

(a) 100%的甲醇为流动相

图 3-21

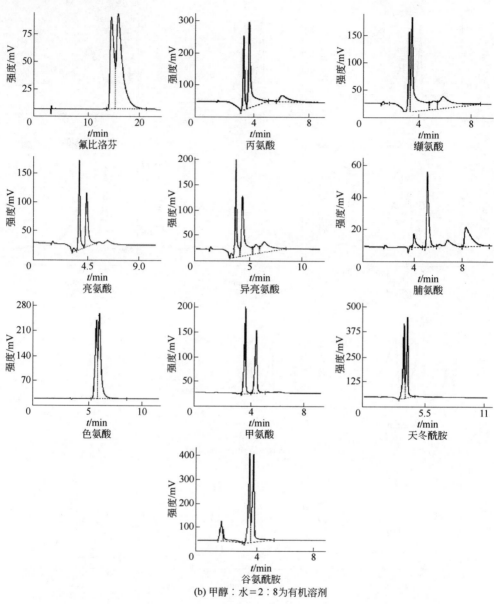

(b) 甲醇：水＝2：8为有机溶剂

图 3-21　替考拉宁柱的手性拆分结果

碱性样品流动相中添加 1%的三乙胺，酸性样品流动相中添加了 1%的乙酸

从图 3-21（a）中可以看出，替考拉宁柱在极性有机模式中对碱性化合物具有一定的拆分能力，对中性及酸性化合物较差，但在 19 个氨基酸中，有 13 个具有拆分效果。从图 3-21（b）中可见，在反相模式中，其对酸性化合物具有较好的拆分效果，对中性化合物比在极性有机相中好一点，但对碱性化合物的拆分很差；19 个氨基酸只拆分开了 9 个，但其对烷基氨基酸的拆分图谱明显优于在极性

有机相中。因此，替考拉宁手性柱在不同的模式之间具有较好的互补性，通过选择适当的模式，可以较好地用于酸性化合物、碱性化合物以及氨基酸的拆分，并且替考拉宁柱在总体方面明显优于万古霉素商品手性柱[17]。当然同样要强调的是，替考拉宁手性柱对流动相的组成以及 pH 值的大小也比较敏感，细心地进一步优化这些参数，则会有更多的外消旋体得到拆分。

　　商品化的 HPLC 手性分离柱 Chirobiotic V、Chirobiotic T、Chirobiotic TAG、Chirobiotic R、Chirobiotic A 的固定相分子中拥有共同的七肽苷元核心，核心上的芳基互相交联形成了一个篮状结构，结构上带有浅室用于形成包合物。包合物的形成通常由极性的相互作用引起，尤其是含有羧酸的溶质。糖肽中各种不同的功能和其结构的特异性，以及由多个手性中心产生的对映体选择性，为发生对映选择性的结合提供了多种潜在的可能性。在反相模式中，亲脂作用促进包合物的形成，而多重氢键及离子和偶极相互作用的贡献则体现在溶质与大环选择性的结合位点之间形成的具有立体选择性的配对[18]。最近，笔者团队[19]利用"网包法"制备万古霉素和替考拉宁的液相色谱手性固定相，其手性识别性能与键合臂法固载制备的手性柱有一定的互补性。

第五节　蛋白质类手性柱及其应用

　　蛋白质是一类复杂的高分子聚合物，所含单元 L-氨基酸具有手性特异性，能特异性地结合小分子，因此对手性分子具有很强的识别能力。1973 年，在牛血清蛋白上分离了色氨酸的外消旋体，到1981 年，色氨酸和华法令的对映异构体已在多种固定在琼脂糖上的血清蛋白上实现了拆分。现在已有一些蛋白质作为 HPLC 的手性固定相[20]，包括白蛋白如牛血清白蛋白（BSA）和人血清白蛋白（HAS）、糖蛋白如 α_1-酸性糖蛋白（AGP）、来自鸡蛋蛋白的卵类黏蛋白（OVM）、来自鸡蛋蛋白的卵类糖蛋白（OGCHI）、抗生物素蛋白 （AVI）、核黄素键合蛋白（RfBP）（或称黄素蛋白），酶如胰蛋白酶（Trypsin）、α-胰凝乳蛋白酶（α-Chymotrypsin）、纤维素水解酶（CBH）、溶菌酶（Lysozyme）、胃蛋白酶（Pepsin）、淀粉葡糖苷酶（Amyloglucosidase），其它蛋白质如转铁递蛋白（Ovotransferrin）、β-乳球蛋白（β-Lactoglobulin）。在上述手性固定相中，已经商品化的手性柱主要有 BSA、HAS、AGP、OVM、AVI、CBH 和 Pepsin。

　　蛋白质基质手性识别材料通常在反相介质中使用，溶质分子不需衍生化，尤其适用于生化样品。该类固定相的手性选择性受流动相的影响很大，这些因素包括缓冲溶液的组成、pH、温度等。样品分子同固定相的疏水作用受流动相中有机溶剂含量的影响，随有机溶剂含量增加，溶质分子的保留减弱。由于蛋白质固定相等电点的原因，流动相的 pH 可以控制固定相的选择性和保留特性，大多数蛋白质手性固定相的适用范围在 pH 3～7。这种材料不足之处是柱容量低，不适宜于制备性分离。如果增大柱的直径和长度，也能对手性化合物进行毫克级的纯化。为了稳定蛋白质手性固定相，可通过戊二醛将蛋白质进行交联，但这在一定程度上会影响手性柱的选择性。

蛋白质的种类、空间臂的长短、键合的方法等都将影响蛋白质手性固定相对手性化合物拆分的选择性，蛋白质手性材料的制备一般有两种方法：一种方法是将蛋白质吸附在基体物质上，另一种方法是将蛋白质键合到基体物质上。琼脂糖、硅胶和聚合物常被用作这些基体，而硅胶又是这三种中最主要的。硅胶基体的缺点是只能在 pH 2～8 的范围内使用，当然在强酸或强碱的情况下，蛋白质也会失活。

很多色谱工作者在使用此类固定相进行手性拆分时，往往先使用 10mmol 的磷酸盐缓冲溶液，其 pH 5～7，然后加入适量的 1-丙醇或 2-丙醇（或乙腈），使具有满意的保留因子 k。如果没有达到合适的分离，则可以调整 pH，使其达到满意的分离。如果 pH 的调整还不能达到满意的结果，则应该改变有机改性剂的种类，再重新调整适宜的 pH。

蛋白质拆分对映异构体的机理非常复杂，研究起来难度也较大，不同的蛋白质在选择性方面表现的差别也很大。蛋白质和溶质对映异构体的作用主要表现为疏水作用和静电作用，静电作用主要包括一个离子交换过程。但氢键和电荷转移对手性识别仍然具有较大的作用，蛋白质的三维空间对手性拆分也有影响。在已经商品化的 BSA、HAS、AGP、CBH、OVM、AVI 和 Pepsin 等手性柱中，本章主要介绍 BSA、AGP 这两种柱子，使大家对蛋白质手性柱有一个初步的了解。

一、牛血清白蛋白

将白蛋白作为手性识别材料的有牛血清白蛋白（BSA）和人血清白蛋白（HAS）。牛血清白蛋白是相对廉价的蛋白质，1973 年 Steward 等[21]将 BSA-琼脂糖用于色氨酸对映异构体的拆分，它是报道的第一个蛋白质类手性识别材料。第一根分析型的蛋白质类 HPLC 柱产生于 1982 年[22]，自此以后，该固定相被进一步发展并用于多种对映异构体的分离。如 N-衍生化的氨基酸、芳香型的氨基酸、亚砜、亚胺衍生物等。其流动相性质主要决定三个方面：pH、离子强度和有机添加剂。

笔者团队使用了 MACHEREY-NAGEL 的商品柱 RESOLVOSIL BSA-7，柱为 150mm×4.0mm，固定相粒径为 7μm。利用该柱对图 3-1 的外消旋体样品进行了拆分，流动相为厂家推荐的 0.1mol/L NaH$_2$PO$_4$（pH 7.9）：正丙醇=95：5（体积比）。

图 3-22 是成功被拆分的手性分离图谱。

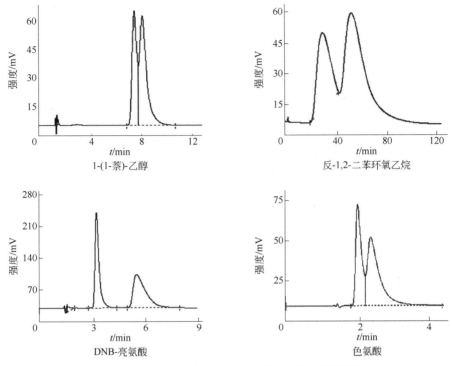

图 3-22　RESOLVOSIL BSA-7 柱的手性拆分谱图

从图 3-22 可以看出，只用该柱常用的流动相，牛血清蛋白柱可以拆分少量的中性外消旋体，对酸性化合物及非芳基氨基酸的拆分都差，对碱性化合物拆分就更差了。调研相关的文献[22-24]来看，其对芳基氨基酸、N-衍生化的氨基酸、亚砜等的拆分会好一些，但与前面的多糖、冠醚、替考拉宁等柱相比较，该柱的手性选择性明显要弱一些。笔者实验与文献上所拆分开的手性化合物数目存在差距主要是手性化合物不同所造成的。

二、α_1-酸糖蛋白

用于手性分离的糖蛋白主要有 α_1-酸性糖蛋白（AGP）、来自鸡蛋蛋白的卵类黏蛋白（OMCHI）、来自鸡蛋蛋白的卵类糖蛋白（OGCHI）、抗生物素蛋白（抗生肌）（AVI）、核黄素键合蛋白（RfBP）（或称黄素蛋白）等，其中以 α_1-酸性糖蛋白柱为代表柱。

α_1-酸性糖蛋白柱是继 BSA 柱后于 1983 年发展的第二根蛋白质类分析型手性柱[25]。AGP 由一条肽链和五个杂多糖单元组成。Hermansson 将 AGP 以交联的形式通过共价键作用结合在化学修饰后的硅胶表面，该柱在所有蛋白质键合手性

柱中，具有最广泛的适用范围，能拆分的手性化合物包括胺类、酸性以及非质子类化合物，已有较多的关于手性药物和体液中手性化合物拆分的报道。流动相中 pH、有机添加剂的类型和浓度、离子强度、温度、氢键、疏水作用等都将影响 AGP 手性柱的保留特性和对映异构体的选择性，其中有些因素还会影响 AGP 的构型。

　　笔者团队使用大赛璐的商品柱 Chiral AGP，柱为 100mm×4.0mm，粒径为 5μm，对图 3-1 的外消旋体样品进行拆分，流动相选取常见的推荐流动相：0.01mol/L 乙酸铵（pH 5.8）∶异丙醇=95∶5，图 3-23 是成功拆分的手性分离图谱。

　　从图 3-23 可见，在选择的这个流动相下，该柱对 60% 以上的酸性外消旋体样品具有识别能力，对 50% 以上的中性对映体有拆分能力，对碱性样品的分离能力较差，对 19 个氨基酸没能拆分。因此该柱不太适合分离碱性样品，也难以用于非衍生化氨基酸的分离。当然，如果针对某个具体的样品，进一步对多种初始的流动相进行优化，肯定还会扩大该柱的手性分离范围。

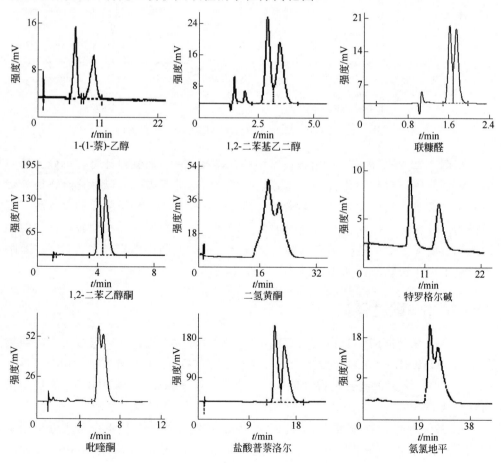

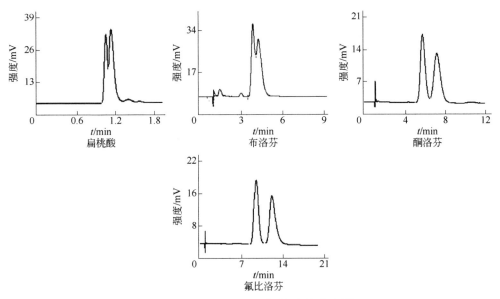

图 3-23 Chiral AGP 柱的手性分离图

有文献推荐在蛋白质固定相中，AGP 是属于首选的蛋白质分离柱，因为它们具有宽的应用范围和好的稳定性。如果上述分离柱的效果不理想，对于酸性化合物，可以试验使用 BSA、HSA 柱等；对于碱性化合物，可以试验使用 CBH 柱等。如这些柱都不能较好地拆分溶质分子，还可以考虑应用其它蛋白质手性固定相柱。蛋白质手性柱的柱效相对较低，蛋白质结构的复杂性也一定程度地限制我们深入了解其手性识别原理，这使得如今蛋白质手性柱在对映体的分离中逐渐变得不重要[26]，其正在被一些其它的色谱手性柱所取代。

第六节　奎宁类手性柱及其应用

奎宁是一种天然的具有手性的生物碱，典型的例子是从金鸡纳树皮中分离得到，分离流程见图 3-24。

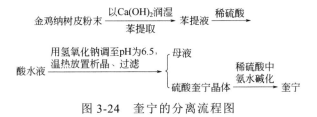

图 3-24 奎宁的分离流程图

一、衍生化的奎宁

在奎宁类手性固定相的研究中，W. Lindner 课题组[27]做出了最主要的贡献。金鸡纳生物碱奎宁分子结构中含有五个手性中心，在手性阴离子交换固定相的合成中已经广泛地作为起始原料（图 3-25）。商品化的奎宁手性柱是硅胶表面共价键合有 *O*-9-(叔丁酯氨基甲酰)奎宁，商品名为 CHIRALPAK QN-AX，缩写 AX 表示了它们阴离子-交换剂的特征，而 QN 指的是作为选择剂骨架的金鸡纳生物碱的类型。该类柱常用反相洗脱模式，首选的流动相应由甲醇-醋酸铵缓冲液组成，流动相的缓冲溶液浓度常在 10～200mmol/L 之间，pH 为 5～6，主要用于拆分含有羧酸、磷酸基或者磺酸基的酸性化合物，有时也能分离弱酸性化合物如酚类。其也使用含酸或者碱的纯极性有机溶剂作为流动相，通常推荐的流动相是甲醇加上 0.5%～2%的醋酸以及 0.1%～0.5%的醋酸铵。上述流动相中的甲醇可由乙腈或者甲醇-乙腈的混合物取代。在个别情况下，该柱还可以使用正相洗脱模式，拆分其它类型的手性化合物。若在正相条件下使用，它们的性能就变成了标准的 Pirkle 型手性柱。

图 3-25　奎宁手性固定相

笔者使用了大赛璐的商品柱 CHIRALPAK QN-AX，柱为 150mm×4.6mm，固定相粒径为 5μm，利用极性有机模式和反相模式分别对图 3-1 的外消旋体样品进行了拆分，极性有机模式的流动相为甲醇：乙酸：乙酸铵=98：2：0.5，反相模式的流动相为甲醇：0.2mol/L 乙酸铵=40：60。图 3-26 是成功拆分的手性分离图谱。

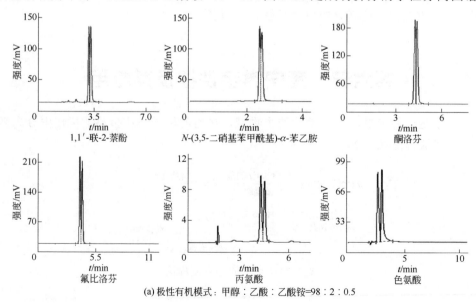

1,1′-联-2-萘酚　　　　N-(3,5-二硝基苯甲酰基)-α-苯乙胺　　　　酮洛芬

氟比洛芬　　　　丙氨酸　　　　色氨酸

(a) 极性有机模式: 甲醇：乙酸：乙酸铵=98：2：0.5

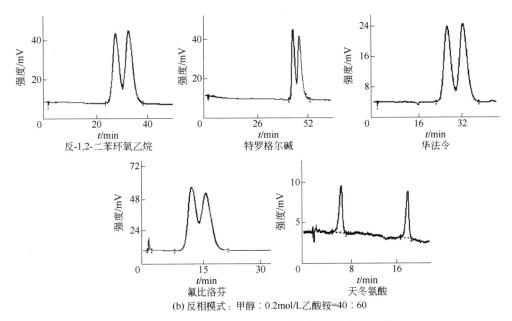

(b) 反相模式：甲醇∶0.2mol/L乙酸铵=40∶60

图 3-26　CHIRALPAK QN-AX 柱的手性分离图谱

从图 3-26（a）可见，CHIRALPAK QN-AX 柱在极性有机模式中，能拆分开的酸性化合物在 30%以上，但对于中性及氨基酸的分离有限，对碱性化合物未见分离。在图 3-26（b）的反相图谱中，其对酸性化合物的拆分能力下降，对中性化合物的拆分能力有所增加，对碱性化合物仍未见拆分。在两种拆分模式下，其拆分能力具有互补性。目前该商品柱售价比一般的手性柱要贵，是笔者所购买的商品柱中价格最贵的。

笔者实验与文献[27]中所能拆分的手性化合物数目有差距，主要原因是该柱最适合拆分的是 N 衍生化的氨基酸[28]以及一些酸性化合物[29]，而在上面的拆分样品中，显然这两方面的待测手性化合物的样品数量是不足的。

二、衍生化的奎宁丁

奎宁丁在手性阴离子交换固定相的合成中也被广泛地作为起始原料，奎宁与奎宁丁的分子结构分别是在（8*S*,9*R*）和（8*R*,9*S*）位上的空间构型不一样，它们是立体异构体。其商品柱也是在硅胶表面共价键合有 *O*-9-(叔丁酯氨基甲酰)奎宁丁，商品名为 CHIRALPAK QD-AX，该柱也常用反相洗脱模式，主要用于拆分含有羧酸、磷酸基或者磺酸基的酸性化合物，有时也能分离弱酸性化合物如酚等。对映体在奎宁柱和奎宁丁柱上的洗脱顺序往往相反。

该类固定相属于手性离子交换固定相，是利用离子化的选择剂使分析物与电荷相反的选择剂之间产生离子的相互作用。当把奎宁类手性柱以弱酸性溶液作为流动相，分子结构中的氮原子便发生质子化，并且充当手性阴离子交换剂的固定电荷。这时，酸性的对映体主要通过阴离子交换作用保留在色谱柱上，保留的机制可以通过计量置换模型解释。奎宁类的手性识别能力除了它的几个手性中心外，还来自于体积大的喹啉环以及喹啉环的平面性和带有体积较大的叔丁基的半灵活的氨基甲酸酯基团。这些官能团是潜在的结合点，而且它们在结构上组合形成了一个半刚性支架，并且带有预先制造的手性套供分析物插入其中。除上述两种离子交换手性柱以外，还有两根商品化的两性离子交换型的手性柱[30]，一种是硅胶表面键合有奎宁(8S,9R)-(1S,2S)-环己基氨基磺酸衍生物，另一种与其相反，是硅胶表面键合有奎宁丁(8R,9S)-(1R,2R)-环己基氨基磺酸衍生物，文献报道其适合分离两性化合物如氨基酸、多肽等。

第七节　刷型类手性柱及其应用

在低分子量的合成手性固定相中，Pirkle 研究组[31]的贡献是最杰出、最重要的。将小分子量的手性物质键合到硅胶上，可称为低分子量手性固定相，也称之为 Pirkle 型手性固定相，该类手性柱还被称为给体-受体柱或刷型柱。

在该方向上的研究起于 20 世纪 70 年代后期，制备出的第一代 Pirkle 型手性固定相见图 3-27。

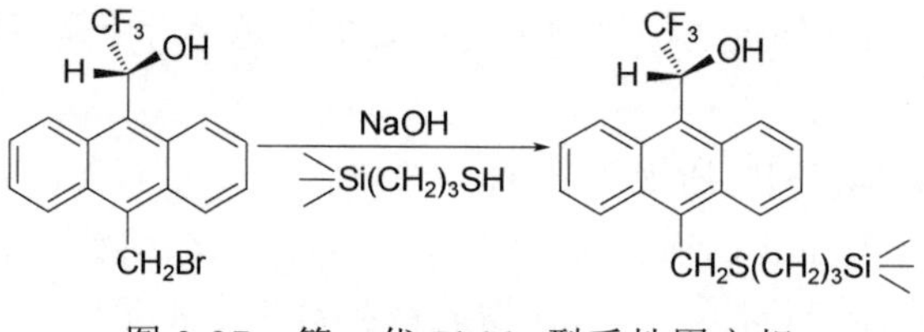

图 3-27　第一代 Pirkle 型手性固定相

第二代 Pirkle 型手性固定相见图 3-28。

第三代 Pirkle 型手性固定相见图 3-29。

1981 年 Regis 生产商与 Pirkle 将以离子化的形式固定在硅胶上的 N-(3,5-二硝基苯甲酰基)苯基甘氨酸（DNBPG）手性固定相推出了市场，后来这个合成的手性选择剂通过共价的酰胺键固载在硅胶上（图 3-30）。该固定相终端有一个π-电子接受体，与具有π-电子给体的芳香对映异构体产生π-π作用。该固定相还含有两个酸性氢原子和两个碱性羰基，它们能与一些溶质分子如酰胺、胺或羟基生成氢键，其能分离一个宽范围的对映异构体。这种柱称π-电子接受柱，是第二代 Pirkle 型手性固定相。

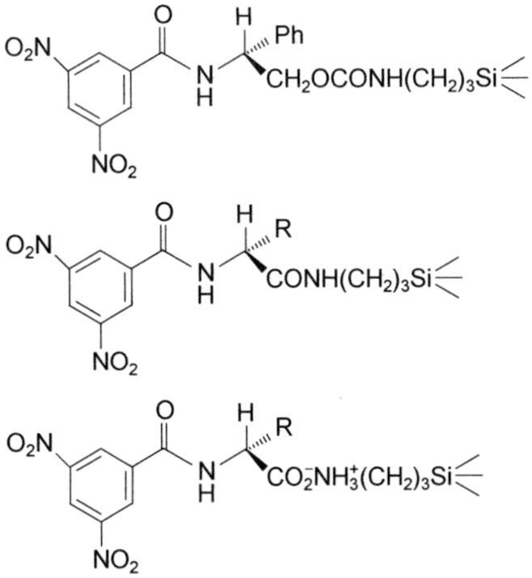

图 3-28 第二代 Pirkle 型手性固定相

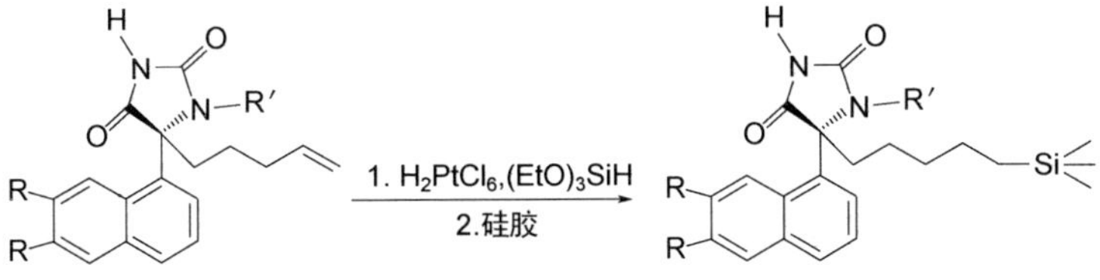

(a) 5-芳基己内酰脲型

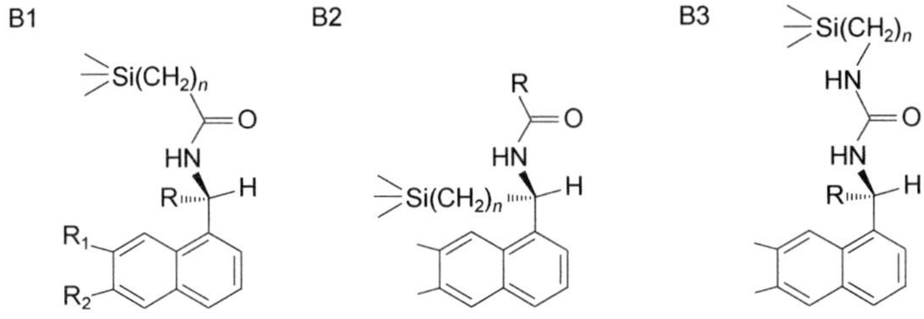

(b) N-酰化-1-芳基-1-氨基烷型

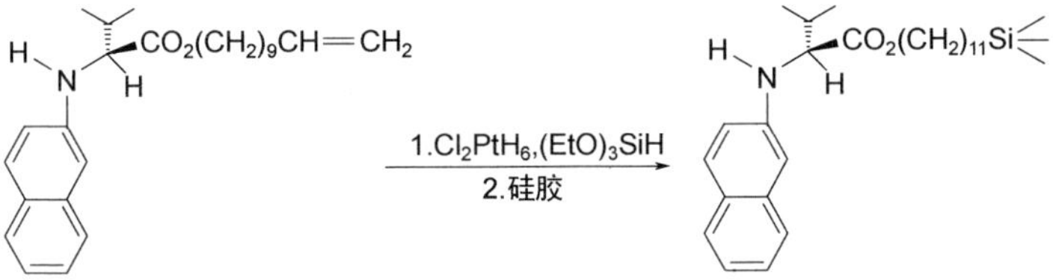

(c) N-芳基氨基酸酯型

图 3-29 第三代 Pirkle 型手性固定相

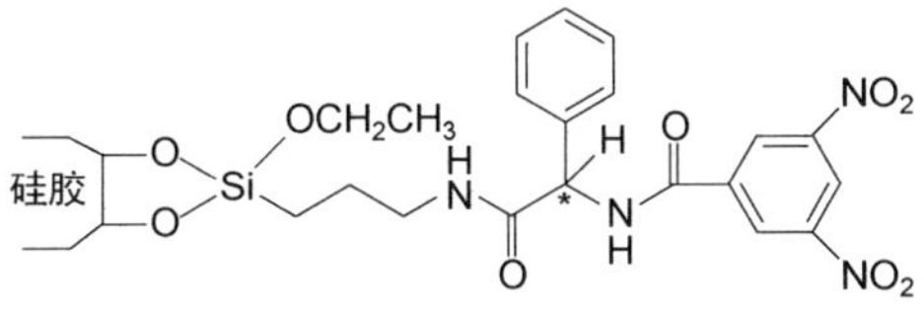

图 3-30 N-(3,5-二硝基苯甲酰基)苯基甘氨酸手性固定相的结构式

萘基丙氨酸 Pirkle 型手性固定相（图 3-31）也有较好的选择性，其分子结构中含有一个萘环，其是强的 π-电子给予体。这种 π-电子给予体手性固定相被合理地设计去拆分胺、氨基醇、氨基酸、醇、羧酸和硫醇，尤其适合拆分醇和胺的 3,5-二硝基苯基氨基甲酰基衍生物或脲衍生物。这种柱称 π-电子给予柱，是第三代 Pirkle 型手性固定相。

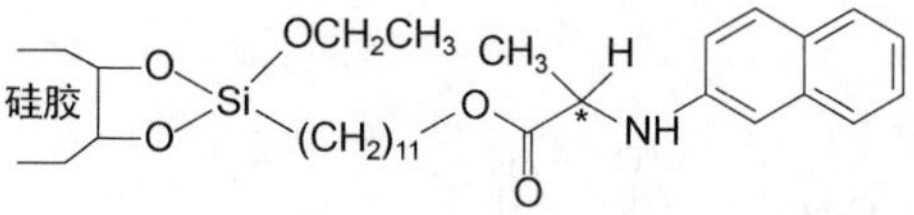

图 3-31　萘基丙氨酸 Pirkle 型手性固定相的结构式

一、(*S,S*) Whelk-O1

该类固定相中用得较广泛的是"杂化"了 π-电子给体-受体的手性固定相 (*S,S*) Whelk-O1，它当初是为分离萘普生的对映异构体而设计的，是很少的几个能直接分离非衍生化的萘普生对映异构体的手性固定相之一。由于该固定相中含有 π-酸和 π-碱，因此其可以拆分含有 π-酸或 π-碱的对映异构体（图 3-32）。

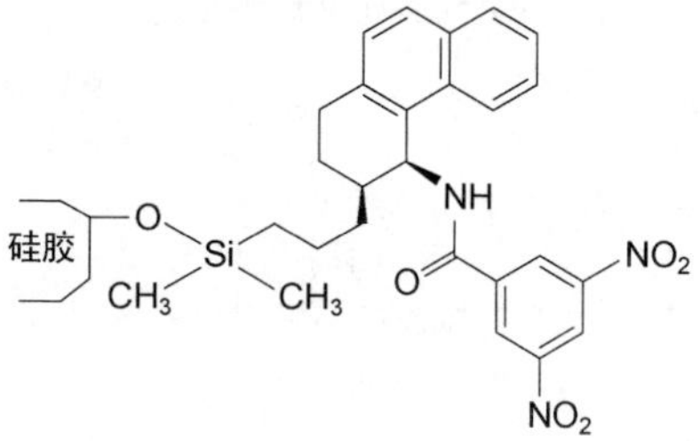

图 3-32　　(*S,S*) Whelk-O1 手性固定相的分子结构

笔者实验室使用了 Regis Technologies Inc. 公司的商品柱 (*S,S*) Whelk-O1，柱为 250mm×4.6mm，固定相颗粒为 5μm。利用该柱在正相模式下对图 3-1 的外消旋体样品进行了拆分，流动相是常用的正相流动相正己烷：异丙醇=90∶10（体积比），对于酸性样品其中添加了 0.2% 的三氟乙酸，碱性样品流动相中添加了 0.2% 的二乙胺，图 3-33 是笔者团队拆分开的手性分离图谱。

在图 3-33 中，因为 19 个氨基酸样品在正己烷：异丙醇（体积比）=90∶10 中难溶解，与多糖柱一样在正相系统中难于测定。在剩下的所测试的 25 个样品中，有 7 个样品得到拆分。其中 13 个中性样品有 4 个被识别，6 个碱性样品皆未拆分开，6 个酸性样品拆分开了 3 个。该柱的手性选择性，明显不如通常也在正相条件下使用的多糖手性柱。

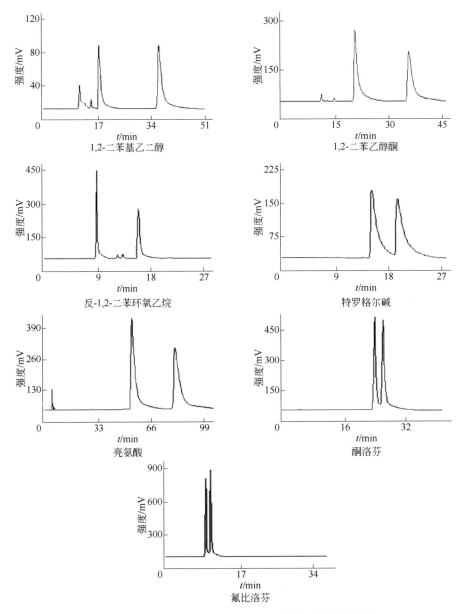

图 3-33 （*S*,*S*）Whelk-O1 柱的手性化合物拆分图

上面的分离结果与想象的柱的选择性也有落差，但从一些代表性的文献[31,32]可看出，该手性柱最适合于分离的是一些具有芳环结构且具有一定极性官能团的样品，因此大多数氨基酸、烷基胺、烷基醇、羟基酸在拆分前都要进行芳基衍生化处理才能被分离，其手性识别机理是典型的"三点作用"原理。

二、α-Burke 1

一个商品名叫α-Burke 1 的固定相也被报道具有较好的应用范围,其为键合臂上连接的一个 4-戊基磷酸酯的衍生物(图 3-34),尤其是其对非衍生化的β-受体阻断剂的拆分具有较好的效果。

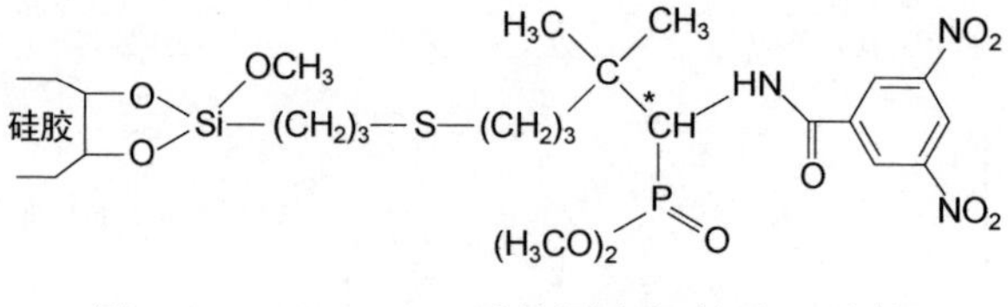

图 3-34　α-Burke 1 手性固定相的分子结构

在 Pirkle 型的手性固定相中,前面介绍的四种手性固定相在 HPLC 中的使用频率为:

Whelk-O1＞α-Burke 1＞DNBPG＞萘基丙氨酸

该类手性柱绝大多数用于正相模式,通常以正己烷:异丙醇=90:10 作为初始溶剂系统。对于碱性溶质,在流动相中加入 0.1%的二乙胺;对于酸性溶质,则加入 0.1%的三氟乙酸。对于分离不理想的情况,可以调节正己烷-异丙醇的比例,甚至可以考虑用乙醇、二氯甲烷、甲基叔丁基醚、乙酸乙酯等来取代异丙醇。该类手性柱在极性的质子流动相中的手性识别能力较差,所以其很少在反相或者极性有机相中使用。

Pirkle 型固定相的分子结构中存在苯环、羰基、氨基以及具有手性的叔碳原子,其能在手性识别过程中与含有苯环的被分离物质发生 π-π 电子相互作用,固定相与溶质分子之间也能形成氢键作用、偶极-偶极相互作用、范德华力相互作用,并能提供空间排阻,对映体和手性固定相之间的手性识别就是通过上述一种或几种相互作用来实现的。

该柱属于成功开发较早的手性液相色谱分离柱,但由于该柱推荐的拆分条件与多糖柱的正相系统类似,所能拆分开的样品类型也与多糖柱相似,与目前广泛使用的商品多糖柱相比,其拆分效率明显要低一些,因此该类柱的使用正在不断地被商品多糖柱所取代。不管怎样,该类型柱在较早期的手性分析应用中,是起到了较大作用的,其对今天手性固定相的设计以及手性识别机理的研究,也起到了积极的推动作用。

第八节　配体交换型手性柱及其应用

手性配体交换技术是 1961 年由 Helfferich 首次提出，并通过 Davankov 等[33] 的发展得到应用。这一技术结合了离子交换和配体化学两个领域的特征，从而可以实现上述任一过程常常不能单独完成的分离工作。

Davankov 等将 L-脯氨酸键合到苯乙烯-二乙烯苯树脂上，通过流动相引入铜离子形成铜离子配合物，用手性配体交换色谱分离了氨基酸对映体。在配体交换手性材料中，通常有一个金属离子，如 Cu^{2+}、Ni^{2+} 或 Zn^{2+}，能生成一种多齿络合物。一个金属离子可结合一个配体分子和一个对映体分子，生成非对映体络合物，这个过程是可逆的。溶质对映体迅速交换着结合到络合物上，而手性配体可固定在载体上，制成手性固定相。虽然手性配体理论上也可以加入到流动相之中，但其用途较少。当非对映异构体络合物稳定性不同时，溶质对映体就有可能被分离。有人通过计算，认为这种稳定性之差在某些情况下可高达 800kcal/mol（1kcal= 4.18kJ），这是由多齿状络合物中的位阻关系产生的。图 3-35 是在配体交换实验中典型的非对映异构体络合物。

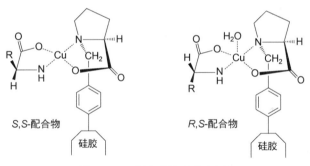

图 3-35　手性配体交换原理

从图 3-35 中可以看出，金属离子可以在轴向接受一个溶剂分子配体，形成较稳定的配合物。由于空间位阻关系，只有右式 *R,S*-配合物允许形成轴向溶剂配体，而左式 *S,S*-配合物由于溶质氨基酸 R 基团的空间阻碍，不能形成这种轴向配位。这种识别机理可以解释含两个配位点的简单氨基酸在含脯氨酸的手性固定相的洗脱顺序。而对含三个配位点的氨基酸，在脯氨酸手性固定相上的洗脱顺序正好相反，因为第三个配位点必在 R 基上，只有 *S,S*-配合物 R 基上的配位点能弯折过来，在轴向位置上与 Cu 配合，形成五配位的配合物。

手性识别是由于在对映异构体溶质分子与手性选择剂之间三元混配配合物的形成。这种三元混配配合物在色谱柱中产生了多个平衡，这些平衡受分离环境如 pH、温度等影响，因此也就确定了在手性固定相上手性识别的选择性以及柱效率等因素。在配体交换色谱中所形成的非对映异构体配合物比在其它类型的手性固定相中的稳定性要高，非对映异构体相对高的稳定性导致了在配体交换色谱柱中慢的配体交换，降低了柱的理论塔板数。无论怎样，由溶质分子与手性选择剂所形成的加合物的热力学稳定性与它的动力学性质不是直接相关的，人们可以观察到在高稳定常数的反应中既有慢反应也有快反应。

一、Cu（Ⅱ）+脯氨酸

利用键合臂将脯氨酸键合在硅胶基质上作为 HPLC 手性柱已经被商品化，键合臂不仅影响分离的选择性，还可以影响对映体的流出顺序。该柱的商品名为 CHIRALPAK WH。

笔者团队用商品柱 CHIRALPAK WH，柱为 250mm×4.6mm，对图 3-1 的外消旋体样品在室温下进行了拆分，流动相为常用的 0.5mmol 的 CuSO₄ 溶液。图 3-36 是成功拆分的手性分离图谱。

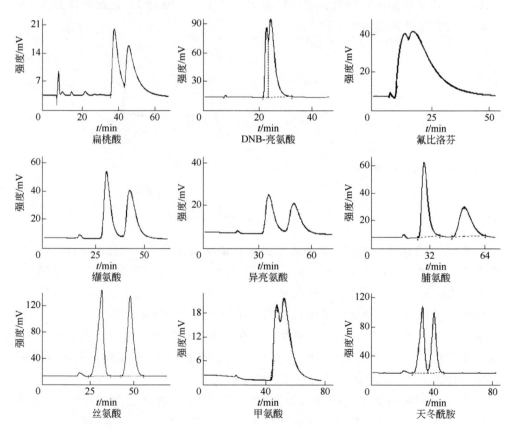

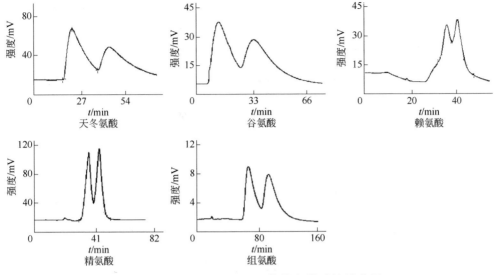

图 3-36　CHIRALPAK WH 柱的色谱手性拆分图

从图 3-36 可知，该柱最大的特点是能较好地拆分氨基酸的外消旋体。在 19 个人体必需氨基酸中，在室温下拆分开了 11 个。除此之外，该柱对酸性化合物还有一定的手性拆分能力，但对中性化合物以及碱性化合物基本上没有什么拆分效果。当然，如果进一步改变流动相组成、pH、温度等拆分条件，还会有更多的手性化合物能被拆分。

二、Cu（Ⅱ）+*N,N'*-二辛基丙氨酸

N,N'-二辛基丙氨酸也被涂渍在 ODS 柱上，一些手性化合物也能被成功拆分，该柱也已经商品化，商品名为 CHIRALPAK MH（+）。其在分离氨基酸和氨基醇时柱效是随着流动相的 pH、有机添加剂的浓度、温度等变化而变化的。

配体交换色谱一个必要的前提是手性选择剂与被分析物都要有能与金属离子螯合的基团，这类分离的一个重要的要求是金属中心上的配体交换应该是快速的，否则柱效就会降低。该手性分离方法一般都是拆分的极性化合物，因此流动相一般是水溶液。流动相通常含有少量的金属离子，目的是维持色谱过程中所需要的金属螯合中心浓度，使分离保持在稳定的状态。已经商品化的手性配体交换色谱固定相主要如表 3-5 中所示。

手性配体交换色谱已经具有半个世纪的历史，它是最早具有实际应用意义的手性识别技术，是第一个首先完全分离光学异构体的 HPLC 方法[34]。在过去它是唯一不需要对氨基酸进行衍生化、且能够直接开展对映异构体拆分的技术。但由于后来其它更易操作的手性色谱技术的应用，如手性冠醚柱、大环抗生素柱等，

使得进一步发展这类手性固定相的实际意义变小了。然而，配体交换色谱从理论上保留了最好的研究技术，很多在配体交换色谱上发展起来的基本观点对于解释和预期整个手性识别领域的手性拆分机理却具有积极的意义。

表 3-5 液相色谱中商品化配体交换类手性固定相

手性化合物	商品名称	厂商
脯氨酸-Cu^{2+}	CHIRAPAK WH	Daicel
	Chiral ProCu	Serva
N,N'-二辛基丙氨酸-Cu^{2+}	CHIRAPAK WM	Daicel
羟脯氨酸-Cu^{2+}	Chiral HyproCu	Serva
	Nucleosil chiral -I	Mechery-Nagel
缬氨酸-Cu^{2+}	Chiral ValCu	Serva

第九节　环糊精类手性固定相

1978 年环糊精就开始有报道作为液相色谱的手性固定相[35]。环糊精分子是圆台形的，它的空腔是疏水性的，圆台上下外围的羟基是亲水性的。环糊精空腔的大小也对应着它对不同溶质的分离，α-环糊精、β-环糊精、γ-环糊精的空腔大小分别为 0.5nm、0.65nm 和 0.8nm。在环糊精的衍生物中，由于取代基的引入，改变了它的一些色谱性能，并且往往能增强对某些对映体分离的选择性。可以合成很多类型的环糊精，几乎每一种都有自己独特的性质，也许它们能强化各自对映的对映异构体的分离能力[36]。但到目前为止，真正已经商品化并能较广泛地拆分手性化合物的液相色谱用环糊精手性柱明显少于气相色谱中的环糊精手性柱。图 3-37 是已经商品化的环糊精类液相色谱固定相。

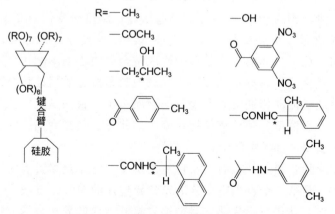

图 3-37　环糊精类液相色谱固定相

这些商品化的键合固定相的主要名称分别为：α-环糊精、β-环糊精、γ-环糊精、S-羟丙基醚-β-环糊精、R-羟丙基醚-β-环糊精、S-萘乙基氨基苯甲酸酯-β-环糊精、R-萘乙基氨基苯甲酸酯-β-环糊精、乙酰化-β-环糊精、对-甲基苯甲酸酯-β-环糊精、苯基氨基苯甲酸酯-β-环糊精、3,5-二甲苯基氨基苯甲酸酯-β-环糊精、2,3-二甲基醚-β-环糊精、二硝基苯甲酸酯-β-环糊精。

一、β-环糊精

笔者实验室使用Macherey-Nagel的商品柱 NUCLEODEX β-OH，柱为200mm×4.0mm，固定相粒径为 5μm，在反相模式下的推荐流动相为甲醇：0.1%TEAA（三乙胺，醋酸调 pH 4.0）=60：40（体积比），对图 3-1 的外消旋体样品进行了拆分，图 3-38 是拆分成功的手性分离图谱。

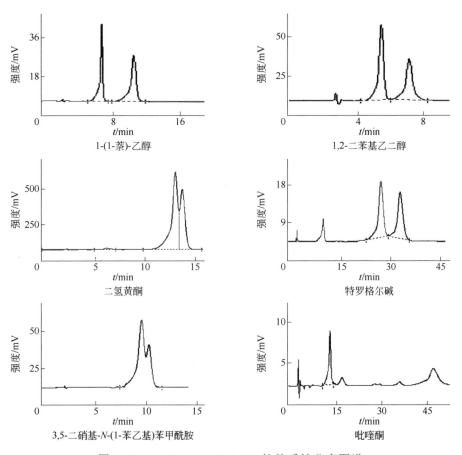

图 3-38 NUCLEODEX β-OH 柱的手性分离图谱

从图 3-38 中可知，该柱对中性化合物具有一定的拆分能力，但对碱性化合物、酸性化合物以及氨基酸在该流动相中没能实现拆分。

二、羟丙基-β-环糊精

笔者课题组还使用 Supelco 的商品柱 Astec CYCLOBOND™ I 2000SP，柱为 250mm×4.6mm，同样在反相模式下利用推荐的流动相乙腈：0.1%TEAA（pH 4）= 20：80（体积比），对图 3-1 的外消旋体样品进行了拆分，图 3-39 是拆分成功的手性分离图谱。

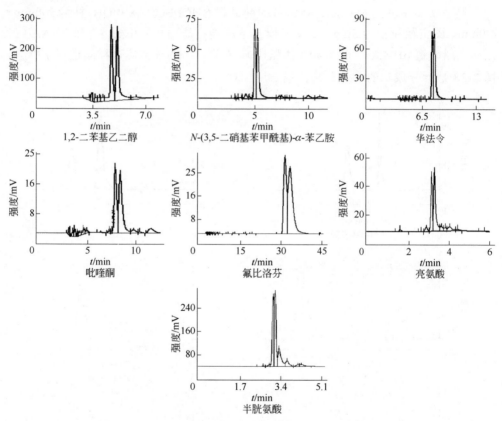

图 3-39 Astec CYCLOBOND™ I 2000SP 柱的手性分离图谱

从图 3-39 看出，该羟丙基-β-环糊精手性柱对中性化合物也具有一定的拆分能力，但其不如 β-环糊精手性柱；其对酸性化合物以及氨基酸的拆分选择性差，在所分离的碱性化合物样品中没能实现拆分。

本节所测试的 β-环糊精柱和羟丙基-β-环糊精柱虽然来自于不同的公司，但得到的结果类似，手性拆分率之低都出乎预期。对照文献[36]不难看出，出现这种情况一方面是笔者选择的手性样品与已发表论文中所拆分样品的重合率较低；另一方面，对于大多数环糊精手性固定相，一种流动相所能拆分的手性化合物的种类较少，这也许是笔者实验中只用一种推荐流动相所拆开手性化合物数目较少的最主要原因。如果细心地探索一些其它流动相的溶剂系统，肯定会有更多的手性拆分结果。

环糊精柱可以在反相极性有机相以及正相中使用，在不同的洗脱模式中显示不同的分子识别机制。在以乙腈缓冲水溶液或者甲醇缓冲水溶液等为流动相的反相模式中，亲脂性的溶质能与环糊精的空腔形成包合物而发生选择性的相互作用，该作用是属于疏水性的，这种作用的大小取决于溶质分子与环糊精空腔大小的匹配程度；另外分析物与环糊精分子上下边缘上的羟基可以通过氢键、偶极-偶极发生亲水作用，进一步加强了复合物的稳定性。流动相中有机溶剂的浓度可以控制溶质的保留因子的大小，溶剂强度的增加规律为：

$$水<甲醇<乙醇<丙醇<乙腈\approx 四氢呋喃$$

在极性有机溶剂的流动相模式中，环糊精内腔被溶剂分子占据，因此由亲脂性残留物所形成的包合物的稳定性降低。含有亲水性基团的溶质主要与环糊精分子外围的极性基团作用，色谱柱的手性选择性主要来自于两个对映异构体与这些极性基团相互作用的强度差异，尤其是对于极性基团离手性中心比较接近的溶质分子。典型的极性有机溶剂的组成为 0~15%甲醇的乙腈，加入 0.001%~1.2%的乙酸铵。

在正相模式中，环糊精的疏水内腔完全被有机溶剂占据，手性识别作用基本上只靠手性固定相外面的极性基团的氢键、偶极-偶极作用，并且手性识别作用可以通过固定相与溶质分子的 π-π 作用而增强。

在 HPLC 中环糊精手性固定相的重要性正在慢慢减弱，逐渐被一些手性选择性更宽、流动相选择更容易的手性柱所取代。尽管如此，目前还不断有新的环糊精衍生物手性固定相的研究报道，这些手性识别剂的衍生位置往往更加精准，键合臂更加新颖，合成效率往往更高，其在一定程度上是对现有商品化环糊精手性柱的有力补充[37,38]。

第十节　其它类型手性柱

一、聚甲基丙烯酸酯类手性色谱柱

螺旋高分子是指高分子具有螺旋形的分子结构，这种结构可以是左旋转，也可以是右旋转，左右螺旋常常在一些高分子中同时存在，并且约各占 50%。单手螺旋高分子是指在该高分子中只具有单一的一种螺旋结构。由于在单手螺旋结构中没有对称面也没有对称中心，所以即使在其分子结构中没有手性碳原子，这些高分子也会具有手性。它们除大量存在于天然高分子如纤维素、直链淀粉、壳聚糖、蛋白质和 DNA 等外，也可以人工合成。这种通过不对称合成所得到的高分子称人工合成的单手螺旋高分子。Y. Okamoto 课题组关于螺旋状聚甲基丙烯酸酯的首次合成和应用，以及此课题组对这些物质的广泛研究，使 Y. Okamoto 教授成为该类手性分离材料最具代表性的科学家[1,2]。

甲基丙烯酸三苯基甲酯（TrMA）在极性溶液或非极性溶液中通过阴离子聚合产生具有很好全同立构的聚合物。即使在自由基聚合中，TrMA 也能给出很高的全同立构。TrMA 聚合物全同立构的特点使它有螺旋状的主链，TrMA 的阴离子或自由基聚合使左旋和右旋的对映异构体浓度相等。1979 年，Okamoto 和他的合作者[39]报道了在低温下通过用 *n*-BuLi 和(–)-金雀花碱（Sp）的配合物进行甲基丙烯酸三苯基甲酯的阴离子聚合，TrMA 的聚合物给出了几乎全部的全同立构，显示出很高的旋光度和圆二色谱吸收，在这个反应中，选择性地只生成一种主链是螺旋旋转的单手螺旋状的构型。螺旋状结构的形成是由于大体积基团的排斥力，当大体积基团通过水解从主链离去时，这个分子的手性和光学活性就会散失。单手螺旋的聚甲基丙烯酸三苯基甲酯是第一个通过烯烃单体人工合成的具有光学活性的、单手螺旋结构的化合物 ［图 3-40（a）］，在高分子不对称合成方面具有里

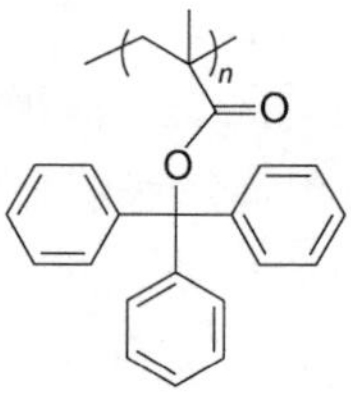

(a) 聚(TrMA)

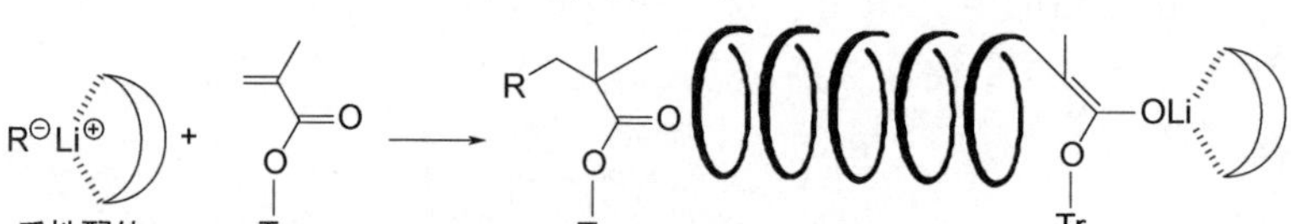

(b) 手性配体有机锂控制的螺旋聚合反应

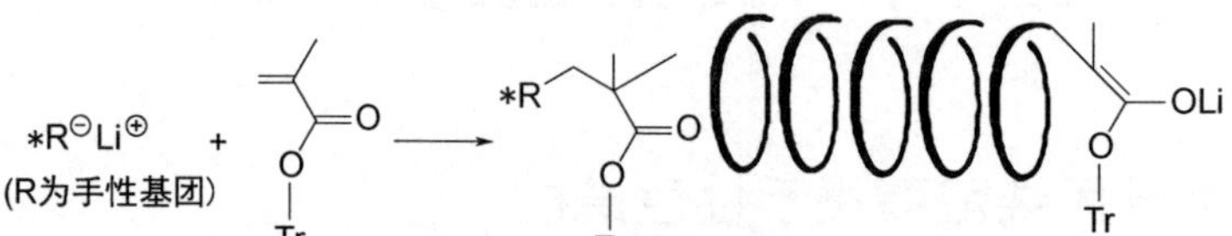

(c) 手性有机锂引发的螺旋聚合反应

图 3-40 单手螺旋的聚甲基丙烯酸三苯基甲酯的合成

程碑的意义。有机金属锂和手性配体形成的络合物或手性有机锂控制的该不对称聚合反应见图 3-40（b）、（c），配体或引发剂的手性导致了聚合物的单手螺旋。

单手螺旋的聚甲基丙烯酸三苯甲酯对一些外消旋体表现出拆分能力，它的手性识别能力主要取决于螺旋手性。选取聚合度较低的 TrMA 聚合物溶解在 THF 中涂渍在大孔硅胶表面（聚合物占 20%的重量）后表现出较好的分辨能力。该手性分离柱已经商品化多年，商品名为 CHIRALPAK OP（+）。这种聚合物手性识别的最大特点是能够拆分没有官能团且通过传统方法比较难分离的化合物。用 TrMA 聚合物作为固定相时常用极性溶剂作为流动相，例如在大部分情况下是用甲醇或乙醇-水的混合物作为流动相，表明拆分是通过被分离物中的非极性基团和 TrMA 聚合物中的侧链基团三苯甲基的疏水作用来发生的。侧链三苯甲基具有手性螺旋推进器的结构而且在手性识别中起重要作用。TrMA 的手性螺旋聚合物已经被键合在硅胶上作为手性固定相，该固定相可以使用芳香烃、氯仿以及四氢呋喃作为流动相。

当用甲醇作流动相时，键合固定相的手性识别能力与涂渍型的手性固定相相似，并且键合固定相能拆分等摩尔质量的左右螺旋聚合物。尽管光学活性的聚甲基丙烯酸三苯甲酯能分辨一些不同类型的外消旋体，但它有一个致命的弱点，容易被作为 HPLC 洗脱液的甲醇醇解它的酯键。手性识别材料的稳定性和分辨力是非常重要的。为了克服这个弱点，考虑单体的结构在聚合过程中对目标合成物的立体化学和手性识别能力的影响，几种新单体又被设计出来。

聚甲基丙烯酸二苯基-2-吡啶基甲酯［聚（D$_2$PyMA）］（见图 3-41）继 TrMA 聚合物后首先被合成出来，它在耐久性方面较聚 TrMA 有了改进。D$_2$PyMA 单体在甲醇中的抗分解耐久性要比 TrMA 单体强得多。该手性分离柱也已经商品化，商品名为 CHIRALPAK OT(+)。研究也表明在相同的条件下，硅胶键合的聚（D$_2$PyMA）的溶解速度比硅胶键合的聚（TrMA）慢，约为后者的 1/16。

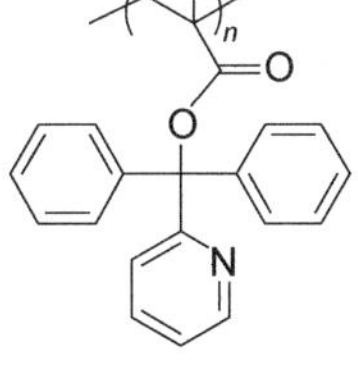

图 3-41 聚（D$_2$PyMA）的分子结构

除 TrMA 和 D$_2$PyMA 的聚合物之外，其他的几个具有类似结构的化合物也已被合成出来，通过吸附试验证实了他们的手性识别性能[40]。另外还有侧链含有手性基团的聚丙烯酸酯作为手性分离材料报道,但也因手性选择性有限等一些原因,皆未商品化。尽管现在聚甲基丙烯酸酯手性柱的使用量减少，但单手螺旋的聚甲基丙烯酸三苯甲酯是人工合成的第一个烯烃单体类单手螺旋高分子，它的学术意义远远大于它的手性拆分价值。

二、聚丙烯酰胺

高分子手性材料根据来源可分为四类：第一类由自然存在的聚合物和它们的衍生物组成；第二类利用具有手性的单体人工合成聚合物；第三类是人工通过不对称合成的单手螺旋高分子化合物；最后一类是利用单体和模板聚合而成的分子印迹聚合物。前面的聚甲基丙烯酸三苯基甲酯属于第三类，本部分介绍的聚丙烯酰胺属于第二类。

1974 年 Blaschke 等[41]设计合成的带有手性侧链的聚丙烯酰胺和聚甲基丙烯酰胺成功地获得了手性识别能力，这是一种自我支撑的交联的聚（甲基）丙烯酰胺聚合物珠。例如能产生畸形效应的镇静剂反应停的外消旋体就能够用 Blaschke 手性色谱柱完全分离，研究发现引起畸形效应的主要是（S）型异构体。手性识别行为的不同，主要依赖于聚合体和外消旋体的结构，同时也依赖色谱的分析条件。在图 3-42 中的聚丙烯酰胺和聚甲基丙烯酰胺作固定相分离时，无极性的溶剂（如苯，甲苯）比极性溶剂分离效果好，外消旋体具有一些氢键官能团如氨基、酰亚胺、羧酸、醇等时分离效果好。由于聚合物容易发生膨胀并且在高压下的机械稳定性较差，因此以硅胶作为载体的材料具有更好的色谱性能。

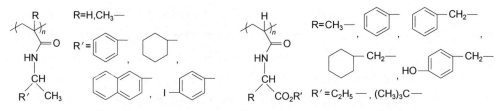

图 3-42　带有手性侧链的聚丙烯酰胺和聚甲基丙烯酰胺

图 3-42 中的聚丙烯酰胺（R=苄基，R′=乙烷基）键合在硅胶上作为填充柱曾经被商品化。但利用同样的方法，含有氨基酸和(–)-薄荷酮或(+)-薄荷酮的单体也被聚合成高分子用于手性固定相，仅少量的外消旋体能够被分离。

反-1,2-二氨基环己烷具有 C_2 的对称性，用 D-型或 L-型酒石酸重结晶，便能得到纯的(1R,2R)-或(1S,2S)-型反-1,2-二氨基环己烷。F. Gasparrini 等[42]利用反-1,2-环己烷二基-双丙烯酰胺的(1R,2R)-或(1S,2S)-型聚合成手性材料聚（反-1,2-环己烷二基-双丙烯酰胺），并由 Advanced Separation Technologies Inc.（Astec, USA）生产出了商品手性固定相，商品名为 P-CAP （poly-cyclic amine polymer）。该聚合物形成的是一个交联的网状结构，已报道多种结构的外消旋产物利用这根柱子得到了分离。该手性材料也表现出较高的稳定性、高试样载荷量并能用于多种类型流动相中。由于此手性材料中没有芳香单元，所以用这类单体合成的高分子手性识别材料将会表现出不同的选择性。D.W. Armstrong 将引发剂键合到硅胶表面，将上述单体进行聚合，在硅胶表面生成了刷型的手性固定相，也显示了好的手性分离特性，其分子结构见图 3-43。

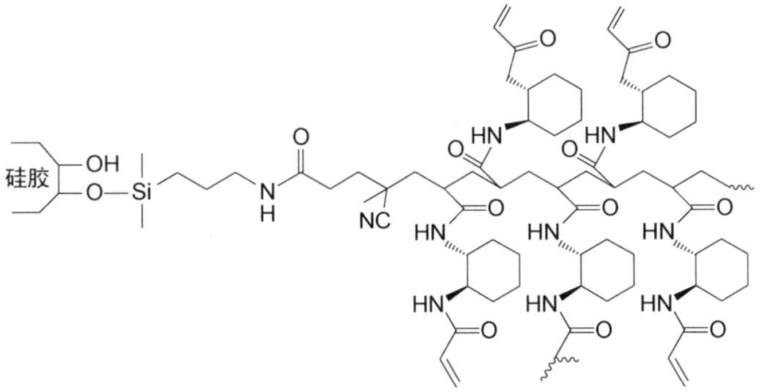

图 3-43 (*R,R*)P-CAP 手性识别材料的分子结构

除此之外，还有一些类似的聚丙烯酰胺聚合物的手性识别材料的报道，但因皆未商品化，在此也不叙述。

人工合成的手性高分子用作手性固定相的报道还有多种，例如 Allenmark 等[43]提出的以网状类聚合物为基础的类型，代表性的为酒石二酰胺类，也有商品出售。另外还有聚苯乙烯衍生物、聚乙烯醚、聚醚、聚炔、聚氨酯、聚脲、含硅聚合物、树枝状聚合物、聚肽、聚烯烃、聚三氯乙醛、聚异腈化物等，这些与已经商品化的手性柱相比，没有更好的选择性，也没有商业化。

三、环果糖

天然环果糖（cyclofructan，简称 CF）是由 D-果糖以 β-(2-1)键相连接的环状寡糖，中间是一个冠醚环，果糖单元分布在这个冠醚环的周边，根据含有 6、7或 8 个果糖单元的数目分别命名为 CF6、CF7、CF8（图 3-44）。每个果糖单元上含有 4 个手性中心和 3、4、6 位上的三个羟基。2009 年 Armstrong 等[3,44,45]首次将环果糖制备了 HPLC 手性固定相。在其系列研究中，主要是利用氨丙基或者环乙氧丙基的硅胶键合环果糖的衍生物。烷基氨基甲酸酯衍生的环果糖-6 对伯胺具有好的手性识别能力，尤其是异丙基氨基甲酸酯环果糖-6，而利用萘乙基氨基甲酸酯衍生的环果糖-6 虽然对伯胺的识别能力降低,却能识别更大范围的手性物质。甲基苯基、二甲基苯基、萘乙基、氯苯基、二氯苯基的氨基甲酸酯环果糖-7 也被合成，其中二甲基苯基氨基甲酸酯环果糖-7 的手性识别能力更高。目前异丙基氨基甲酸酯环果糖-6、萘乙基氨基甲酸酯环果糖-6、二甲基苯基氨基甲酸酯环果糖-7，三根手性柱已经商业化。

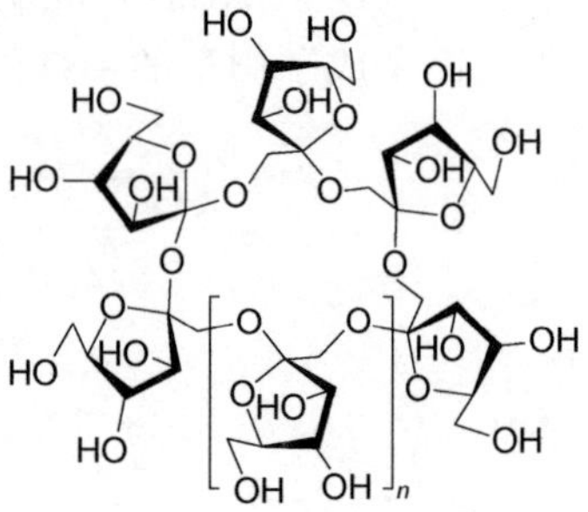

图 3-44　环果糖的分子结构

四、多孔材料类

（一）金属-有机框架

在液相色谱中，A.L.Nuzhdin 等[46]在 2007 年首次将均一手性的[Zn$_2$(bdc)(L-lac)(dmf)]·DMF（bdc=对苯二甲酸）金属-有机骨架材料（MOFs）晶体制备成手性液相色谱固定相。该固定相使用时在流动相中加入 H$_2$O$_2$ 便能实现催化氧化和手性选择，即该固定相既完成了将苯硫醚（PhSMe）氧化为苯甲亚砜（PhSOMe）的催化，又完成了对 PhSOMe 对映异构体的手性拆分。2011 年另一种手性 MOFs 的 Bn-ChirUMCM-1 被合成并将其作为液相色谱固定相拆分了外消旋体苯乙醇。虽然在所选定条件下没有使两对映体达到基线分离，但是该实验结果也证实了手性金属-有机骨架材料能用于液相色谱中的手性拆分。另外一种单一手性的(R)-MOF-silica 复合材料作为液相色谱固定相成功拆分了一系列亚砜类外消旋体，表明该固定相对亚砜类对映异构体表现了较好的手性识别能力。如苯基甲基亚砜的分离度达到 1.50，所拆分的对映异构体都表现为 S-异构体优先流出，主要原因是 R-异构体能够被包裹在(R)-MOF 的孔穴中，加强了该异构体分子与固定相之间的立体匹配作用，从而增加了 R-异构体在固定相上的保留时间，以致 S-异构体优先流出，最终达到了手性识别的作用。目前用于 HPLC 手性固定相的手性 MOFs 仍表现出较低的手性选择性[47]，但它们开创了手性 MOFs 用于液相色谱手性固定相研究领域的时代[3,48]。

笔者的团队[49]进行了系列的手性 MOFs 用作 HPLC 手性固定相的研究，代表性的工作是利用一种三维手性介孔 MOFs 的[(CH$_3$)$_2$NH$_2$][Cd(bpdc)$_{1.5}$]·2DMA（bpdc=4,4′-联苯二羧酸），开展了 HPLC 的手性分离研究。该晶体结构的特别之处是含有开放的六边形纳米管（1.94nm×2.24nm）和三角形的通道，这些手性六边形管道由八条螺旋链平行缠绕堆积而形成一个右手八股螺旋结构，该螺旋结构的螺距为 6.368nm。为了考察手性 Cd-MOF 的手性识别能力，采用正己烷：二氯甲烷流动相对一些外消旋化合物进行了手性拆分，分离所用色谱柱温 30℃，流动相流速为 0.1mL/min，紫外检测波长为 254nm。实验结果表明该固定相对手性化合物有较好的手性识别能力，有 10 个手性化合物得到了不同程度的拆分，它们分别是：1-对氯苯基乙醇、联糠醛、1,2-二苯乙醇酮、二氢黄酮、特罗格尔碱、1,1′-联-2-萘酚、1,2-二苯基-1,2-乙二醇、华法令、3-苄氧基-1,2-丙二醇和 3,5-二硝基-*N*-（1-苯乙基）苯甲酰胺，代表性的色谱拆分图见图 3-45。

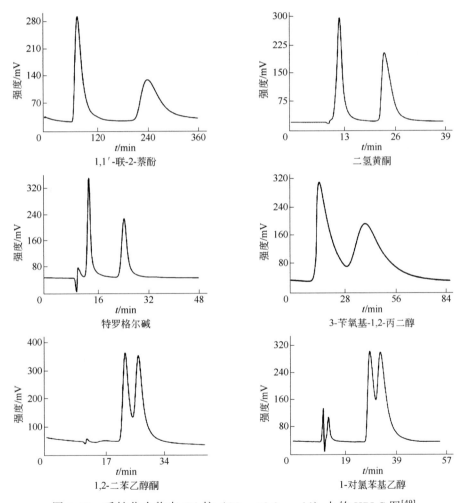

图 3-45　手性化合物在 Cd-柱（25cm×2.0mm id）上的 HPLC 图[49]

Cd-MOF 的立体选择性可能主要由于被测物与晶体中的手性螺旋通道作用，即溶质分子的适当空间尺寸、形状等与手性螺旋通道中功能位点的高度立体匹配；

另外溶质分子与手性 MOF 官能团和流动相间产生的色散力、偶极-偶极作用、氢键作用和π-π作用等也在手性分离中起到一定的作用。从这些谱图可以看出，该类手性固定相的分离因子较大，但由于较强的晶体与溶质间的作用，造成该类固定相的柱效较低。

在笔者团队[3,50,51]系列的研究工作中，观察到具有 D-樟脑酸配体的手性 MOFs 以及具有氨基酸或者小分子肽作为配体的手性 MOFs 常常具有更好的手性选择性。由于 MOFs 晶体是非球状的晶体，在柱的填充过程中，难于完整紧密填充较长的液相色谱柱，对于针形的晶体柱子的装填就更困难。尽管研究者进行了一些努力，但收效不大。最近，笔者团队利用高分子的界面聚合膜的制备技术，提出利用"网包法"制备 HPLC 手性柱，用一个高分子的网将 MOFs 材料包裹在球形硅胶的表面。其可以使 MOFs 柱的手性选择性大大提高，主要原因在于：使用的 MOFs 材料的粒径在 200nm 以下，利用界面聚合反应形成的高分子网固载的 MOFs 材料的效率很高，手性固定相表面有很大的 MOFs 颗粒的表面积，且生成的固定相保持了硅胶的球形，使手性柱很容易装填制备[52]。

（二）共价有机框架

共价有机框架材料（COFs）是由有机模块通过共价键生成的一类新型的、具有高度有序孔结构的晶体材料。这类材料具有化学结构确定、质轻、稳定、孔径持久、表面积大等特点，已经用于吸附、催化、气体储存、传感、药物输送等多个领域。在上一章笔者已经介绍了其在手性 GC 中的应用，在 HPLC 领域，手性 COFs 也已经被报道能作为液相色谱的手性固定相。

崔勇团队[53]首次报道了将两个三维的手性 COFs 用作 HPLC 固定相研究。1-苯基-2-丙醇、1-苯基-1-戊醇、1-苯基-1-丙醇和 1-(4-溴苯基)乙醇四个化合物的外消旋体均可在这两个手性 COFs 固定相上分别被拆分，所用流动相为正己烷：异丙醇=99∶1。两个手性 COFs 的晶体结构为拥有手性二羟基修饰通道的四重穿插金刚石型开放框架。然而，由于目前发表的手性 COFs 材料还很少，类似的液相色谱研究还无后续的报道，我们拭目以待该方向的发展如何。

（三）高序介孔无机硅

在上一章笔者介绍了自己团队成功地将高序介孔无机硅用于手性 GC 固定相的研究。由于该材料自带手性，仅由无机的二氧化硅组成，不含有机的手性识别材料，孔径具有高度的有序性，因此该材料不仅具有良好的手性识别能力，尤其具有硬度大、抗压、耐溶剂冲洗、手性识别能力持久等方面的突出优点。近年来，笔者团队将系列手性氨基酸衍生成为表面活性剂作为制备高序介孔无机硅的模板，在手性导向剂的作用下，以乙氧基硅烷作为原料，通过煅烧后获得了多个高序介孔无机硅材料。将这些材料分别制备 HPLC 的手性柱，获得了系列较好的手性拆分结果，相关数据正在整理发表中。

五、分子印迹类

大多数手性识别材料存在一个共同的问题，在洗脱顺序和分离能力上存在着有限的预见性。1972 年由德国的 Wulff 小组[54]提出分子印迹并成功制备出分子手性印迹聚合物[55]后，Wulff、Mosbach 和 Whitcombe 等在分子印迹聚合物制备技术方面完成了创新性的工作，分子印迹技术得到了发展。分子印迹聚合物提供了原则上可以预见选择性的手性识别材料，其具有三个显著特点：构效预知性、特异识别性和广泛适用性[56]。

分子印迹技术可分为共价法和非共价法两种基本方法。共价法又称预先组织法，印迹分子与功能单体之间通过共价键结合，加入交联剂聚合后，再采用化学方法打断与印迹分子连接的共价键，并将印迹分子洗脱出来，得到对印迹分子具有特异性识别能力的聚合物。非共价法又称自组装法，是目前应用最广泛的设计分子印迹作用部位的技术。该法首先将印迹分子与功能单体进行非共价自组装，这些非共价键包括离子键、氢键、金属配位键、疏水作用等。然后与交联剂混合，进行与交联单体的自由基聚合反应。该法通过非共价键结合，制成具有多重作用位点的分子印迹聚合物，并且模板提取是通过非共价键相互作用完成的。由于非共价作用的多样性，非共价法在印迹过程中可同时使用多种功能单体，用简单的萃取法便可除去印迹分子，比共价法适用面更广。

大多数成功的非共价键印迹系统是基于甲基丙烯酸（MAA）单体与二甲基丙烯酸乙二醇酯（EDMA）交联。甲基丙烯酸作为功能单体被广泛运用，是因为羧基是一个好的氢键和质子供体以及氢键接受体。考虑到功能基团互补原理，对于酸性官能团的模板，碱性功能单体是最好的选择。含有酸性官能团的模板可以用像乙烯基吡啶这样的碱性官能单体更好地进行印迹。另外还有亲水性印迹聚合物、溶胶-凝胶印迹手性分离固定相的报道。然而，目前还没有商品化的印迹手性分离柱出现，也许是其适用范围太窄的缘故。

参考文献

[1] Ikai T, Okamoto Y. Chem Rev, 2009, 109: 6077.

[2] Shen J, Okamoto Y. Chem Rev, 2016, 115: 1094.

[3] Xie S M, Yuan L M. J Sep Sci, 2019, 42: 6.

[4] Liang S, Huang S H, Bai Z W. Analytica Chimica Acta, 2017, 985: 183.

[5] Li G, Shen J, Okamoto Y, et al. Chirality, 2015, 27: 518.

[6] Yuan L M, Xu Z G, Ai P, et al. Analytica Chimica Acta, 2005, 554: 152.

[7] Yuan L M. Sep Purif Tech, 2008, 63: 701.

[8] Dotsevi G, Sogah Y, Cram D J. J Am Chem Soc, 1975, 97: 1259.

[9] Shinbo T, Yamaguchi T, Nishimura K, et al. J Chromatogr, 1987, 405: 145.

[10] Shinbo T, Yamaguchi T, Yanagishita H, et al. J Chromatogr, 1992, 625: 101.

[11] Hyun M H. J Chromatogr, 2016, 1467: 19.

[12] Konya Y, Taniguchi M, Fukusaki E, et al. J Chromatogr A, 2018, 1578: 35.

[13] Wu P, Wu Y P, Yuan L M, et al. Chin J Chem, 2017, 35: 1037.

[14] Behr J P, Girodeau J M, Lehn J M, et al. Hel Chim Acta, 1980, 63: 2096.

[15] Hyun M H. Chirality, 2015, 27: 576.

[16] Armstrong D W, Tang Y B, Chen S S, et al. Anal Chem, 1994, 66: 1473.

[17] Armstrong D W, Liu Y B, Ekborgott K H. Chirality, 1995, 7: 474.

[18] Cardoso P A, César I C. Chromatographia, 2018, 81: 841.

[19] 何义娟, 李克丽, 袁黎明, 等. 色谱, 2019, 37: 383.

[20] Bocian S, Skoczylas M, Buszewski B. J Sep Sci, 2016, 39: 83.

[21] Steward K K, Doherty R F. Proc Natl Acad Sci USA, 1973, 70: 2850.

[22] Allenmark S, Bomgren B. J Chromatogr A, 1982, 237: 473.

[23] Allenmark S. J Liq Chromatogr, 1986, 9: 425.

[24] Wang Q Y, Xiong Y J, Zhang W G. Chirality, 2013, 25: 487.

[25] Hermansson J. J Chromatogr, 1983, 269: 71.

[26] Bocian S, Skoczylas M, Buszewski B. J Sep Sci, 2016, 39: 83.

[27] Lammerhofer M, Lindner W. J Chromatogr A, 1996, 741: 33.

[28] Keunchkarian S, Padró J M, Castells C B, et al. J Chromatogr A, 2011, 1218: 3660.

[29] Calderón C, Lämmerhofer M. J Chromatogr A, 2017, 1487: 194.

[30] Ilisz I, Bajtai A, Lindner W, et al. J Pharma Biomed Anal, 2018, 159: 127.

[31] Pirkle W H, House D W. J Org Chem, 1979, 44: 1957.

[32] Pirkle W H, Pochapsky T C. Chem Rev, 1989, 89: 347.

[33] Rogozhin S V, Davankov V A. German pat 1932190 (1970); Russ Pat Appl,(1968).

[34] Ianni F, Pucciarini L, Sardella R, et al. J Sep Sci, 2019, 42: 21.

[35] Harada A, Furue M, Nozakura S I. J Polym Sci Polym Chem Ed, 1978, 16: 189.

[36] Han S M. Biomed Chromatogr, 1997, 11: 259.

[37] Xiao Y, Ng S C, Wang Y, et al. J Chromatogr A, 2012, 1269: 52.

[38] Yao X, Zheng H, Wang Y, et al. Anal Chem, 2016, 88: 4955.

[39] Okamoto Y, Suzuki K, Ohta K, et al. J Am Chem Soc, 1979, 101: 4763.

[40] Nakano T, Okamoto Y. Chem Rev, 2001, 101: 4013.

[41] Blaschke G. Chem Ber, 1974, 107: 237.

[42] Gasparrini F, Misiti D, Villani C. Chirality, 1992, 4: 447.

[43] Allenmark S G, Andersson S, Möller P, et al. Chirality, 1995, 7: 248.

[44] Sun P, Wang C L, Armstrong D W, et al. Anal Chem, 2009, 81: 10215.

[45] Sun P, Wang C L, Armstrong D W, et al. Analyst, 2011, 136: 787.

[46] Nuzhdin A L, Dybtsev D N, Bryliakov K P, et al. J Am Chem Soc, 2007, 129: 12958.

[47] Kuang X, Ma Y, Tang B, et al. Anal Chem, 2014, 86: 1277.

[48] Chang C L, Qi X Y, Liu H W, et al. Chem Commun, 2015, 51: 3566.

[49] Zhang M, Pu Z J, Yuan L M, et al. Chem Commun, 2013, 49: 5201.

[50] Zhang M, Zhang J H, Yuan L M, et al. J Chromatogr A, 2014, 1325: 163.

[51] Zhang J H, Nong R Y, Yuan L M, et al. Electrophoresis, 2017, 38: 2513.

[52] Zhang P, Wang L, Yuan L M, et al. J Liq Chromatogr Relat Technol, 2018, 41: 903.

[53] Han X, Yuan C, Cui Y, et al. J Am Chem Soc, 2018, 140: 892.

[54] Wulff G, Sarhan A. Angew Chem Int Ed, 1972, 11: 341.

[55] Wulff G, Sarhan A, Zabrocki K. Tetrahedron Lett, 1973, 14: 4329.

[56] Rutkowska M, Płotka-Wasylka J, Maré M. Trends Anal Chem, 2018, 102: 91.

CHAPTER 4

手性毛细管电泳

第一节 引言

一、毛细管电泳概述

1808 年俄国科学家 F. F. Reuss 发现了电泳现象，即溶液中的荷电粒子在电场作用下会因为受到排斥或吸引力而发生迁移。1936 年瑞典学者 A. W. K. Tiselius 根据电泳原理设计制造了移动界面电泳仪，成功分离了马血清白蛋白的 3 种球蛋白。由于发展了分离蛋白质的电泳技术，Tiselius 获得了 1948 年的诺贝尔化学奖。直到今天，电泳仍然是分离蛋白质必不可少的技术，在蛋白组学研究中发挥着很重要的作用。常用的电泳介质包括醋酸纤维、琼脂凝胶、淀粉凝胶、聚丙烯酰胺凝胶等。不过，我们在本章将不讨论传统的电泳技术，而是讨论 20 世纪 80 年代发展起来的毛细管电泳（CE）技术，重点介绍这一技术在手性分离分析中的应用。

1. 毛细管电泳发展概况

传统电泳主要是凝胶板电泳，因为凝胶可以抑制因热效应而导致的对流。在电泳分离过程中，分离效率随电场强度的增加而增加。然而，高电场下大量焦耳热的产生可使电解质溶液的密度发生变化，产生对流或湍流，扰乱分离区带，使分离度下降。解决这一问题的方法除使用热导率高的电泳介质外，还可以利用小内径的分离管道限制对流，增大比表面，从而利于散热。历史上有人使用过 3mm

内径的石英毛细管，以及 200～500μm 内径的聚四氟乙烯管。尽管当时的检测灵敏度较低，但相比于传统的电泳，分离效率得到了明显的提高。这为 CE 的发展奠定了基础。图 4-1 为 CE 仪器组成部件的示意图（图中没有画出计算机控制系统和数据处理系统）。

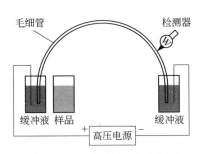

图 4-1　CE 仪器组成示意图

1981 年 Jorgenson 和 Lukacs[1,2]使用 75μm 内径的石英毛细管柱，在充满缓冲液的毛细管两端施加 30kV 的高电压分离带电物质，采用柱上紫外吸收光谱（UV）检测，获得了超过 40 万理论塔板数的分离效率，这标志着 CE 的诞生。这一技术也被称为高效毛细管电泳（HPCE）。此后，CE 经历了快速发展时期，其高效、快速、低成本等特点吸引了众多科学家的研究兴趣。目前 CE 已被广泛应用于无机离子、中性分子、药物、多肽、蛋白质、DNA 及糖等各类化合物的分析，并被认为是 20 世纪分析化学领域中最有影响的进展之一。20 世纪 90 年代后期出现的阵列 CE 技术作为基因测序的关键方法在人类基因组计划中发挥了极其重要的作用。

1988 年第一台商品化的毛细管电泳仪问世以来，市场上已经有各种档次的 CE 仪器。所用检测器有 UV 检测器、激光诱导荧光（LIF）检测器和电化学检测器等，可以满足大部分分析的要求。近年来 CE-MS 技术的发展，也为 CE 的广泛使用提供了高灵敏度的通用检测技术。到目前为止，CE 最成功的应用领域主要有四个，一是手性分离，二是基因测序，三是解离常数测定，四是分子间相互作用研究。近年来 CE-MS 在生物分析特别是蛋白质组学分析中的应用呈现出良好的发展势头。然而，CE 的局限性也很明显，主要有浓度检测限不够低，原因是毛细管内径小，柱容量小，进样量受限，对于光谱检测器而言，光程短；而 CE-MS 应用中的电喷雾接口又难以接受不挥发性盐，这也在很大程度上限制了这一技术的广泛应用。另一个问题是 CE 的分析重现性不及其它柱色谱技术，原因是在分析过程中毛细管两端施加高电压，其内壁容易从运行缓冲液或样品中吸附一些物质，导致电渗流的重复性降低；而电极表面发生氧化还原反应后，能够引起缓冲液 pH 的微小变化，从而改变电渗流。这就降低了迁移时间和峰面积的重现性。但是，在实验室中只要控制好操作参数（温度、电压等），适时清洗和更换毛细管并更新缓冲液，分析重现性是完全能满足常规分析要求的，只是在一定程度上增加了操作的复杂性。

另外要注意，当采用文献报道的 CE 方法时，即使采用严格一致的条件，也可能因为不同厂家仪器的差异，甚至同一厂家的不同仪器的差异而导致不能完全重复文献的结果。这时要对分离参数进行必要的微调，以实现理想的分离。还有，石英毛细管的来源不同，甚至同一来源不同的批号，都可能因为原料或工艺的不同而导致电渗流大小的差异。因此，采购毛细管时一次要多购一些，有利于实现重复性分离，特别是有大量样品要做常规分析时。

2．毛细管电泳分离模式

1981 年 Jorgenson 和 Lukacs 报道的 CE 一般被称为毛细管区带电泳（CZE），后来又出现了多种分离模式，包括 Hjerten[3]于 1983 年提出的在毛细管中填充聚丙烯酰胺凝胶的毛细管凝胶电泳（CGE）；Terabe[4]在 1984 年报道的采用含有表面活性剂十二烷基硫酸钠（SDS）的背景电解质（BGE，可以是缓冲液，也可以不是）分离中性化合物的胶束电动毛细管色谱（MEKC）；1985 年，Hjerten[5]发展了毛细管等电聚焦（CIEF）、Knox[6]等则利用超细的液相色谱（LC）填料填充毛细管，发展了毛细管电色谱（CEC）；1991 年，Watarai[7]将微乳用于 CE 发展了微乳电动色谱（MEEKC）。表 4-1 列出了常用的 CE 模式及其基本原理。此外，非水毛细管电泳（NACE）是一种比较特殊的 CZE 分离模式；亲和毛细管电泳（ACE）则类似于亲和色谱，也可看作是 CEC 的特殊形式。总的来说，用于手性分离的 CE 模式主要有 CZE、EKC 和 CEC，也有人将 CE 的手性分离模式称作手性毛细管电泳（CCE）。有关 CE 的原理和仪器以及各种应用，请参阅本丛书的《毛细管电泳技术及应用》分册。

表 4-1　CE 的几种分离模式及其主要分离机理

分离模式	主要分离机制	主要应用
毛细管区带电泳（CZE）	不同分析对象在自由溶液中的淌度差异	可解离的或离子化合物、手性化合物及蛋白质、多肽等
毛细管凝胶电泳（CGE）	不同分析对象分子尺寸与电荷/质量比差异	蛋白质和核酸等生物大分子
电动色谱（EKC），包括胶束电动毛细管色谱（MEKC）和微乳电动色谱（MEEKC）	不同分析对象在胶束与水相间分配系数的差异，离子和可电离化合物还有电泳淌度的差异	中性或强疏水性化合物、核酸、多环芳烃、结构相似的肽段、手性化合物等
毛细管等电聚焦（CIEF）	不同分析对象的等电点差异	蛋白质、多肽
毛细管等速电泳（CITP）	不同分析对象在电场强度梯度下的分布差异	同 CZE，电泳分离的预浓缩
毛细管电色谱（CEC）	不同分析对象在固定相和流动相之间的分配系数差异及淌度差异	同 LC，包括手性化合物分离
亲和毛细管电泳（ACE）	不同分析对象与抗体分子之间非键合相互作用（即亲和作用）的差异	分子之间非键合作用（即超分子化学）的研究，以及样品富集和纯化，手性化合物等

3．毛细管电泳的特点

作为与色谱方法并列的分析技术，CE 与传统的电泳技术相比，具有以下特点：

（1）应用范围广。CE 分离模式多，且容易实现各模式之间的转换，既能分析有机和无机小分子，又能分析多肽和蛋白质等生物大分子；既能用于带电离子的分离，又能用于中性分子的测定；非常适用于复杂混合物的分离分析和药物对映异构体的纯度测定。

（2）分离效率高。CE 的管内液流由电渗流驱动，样品谱带的纵向扩散几乎可以忽略；采用 $25\sim100\mu m$ 内径的熔融石英毛细管柱，有利于焦耳热的扩散；采用 $100\sim500V/m$ 的电场强度，很容易达到每米几百万理论塔板数的柱效。柱上检测可大大消除柱外效应。

（3）最小检测限低。虽然采用 $25\sim100\mu m$ 内径的毛细管，光学检测器的光程有限，用一般光吸收检测器时，以浓度表示的灵敏度尚不及高效液相色谱（HPLC）高，但以样品绝对量表示的最小检测限却很低。迄今，分离分析领域的最低检测限是 CE 采用激光诱导荧光检测器获得的，这也为单分子的检测提供了可能。

（4）分析成本低。原因一是毛细管本身成本低，且易于清洗；二是溶剂和试剂消耗量少，废液处理成本低；三是样品用量少，仅为纳升（$10^{-9}L$）级，这对那些珍贵的样品尤其有利；四是采用高压直流电源，仪器不需要高压泵或高压气源。

（5）仪器简单。只需要一个高压电源、一个检测器和一根毛细管就可组成一台简单的 CE 仪器，由于操作参数少，方法开发也较为简单。

（6）环境友好。因为分离介质多为水相，且产生的废液量很少，故对环境的影响很小。这符合绿色化学的要求。

二、手性毛细管电泳与手性色谱之比较

从本书前面章节我们知道，GC 主要依靠手性固定相实现对映异构体的分离，LC 多采用手性固定相，也可以在流动相中添加手性选择剂，或者二者结合来实现手性分离。CE 用于手性分离始于 1985 年，当时美国斯坦福大学的 R. N. Rare 教授研究组发表了基于配体交换的 CE 实现手性分离的论文[8]。从那以后，手性 CE 很快成为研究热点，包括 CZE、EKC、CEC、CGE、CIEF、CITP 和 ACE 等 CE 模式均可用于手性分离，但主要是 CZE、EKC 和 CEC 模式。所以，本章主要讨论这三种模式的手性分离问题。

手性 CZE 方法是将手性选择剂添加到运行缓冲液中实现分离的，是应用最多的手性 CE 分离模式；EKC 则可采用添加手性选择剂的缓冲液，也可用具有手性选择性的胶束和微乳液，或者二者结合使用；CEC 则与 LC 类似。所有手性 CE 分离，对样品的挥发性均没有要求（与 LC 类似），适合于各类样品。与色谱方法相比，CZE 分离效率更高，样品用量更少，分析时间更短，分析成本更低（不需要昂贵的手性色谱柱）。较之于色谱方法，CE 的浓度检测灵敏度低一些，但高的分离效率在一定程度上可以弥补检测灵敏度低的不足。另外，目前 CE 对操作人

员的技术水平和经验有较高的要求。

就手性分离机理而言，CE 与色谱没有很明显的差别，即被分离的手性异构体与手性选择剂形成结合常数不同的包合物或络合物（有人称之为超分子）。由于不同异构体形成的超分子有不同的结合常数，导致了电泳淌度的不同，从而实现了分离。当然，在 EKC 和 CEC 中，超分子的分配常数不同，也是手性分离要考虑的重要因素。正是由于 EKC 和 CEC 的分离机理是基于电泳和色谱机理的结合，因此，分离效率一般要比色谱高，这也是 CE 被广泛用于手性分离的主要原因之一。不过就分离理论而言，手性 CE 基本采用色谱的手性分离理论。本章不涉及理论的深入讨论，有兴趣的读者可参见本书第一章有关内容，以及有关专著[9-12]和综述[13-17]。

限于篇幅，本章的内容仅限于以分析为目的的手性分离，不会涉及制备型手性分离。事实上，由于 CE 进样量很小，手性分离也主要用于分析目的。此外，由于直接手性分离是手性 CE 的主流方法，本章也不涉及间接手性分离方法。

三、CE 用手性选择剂

GC 和 LC 固定相所用的手性基团以及 LC 流动相所用的手性添加剂都可用作 CE 的手性选择剂，LC 的手性固定相也都可以用在 CEC 中。只是在 CZE 中要考虑手性选择剂在缓冲液中的溶解性，在 EKC 中还可以用手性胶束和手性微乳作为假固定相。有人曾对 CE 所用手性选择剂做了全面的综述[18,19]。下面简单介绍几种 CE 常用手性选择剂。

1. 环糊精

环糊精（CD）类化合物是迄今为止使用最为广泛的手性选择剂[20,21]，包括 α-CD、β-CD 和 γ-CD，以及它们的衍生物。其中 β-CD 应用最多，原因主要是 β-CD 的空腔尺寸与大部分手性药物的分子尺寸相匹配。CD 呈杯状结构，端口为亲水性，内腔为疏水性，其分离机理是基于 CD（主体）分子与被分析物的不同异构体（客体）分子形成可逆的、稳定常数不同因而淌度不同的包合物。此外，被分析物与 CD 上的羟基或其他极性基团之间的氢键相互作用、偶极相互作用也对分离有贡献。对于荷电的 CD，其与带电被分析物之间的电子或离子相互作用也会起程度不同的作用，有时还是关键的作用。市售 CD 一般不是单一化合物，往往是一系列羟基取代度不同的 CD 或取代位置不同的异构体的混合物。

CE 一般采用水相缓冲液，但天然 CD 的水溶性较差，在水性缓冲液中溶解度低，这会影响手性拆分性能。为了改善 CD 的水溶性和手性选择性，人们利用 CD 杯口上羟基的反应活性发展了各种衍生化 CD，比如羟甲基-β-CD、羟丙基-β-CD、羧甲基-β-CD、葡萄糖基-β-环糊精、磺酰化-β-环糊精，等等[22]。表 4-2 列出了目前市售的一些 CD 类手性选择剂。

表 4-2　市售 CD 类手性选择剂

类型	名称	取代基位置
天然 CD	α-CD	H
	β-CD	H
	γ-CD	H
中性 CD	甲基-α-CD	CH₃，随机取代
	甲基-β-CD	CH₃，随机取代
	七(2,6-二-*O*-甲基)-β-CD	CH₃，在 2-和 6-位取代
	七(2,3,6-三-*O*-甲基)-β-CD	CH₃，在 2-、3-和 6-位取代
	羟丙基-α-CD	CH₂CH₂CH₂OH，随机取代
	羟丙基-β-CD	CH₂CH₂CH₂OH，随机取代
	羟丙基-γ-CD	CH₂CH₂CH₂OH，随机取代
荷负电 CD	羧甲基-β-CD	CH₂COONa，随机取代
	硫酸基-α-CD	SO₃Na，随机取代
	硫酸基-β-CD	SO₃Na，随机取代
	硫酸基-γ-CD	SO₃Na，随机取代
	磺丁基-β-CD	CH₂CH₂CH₂CH₂SO₃Na，随机取代
	七(6-*O*-磺基)-β-CD	SO₃Na，在 6-位取代
	七(2,3-二-*O*-乙酰基-6-*O*-磺基)-β-CD	CH₃CO 在 2-、3-位取代，SO₃Na 在 6-位取代
	七(2,3-二-*O*-甲基-6-*O*-磺基)-β-CD	CH₃ 在 2-、3-位取代，SO₃Na 在 6-位取代
荷正电 CD	(2-羟基-3-*N,N,N*-三甲基氨基)丙基-β-氯化 CD	CH₂CH(OH)CH₂N(CH₃)₃Cl，随机取代
	6-单脱氧-6-单氨基-β-CD	NH₂，取代一个 6-位羟基

在 CZE 手性分离中，如果被分离对象在实验条件下是可以电离的，则多用中性 CD 为选择剂，反之则使用可电离的 CD 为选择剂。在 MEKC 手性分离中，常用 CD 改性的表面活性剂形成手性胶束。在 CEC 手性分离中则采用 CD 键合的固定相，或者添加了 CD 等手性选择性试剂的流动相。此外，聚合 CD 也是一种常用的手性选择剂，一般都是低聚体，如二聚和多聚 CD[23]。在手性 CE 分离体系中，除了常用的单一手性选择剂体系外，有时还用双选择剂或混合选择剂体系[24]，即用两种或多种选择性有差异的手性选择剂组成混合体系，可以扩大手性分离方法的适用范围。

2. 大环抗生素

手性 CE 采用的大环抗生素基本有两类，一类是由安沙霉素组成，适合于阳离子手性化合物的分离；另一类由糖肽组成，对阴离子手性化合物有高的立体选择性[25,26]。其中安沙霉素类主要包括雷发霉素 B 和 SV，糖肽大环抗生素则有万古霉素、替考拉宁、新霉素、红霉素、利福霉素、利托菌素等。

大环抗生素具有多个手性中心以及可以形成氢键的基团和芳香环，具有疏水"篮子"状结构，其手性识别主要基于糖肽手性选择剂和分析对象之间的相互作用，包括离子键、氢键、空间位阻、偶极-偶极和 π-π 相互作用。在 CEC 手性分离中则采用抗生素键合的固定相。

3. 冠醚

冠醚是大环聚醚类物质，其分子结构特点是中间为空穴的平面结构，因此其手性分离机理与 CD 相似，即能与大小相当的客体分子形成包合物。比如，18-冠-6-四羧酸（18C6H4）分子中含有 6 个通过乙烯桥结合的氧原子，通过 4 个垂直于平面的羧基来实现手性识别功能，其环型空腔通过氢键等作用，能够与铵离子及伯胺离子形成包合物，从而实现对映异构体的分离。此外，冠醚环上的取代基对包合物的形成也有贡献。手性冠醚广泛应用于 LC 和 CE 分离伯胺类异构体，也可分离仲胺，甚至酰胺[27,28]。在 CEC 手性分离中则采用冠醚键合的固定相，或者添加了冠醚类化合物的流动相。

4. 蛋白质

蛋白质是由氨基酸、糖构成的一类复杂生物大分子，所含手性亚单位氨基酸和糖都具有手性选择性，因而许多蛋白质分子对手性小分子具有很强的识别能力。蛋白质手性选择剂主要通过疏水作用、静电作用和氢键作用进行手性拆分，在 LC 中作为手性固定相已有很多报道，在 CE 中也有广泛的应用。其中牛血清白蛋白（BSA）和人血清白蛋白（HSA）是应用最为广泛的蛋白质手性选择剂[15,29,30]。此外，还有糖蛋白、卵类黏蛋白、卵类糖蛋白、亲和素、核黄素结合蛋白、纤维二糖水解酶、溶菌酶、胃蛋白酶、青霉素 G-酰基转移酶、免疫球蛋白 G、卵转铁蛋白、人血清转铁蛋白、细胞色素 C、链霉亲和素、酪蛋白，等等[15]。

采用蛋白质作为手性选择剂的 CE 分离模式可以是 CZE，即将蛋白质添加在运行缓冲液中，手性异构体依据同蛋白质的相互作用差异而实现分离，这被称为ACE。另一种主要分离模式是亲和毛细管电色谱（ACEC），即将蛋白质固定到硅胶固定相上或吸附到毛细管内表面，其分离机理类似于 LC 中的亲和色谱。

5. 其他手性选择剂

除了上述常用的手性选择剂以外，文献还报道了一些新的手性选择剂，下面简单介绍几种。在后面几节中我们将给出一些具体应用实例。

（1）多糖及其衍生物，包括直链淀粉和纤维素衍生物。这是重要的一类 LC手性固定相（参见本书前面章节），在 CEC 手性分离中也有一些应用[15]。

（2）核酸适配体。是一段脱氧核糖核酸（DNA）或核糖核酸（RNA）序列，也可以是核酸类似物（XNA）或多肽片段。通常是利用体外筛选技术——指数富集的配体系统进化技术（SELEX），从核酸分子文库中得到的寡核苷酸片段。类似于抗体，核酸适配体具有复杂的三维结构，包含链、环、凸起、发卡等，能够与很多化合物发生亲和相互作用，形成不同结合常数的配合物（络合物），在生物分析领域是一类发展很快的新型探针分子。由于核酸适配体具有手性选择性，故可用于手性分离[31,32]。在 CE[33]、MEKC[34] 和 CEC[35] 中也有成功的应用。感兴趣的作者可以参考有关综述[36]。

（3）手性配体交换。配体交换分析方法是基于配体和中心离子（多为金属离子，如 Cu^{2+}、Ni^{2+}）形成络合物，配体交换手性分离则是基于手性化合物在中心离子周围的可逆螯合配位作用，形成被分析物-中心离子-选择剂复合体。不同的手性化合物所形成的这种非对映体复合物具有不同的热力学性能和稳定性以及立体形状，因而可以实现分离。鉴于此，能够用手性配体交换方法分离的手性化合物至少要具有两个给电子基团，比如氨基酸、羟基羧酸、氨基醇和二醇等[37,38]。有人采用 NACE 方法，用 D-酒石酸酯-硼酸络合物作为手性选择剂分离了 β-阻断剂药物[39]，以及用 MEEKC 方法分离了 β-激动剂药物[40]。

（4）手性离子液体（CIL）。CIL 是一类在室温或接近室温条件呈离子状态的物质，近年来在分离科学中得到了很多应用[41,42]。CIL 中的阴离子或阳离子均可以具有手性，由于其在水中有很好的溶解度，故可作为手性 LC 的流动相添加剂，或者作为 CE 中 BGE 的添加剂[43]。分离机理主要基于离子和离子对相互作用。比如基于 L-赖氨酸[44] 和 L-羟脯氨酸[45] 的 CIL 可以用在配体交换的 CE 模式中分离手性氨基酸；而 CIL 与 CD[46,47] 或环果糖[48] 相结合可以增强 CE 的手性分离能力。

（5）金属有机骨架（MOFs）。MOFs 是一类新型无机-有机杂化材料，由金属离子与配体通过配位键结合而成，具有天然的三维孔道结构、较大的比表面积和孔隙率、良好的热稳定性、尺寸可调、结构多样等特点，因而被广泛应用于多个领域，诸如气体存储、传感、药物递送等。在分离科学领域也有很多应用[49]。

MOFs 在样品前处理中的应用是当前分析化学的一个研究热点[50]，比如，具有磁性的手性 MOFs 复合材料 Fe$_3$O$_4$@SiO$_2$-MOFs 对甲基苯基亚砜具有较高的手性选择性吸附能力，其对映体过量（ee）值高达 82.5%[51]。手性 MOFs 可作为手性 GC 和 LC 的固定相，也可作为 MEKC 假固定相[52] 和 CEC 的固定相[53] 来实现一些手性化合物的分离，但在其他 CE 模式手性分离中的应用还很少见。

（6）分子印迹聚合物（MIP）。MIP 是人工合成的高分子材料，一般采用模板分子、功能单体、交联剂以及致孔剂一起进行聚合。目前 MIP 已经应用于多个领域，特别是作为吸附剂用于生物样品处理和富集[54]。采用纯对映异构体作为模板分子，就能合成具有手性选择性的 MIP，可以用作手性 LC 和 CEC 的固定相[55-57]。将 MIP 涂敷在毛细管内表面，则可以使手性化合物的峰形变窄，提高分离效率[58]。

（7）手性表面活性剂和手性胶束。MEKC 的分离原理主要基于中性被分析物与表面活性剂形成的胶束假固定相之间相互作用差异；对于可电离的化合物，还有被分析物及其与手性选择剂形成的络合物的电泳淌度差异[59,60]。在手性 MEKC 中，则需要手性表面活性剂，以形成具有手性选择性的胶束。在 BGE 中加入 CD 类手性选择剂或者采用 CD 改性的表面活性剂是常见的手性 MEKC 分离方法[61]。后来出现了聚合物手性胶束，如十二烷酰-L-氨基酸钠[62,63]。研究较为深入的是二肽型分子胶束，如聚（十一烷基-L-亮氨酰-L-缬氨酸钠）（polySULV）和聚（十一烷基-L-亮氨酰-L-亮氨酸钠）（poly-SUVL）[64-69]。图 4-2 显示了基于氨基酸的聚合物手性表面活性剂的结构[70]。

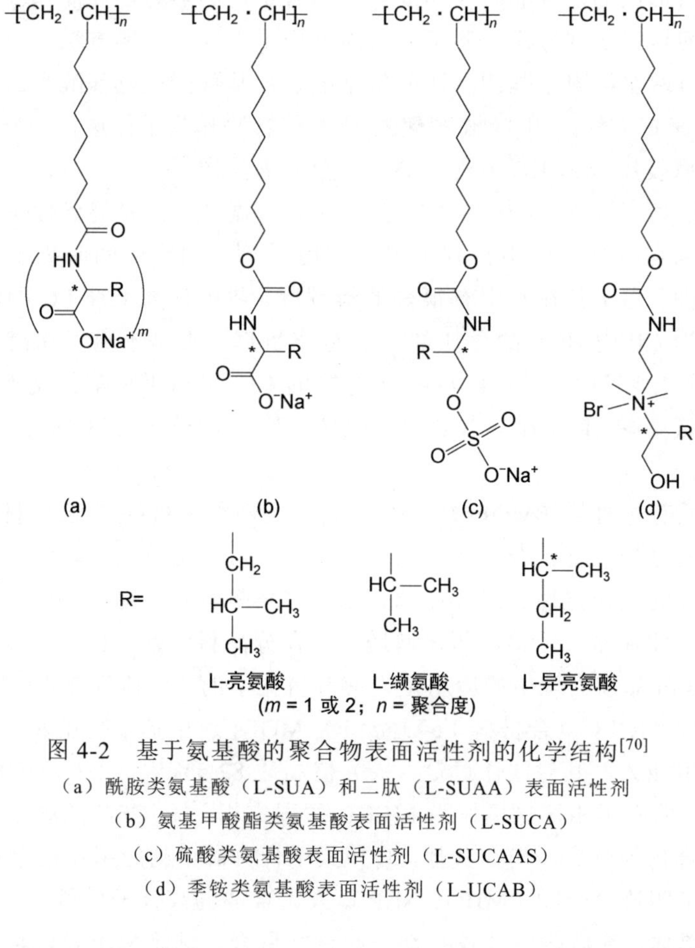

图 4-2　基于氨基酸的聚合物表面活性剂的化学结构[70]
（a）酰胺类氨基酸（L-SUA）和二肽（L-SUAA）表面活性剂
（b）氨基甲酸酯类氨基酸表面活性剂（L-SUCA）
（c）硫酸类氨基酸表面活性剂（L-SUCAAS）
（d）季铵类氨基酸表面活性剂（L-UCAB）

　　与传统的形成胶束的表面活性剂相比，聚合物表面活性剂的主要优点是：第一，临界胶束浓度（*cmc*）为零，这意味着降低聚合物表面活性剂的浓度也不会影响其手性选择性；第二，聚合形成的分子胶束在有机溶剂中比单体形成的胶束更为稳定；第三，由于分子量大，故与 MS 的兼容性更好，在 MEKC-MS 分析中不会干扰或抑制被分析物的电离[71]。有关手性 CE-MS 的更多信息读者可以参阅有关综述[72]。

（8）其他新的手性选择剂。前已述及，手性 CEC 常用的固定相类似于手性 LC，此处不再赘述。近年来又出现了几种新的手性固定相和手性选择剂，比如，杯芳烃已经用于 LC 手性分离[73]，在 CE 运行缓冲液中加入杯芳烃和葫芦脲添加剂可以很好地分离翻译后的甲基化组蛋白多肽[75]，这对研究蛋白质甲基化很有意义。葫芦脲作为 BGE 添加剂可以有效分离位置异构体[76]。这些 BGE 添加剂也可能具有手性选择性。此外，鸟苷也可以作为 CE 的手性选择剂用于分离对映异构体[77]。

上面我们系统介绍了 CE 中常用的手性选择剂，下面几节将从大量文献中选取一些典型的分离实例来说明手性 CE 的具体应用。

第二节　毛细管区带电泳手性分离

一、基于 CD 的 CZE 手性分离

1. CZE 手性分离的几种模式

CD 及其衍生物是 CE 手性分离最常用的手性选择剂，其优点是紫外透明，用 UV 检测器时背景信号低；结构易于衍生化，可以用于水相和非水 BGE 中；不同的衍生化 CD 与分离条件相结合可实现多种多样的手性化合物的分离；商品化成本较低。

基于前面讨论的 CD 手性分离机理，手性异构体在 CZE 分离过程中可能有几种情况，如图 4-3 所示。使用中性 CD 时，酸性分离介质中质子化的碱性化合物向负极迁移，而中性 CD 随电渗流（EOF）移动。此时，被分析物的移动方向与电渗流相同，因此，与 CD 形成包合物的稳定常数越高（相互作用的时间更长），其有效淌度越低，迁移速度就越慢，如图 4-3（a）所示。对于酸性化合物，在高 pH 的 BGE 中会电离而带负电，故向正极迁移，但由于 EOF 的淌度更大，被分析物最终还是流向负极，如图 4-3（b）所示。此时，与 CD 形成包合物的稳定常数越高，净迁移速度（EOF 速度减去离子本身的迁移速度）就越快，故先出峰。而在低 pH 的运行缓冲液中，EOF 速度降低了，酸性被分析物的电离程度降低，本身的迁移速度也变慢。如果被分析物的电泳淌度绝对值大于 EOF 淌度时，化合物将向正极迁移。当运行电压的极性反转时，就可在正极检测，此时出峰顺序正好与高 pH 时相反，见图 4-3（c）。

　　分离碱性化合物时可采用荷负电的 CD，在此情况下，如果运行缓冲液的 pH 较低，被分析物将向负极迁移，而荷负电的 CD 将向正极迁移，如图 4-3（d）所示。此时，与 CD 形成包合物的稳定常数越高，化合物向阴极的净迁移速度越慢。当荷负电 CD 的浓度足够高，或者化合物与 CD 形成的包合物足够稳定，就可能在阴极检测不到手性化合物。这时就可以反转运行电压的正负极，在正极端进行检测，如图 4-3（e）所示。此时，与 CD 形成包合物的稳定常数越高，化合物向阴极的净迁移速度就越快。手性化合物出峰顺序正好与图 4-3（d）相反。基于这些原理，人们可以通过选择不同的 CD 及其浓度，以及分析电压的极性来控制手性化合物的出峰顺序，以达到准确定性和精确定量的分析目的。

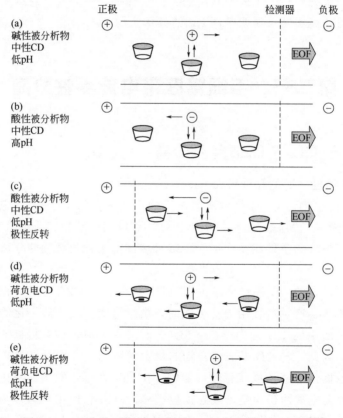

图 4-3　CD 作为手性选择剂的 CZE 分离模式示意图[12]

2．CZE 手性分离方法开发的几个问题

　　以上所述是手性 CZE 分离的基本情况，在具体应用中还要根据实际情况优化分离方法。与色谱分离类似，CE 的方法优化原则也是在满足分离度要求的前提下，分析速度越快越好，分析成本越低越好。在手性 CZE 分析中，首先要考虑被

分析物的物化性质，比如分子量大小、是否可以电离、在水溶液或有机溶剂中的溶解度等，据此可以初步选择 CD 类型。然后就是优化分离条件，包括手性选择剂的种类和浓度，BGE 的种类、pH 和浓度，分析电压，毛细管的温度等。有时还要优化有机添加剂或者表面活性剂的种类和浓度、毛细管的内径和长度、溶解样品的溶剂、进样方式、进样量等操作参数。具体优化程序可以参考本丛书《毛细管电泳技术与应用》分册。这里只给出基于 CD 的手性 CZE 方法开发的几点注意事项，它们在很大程度上也适合于其它手性 CE 分离模式。

（1）CZE 方法主要用于水溶性化合物的分离，对于在水溶液中溶解度较差的化合物可以通过 BGE 中添加有机溶剂（如甲醇、乙腈等）的方法改善溶解度。对于不溶于水的脂溶性化合物则应该考虑采用 NACE、EKC 或 CEC 分离模式。

（2）CD 种类和浓度的选择是 CZE 手性分离的关键，但目前尚无明确的理论指导，主要是通过实验来确定。实际工作中可以先查阅文献，采用类似手性化合物的文献分离条件为优化起点。需要注意的是，衍生化的 CD 往往是不同取代位置和不同取代度的异构体的混合物。事实上，CE 手性分离也不一定需要单一异构体的 CD，有时多种异构体的混合物可能更好，因为不同的异构体可能带来不同的相互作用，导致更好的分离效果，或者更宽的适用范围。但由此带来的问题是，不同厂家甚至同一厂家不同批号的相同标称 CD 可能具有不同的结构组成，从而导致实验重现性难以保证。此外，对于中性被分析物，可以采用荷电 CD 实现更好的手性分离，带负电的 CD 用的更多。也可使用中性和荷电 CD 组成的二元选择剂体系[77]，通过优化两种选择剂的比例和浓度达到理想的手性分离效果。

（3）选定 CD 的类型和起始浓度后，缓冲液的 pH 就是一个重要的参数。因为 pH 不仅影响电渗流的大小，还会影响被分析物的电离情况，从而影响手性分离程度和分析速度。这里要注意的是分析所选 pH 应该在缓冲液的缓冲容量范围内，否则，每次运行后 pH 会有一定程度的变化（电极表面发生水的电解），从而影响实验的重复性。

（4）通常情况下，CD 的浓度越高，分离度越高，但中性 CD 在水中的溶解度较低（18mg/mL）。如果需要高浓度的 CD，则可以在缓冲液中加入一定浓度（1～2mol/L）的尿素，或者添加 1%～10% 与水互溶的有机溶剂，如甲醇或乙腈。

（5）毛细管温度是影响分离效果的另一个重要参数。一般来讲，手性 CE 中毛细管的温度低一些有利于提高对映异构体的分离度，主要原因是包合物的稳定性会随温度的升高而降低。

关于手性异构体的峰归属，亦即定性问题，一般采用光学纯的标准品，通过对比迁移时间或出峰顺序即可。当样品中有杂质，出现多个峰的时候，最好采用 DAD 或者 MS 检测器，通过对比电泳峰的在线 UV 图或质谱图来定性。还有一种基于圆二色谱的旋光检测器，通过信号的正（正峰）或负（倒峰）就可确认异构体是左旋还是右旋[78]。但这种检测器的灵敏度不是太高，故主要用于手性 LC，很少用于 CE 手性分离。

3. CZE 手性分离举例

（1）佐米曲坦的手性分离

佐米曲坦是第二代曲坦类药物（pK_a=9.6），已被证明口服治疗急性先兆或无先兆偏头疼有效，(S)-异构体有药物活性，(R)-异构体有毒，结构如图 4-4（a）所示。因此，分离佐米曲坦手性异构体在药学和生理学方面都是非常重要的。

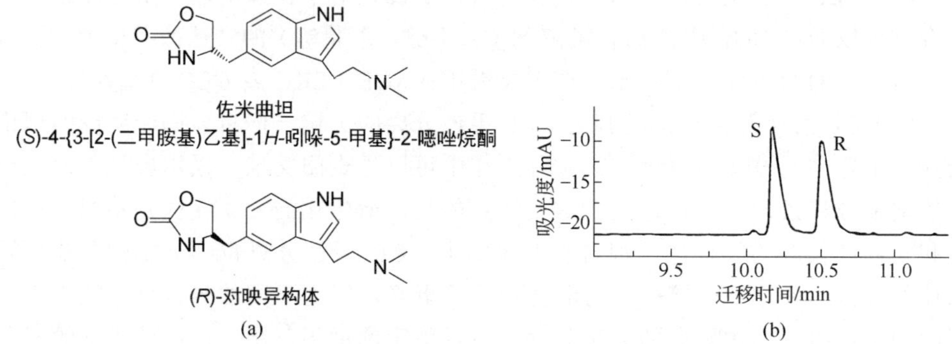

佐米曲坦
(S)-4-{3-[2-(二甲胺基)乙基]-1H-吲哚-5-甲基}-2-噁唑烷酮

(R)-对映异构体

(a)   (b)

图 4-4 （a）佐米曲坦手性异构体的化学结构；
（b）优化条件下佐米曲坦手性异构体的 CZE 分离结果[80]

文献报道过采用磺基化 β-CD[79]作为手性选择剂的 CZE 方法来分离测定佐米曲坦手性异构体及其和手性选择剂的结合常数。采用 HP-β-CD 也可以实现佐米曲坦异构体的完全分离[80]，并可采用三种线性拟合方法，利用 van't Hoff 方程确定热力学常数和温度之间的关系，还可以测定摩尔 Gibbs 自由能、焓和熵，以确认手性识别机理。

采用 HP-β-CD 手性选择剂，运行缓冲液为磷酸二氢钠（SDHP），用磷酸调节 pH。两种储备液的配制：分别在 10mL 容量瓶中，用 5mmol/L SDHP 溶液（pH 2）溶解 6.9mg 佐米曲坦和 6.4mg(R)-异构体。各取 1mL 两种储备液在 10mL 容量瓶中混合得到 69μg/mL 佐米曲坦和 64μg/mL(R)-异构体的混合溶液，将此溶液用水稀释得到用于定量的测试溶液：佐米曲坦浓度为 0.62~69μg/mL，(R)-异构体浓度为 0.58~64μg/mL。所有溶液在 4℃避光保存（至少三个月内稳定）。BGE 和标准溶液用之前均用 0.45μm 膜过滤，超声脱气 10min。

经过对 SDHP 溶液的 pH 和浓度、有机改性剂、分析电压和温度等分离条件的优化，得到最佳 CZE 实验条件为：25mmol/L SDHP 溶液，30mmol/L HP-β-CD，不添加有机改性剂，pH 2.4，熔融石英毛细管长度 48.5cm（有效长度 40.0cm），内径 50μm，毛细管温度 15℃，分离电压 25kV。UV 检测 220nm，气压进样 5kPa×5s。新毛细管冲洗流程如下：1.0mol/L NaOH 溶液 15min，水 20min 和运行电解质溶液 10min。为保证重现性，两次进样间冲洗依次如下：1.0mol/L NaOH 溶液 0.5min，水 5min 和 BGE 溶液各 5min。甲酰胺作为 EOF 的中性标记物（用于测定被分析物的有效淌度）。图 4-4（b）为典型的电泳图。峰归属通过光学纯标准品对照迁移时间来确定。

基于该方法采用内标法对佐米曲坦异构体进行定量分析，浓度和峰面积的线性回归方程以及 R^2 均大于 0.99。检测限为 0.3μg/mL。通过测定一系列物化参数，可以得出结论：佐米曲坦和 HP-β-CD 络合过程中涉及依赖于温度的熵控因素，佐米曲坦手性异构体手性识别机理为空间势垒作用机理[80]。

（2）出峰顺序的反转

在手性药物纯度评价时，国际上大多数药典都要求测定杂质异构体的含量，此时，出峰顺序是影响定量精度的一个重要因素。一般要求杂质异构体的含量要低于 1%，故其峰较小，先于主体异构体出峰有利于准确定量。反之，杂质如果后出峰，就有可能分离不好。主体异构体如果有一定的拖尾，则杂质异构体的峰很可能出在主峰的拖尾之上，峰面积积分就可能不准确。在这种情况下，可以考虑控制分离条件，使主体峰和杂质异构体峰的出峰顺序反转。

比如，6,6′-二溴-1,1′-联萘-2,2′-二醇（DBBD）外消旋物的分离，采用磷酸氢二钠/磷酸钠缓冲液，离子强度为 0.08mol/L；三甲基-β-CD（TM-β-CD）为手性选择剂；熔融石英毛细管长度 40.2cm（有效长度 30.0cm），内径 50μm，毛细管温度 20℃，分离电压 10kV。UV 检测 214nm，气压进样 5kPa×3s。当改变缓冲液 pH 和 TM-β-CD 的浓度时，就可能导致两个异构体出峰顺序的反转。如图 4-5[81]所示，当 pH 为 11.5，TM-β-CD 的浓度为 1mmol/L 时，S-DBBD 先出峰。此时 DBBD 带负电（pK_{a1}=9.56；pK_{a2}=11.07），因为分离电压是正值（电渗流由正极向负极），故 DBBD 在中性电渗流标志物之后出峰。然而，随着 TM-β-CD 浓度的增大，两个异构体的出峰顺序发生了变化。如图 4-5（a）所示，当 TM-β-CD 浓度为 30mmol/L 时，R-DBBD 就先于 S-异构体出峰了。而当 TM-β-CD 浓度为 20mmol/L 时，两个异构体共流而不能分离。在 pH 为 10.8 的时候也能观察到这种情况图[4-5（b）]，但用其他 CD 作手性选择剂时，没有发现这种出峰顺序反转的现象。

这是为什么呢？主要是因为手性选择剂与 DBBD 形成的包合物的表观淌度会随着 TM-β-CD 浓度的增加而变化，在一定的时候，两个 DBBD 异构体的电泳淌度差异就会变小，以致不能实现分离。而当浓度很高的时候，出峰顺序就会反转。经研究发现，中性和衍生化的多种 β-CD 手性选择剂均可实现 DBBD 的手性分离，但中性的α-CD 和γ-CD 则不能实现这种分离。HP-β-CD 与两个 DBBD 异构体的亲和力最强，HP-γ-CD 与两个 DBBD 异构体的亲和力最弱。当使用二甲-β-CD（DM-β-CD）为手性选择剂时，也发现有类似的出峰顺序反转现象，而使用单甲基-β-CD（M-β-CD）时，出峰顺序总是 S-异构体在前，R-异构体在后。

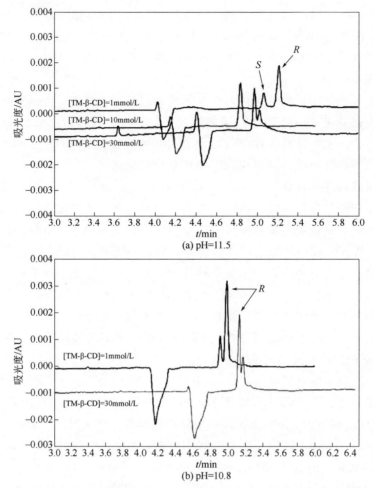

图 4-5 DBBD 外消旋体的手性分离情况随 TM-β-CD 浓度的变化而变化[81]

实验条件：磷酸氢二钠/磷酸钠缓冲液，离子强度为 0.08mol/L；三甲基-β-CD（TM-β-CD）为手性选择剂，浓度见图上标注；熔融石英毛细管长度 40.2cm（有效长度 30.0cm），内径 50μm，毛细管温度 20℃，分离电压 10kV；UV 检测，214nm；气压进样，5kPa×3s；样品为 DBBD 外消旋体加入了一定量的 *R*-异构体

二、基于双 CD 体系的 CZE 手性分离

1. 双 CD 体系的组合

在大部分 CZE 手性分离中，都是用一种 CD 手性添加剂。然而，有时一种 CD 难以实现对映异构体的完全分离，尤其是对于中性对映体，这时就要考虑双 CD 体系。双 CD 体系可以结合两种 CD 不同的包合机理和手性识别模式，往往能实现更好的分离效果和更高的检测灵敏度[82-84]。当然，如果两种 CD 的分离机理刚好相互抵消，反而会减低异构体的分离度。双 CD 体系主要有三种组合：①中

性 CD 与带电 CD 衍生物组合；②两种带电的 CD 衍生物的组合；③两种中性 CD 的组合。有人通过建立数学模型来描述双 CD 体系的分离机理[83]，但实用性有限，而且计算方法比较复杂。

从实用的角度来看，开发一个双 CD 体系，关键是要通过选择合适的 CD 来优化手性选择剂和对映异构体的相互作用模式，然后是优化不同 CD 的浓度，以达到满意的分离结果。理想的情况是，一种 CD 与对映异构体形成的包合物淌度大，而另一种 CD 却形成淌度小的包合物。一般来讲，带电（正离子或负离子，或者通过改变 pH 可以使之离子化）的 CD 衍生物与中性 CD 的组合更容易改善分离效果。

2．应用举例

图 4-6 是一个双 CD 体系的 CZE 分离弱酸性药物戊巴比妥钠（pentobarbital）对映异构体的电泳图[85]。所用 BGE 为浓度 100mmol/L 的磷酸缓冲液，含有 5mmol/L 带负电的磺丁基(SB)-β-CD 和 30mmol/L 中性的 TM-β-CD（中性），用三乙醇胺调节 pH。分离条件是：裸石英毛细管，内径 50μm，总长度 50.2cm，有效长度 40cm。工作日开始时先分别用 1mol/L NaOH，0.1mol/L NaOH，纯水和 BGE 溶液冲洗毛细管各 10min；进样前再用含有 CD 的 BGE 溶液冲洗毛细管 3min。压力进样 5kPa×5s；分离电压−25kV，毛细管温度 25℃，UV 检测 210nm。工作日结束时用纯水冲洗毛细管 10min。

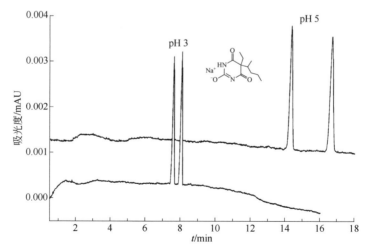

图 4-6 双 CD 体系 CZE 分离戊巴比妥钠对映异构体的结果[85]

BGE：浓度为 100mmol/L 的磷酸缓冲液，含有 5mmol/L SB-β-CD(带负电)和 30mmol/L TM-β-CD（中性），用三乙醇胺调节 pH。其它分析条件见正文

此例所用的 SB-β-CD 是磺丁基平均取代度为 4 的离子型 CD，在 CE 分离条件下是带负电的。对映异构体带负电时，与 SB-β-CD 之间存在静电排斥作用，所

形成的包合物稳定性会降低。而 TM-β-CD 是中性的，SB-β-CD 的存在有利于荷负电的异构体与 TM-β-CD 形成包合物。因此，在该分离体系中中性的 CD 提供了手性选择性，而荷负电的 CD 则只是起了载体的作用，最终结果是提高了戊巴比妥钠异构体的分离度。在施加负的分离电压时，CD 与戊巴比妥钠所形成的荷负电包合物的有效淌度大，迁移速率快。随着 pH 的增大，荷负电的戊巴比妥钠解离程度加大，因而与 SB-β-CD 所形成包合物的稳定性降低，这有助于戊巴比妥钠与 TM-β-CD 形成包合物，而中性的 TM-β-CD 的淌度则不受 pH 的影响。所以，随着 pH 的增加，对映异构体的迁移速率会降低。

3．几个注意的问题

（1）CD 衍生物的取代度不同会显著影响分离结果，上述例子中 SB-β-CD 的磺丁基平均取代度为 4。市场上的 SB-β-CD 以及其他衍生化 CD 有不同的取代度，而且往往是不同取代度 CD 的混合物，因此，购置衍生化 CD 时一定要注意其取代度或平均取代度，以保证实验的重复性。

（2）所用 BGE 既要对 CD 和被分析物有足够的溶解度，又能提供使被分析物浓缩的作用。上例中磷酸缓冲液就是这样的 BGE。对于弱酸性药物对映异构体如戊巴比妥钠，必须优化中性 CD 的浓度，选择范围一般在 10～15mmol/L。相反，荷负电的离子型 CD 如 SB-β-CD 的浓度对于弱酸性对映异构体的分离影响很有限，一般添加 5mmol/L 即可。

（3）在双 CD 体系中，中性 CD 多采用甲基化衍生物，如 DM-β-CD 或 TM-β-CD。不同取代度的甲基衍生化 CD 对分离结果有很大影响，因此，有时采用不同取代度的甲基化 CD 可以得到更好的分离效果。

（4）在实际分离分析过程中，BGE 溶液要及时更新，以防止由于分离过程中 pH 的变化而引起的实验重复性下降。

三、基于荷电 CD 的 NACE 手性分离

CE 一般是在水相 BGE 中进行的，但有一些脂溶性被分析物受到在水中溶解度的限制，就难以用传统的 CE 进行分析，为此人们发展了在有机溶剂中进行的 CE，即 NACE[86]。NACE 采用介电常数低的有机溶剂，如甲醇、乙醇、甲基甲酰胺等，以适应 CE 高电场强度的要求。就手性分离而言，NACE 适合于分离亲脂性对映异构体，包括酸性和碱性手性化合物[87]。手性选择剂可以是中性的 CD，也可以是其荷电衍生物。在有机溶剂中，被分析物与手性选择剂分子之间的相互作用（如静电相互作用）往往会得到加强[88]，更有利于提高分离度。这里仅举一个采用荷电 CD 进行 NACE 手性分离的例子。

如图 4-7 所示，利用酸化甲醇作 BGE，手性选择剂为 heptakis（2,3-di-*O*-acetyl-

6-*O*-sulfo)-cyclodextrin（HDAS-β-CD）成功分离了碱性药物阿普洛尔（alprenolol）、布拉洛尔（bupranolol）和特布他林（terbutaline）的对映异构体，具体分离条件是：裸石英毛细管，内径 50μm，总长度 50.2cm，有效长度 40cm。工作日开始时先分别用甲醇和不含 CD 的 BGE 溶液冲洗毛细管各 15min；进样前用甲醇和含有 CD 的 BGE 溶液冲洗毛细管各 2min。压力进样 5kPa×3s；分离电压 25kV，毛细管温度 15℃，UV 检测 230nm。工作日结束时用 1mol/L 甲酸的甲醇溶液、不含 CD 的 BGE 和纯甲醇冲洗毛细管各 30min。

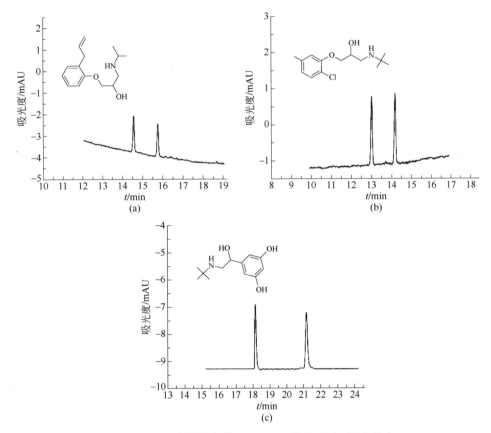

图 4-7　NACE 采用单取代 SB-β-CD 分离（a）阿普洛尔、
（b）布拉洛尔和（c）特布他林对映异构体的结果[89]

BGE：含有 40 mmol/L heptakis(2,3-di-*O*-acetyl-6-*O*-sulfo)-cyclodextrin（HDAS-β-CD），10mmol/L
乙酸铵的甲醇溶液，用 0.75mol/L 甲酸酸化。三个样品均为浓度 50μg/mL 的甲醇溶液

　　如果样品是酸性药物，则可以改用单氨基取代的 6-monodeoxy-6-mono-(3-hydroxy)-propylamino-β-CD（PA-β-CD）进行分离。图 4-8 所示为 NACE 分离噻洛芬酸（tiaprofenic acid）、舒洛芬（suprofen）和氟比洛芬（flurbiprofen）对映异构体的结果[90]。具体分离条件是：工作日开始时先分别用 1mol/L 甲酸的甲醇

溶液和不含 CD 的 BGE 溶液各冲洗毛细管 15min；进样前用 1mol/L 甲酸的甲醇溶液冲洗 4min，纯甲醇和含有 CD 的 BGE 溶液各冲洗毛细管 2min。分离电压 −25kV。工作日结束时用 1mol/L 甲酸的甲醇溶液和纯甲醇各冲洗毛细管 30min。其余条件与分离碱性药物时相同。

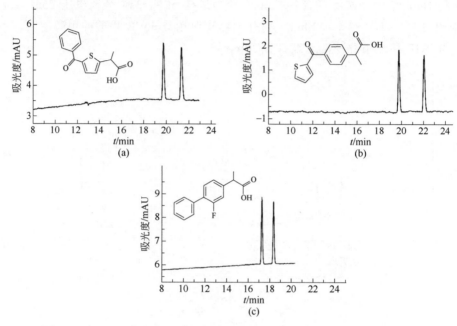

图 4-8　NACE 采用单异构体氨基取代的 β-CD 分离（a）噻洛芬酸、
（b）舒洛芬和（c）氟比洛芬对映异构体的结果[90]

BGE：含有 10mmol/L 6-单脱氧-6-单(3-羟基)丙氨基-β-环糊精（PA-β-CD），40mmol/L 乙酸铵的甲醇溶液。三个样品均为浓度 50μg/mL 的甲醇溶液

采用 NACE 分离手性药物时需要注意：

（1）为防止有机溶剂挥发，需要设置较低的毛细管温度，但是也要防止温度低时导致 CD 的沉淀。实验时需要根据具体情况设置合适的毛细管温度。

（2）为了使阴离子型 CD 与阳离子型化合物有充分的静电相互作用，采用酸性 BGE 是必要的，即使是这种相互作用没有手性选择性，它仍然对手性识别有贡献。

（3）荷电 CD 在有机溶剂中的溶解较慢，故需要温和地涡旋处理，但不要采用超声处理，因为超声会明显升高 BGE 温度。完成超声后 BGE 要静置一会儿，此时可能发生荷电 CD 的沉淀。

（4）在实际分离分析过程中，要及时更新含 CD 的 BGE 溶液，以防止由于分离过程中 pH 的变化而引起的实验重复性下降。

（5）采用阳离子型 CD 时可能因为其在毛细管表面的吸附而导致迁移时间的

重复性下降。若发生这种情况，可以采用 1mol/L 三氟乙酸的甲醇溶液替代 1mol/L 甲酸的甲醇溶液冲洗毛细管。

四、基于大环抗生素的 CZE 手性分离

我们在前面部分所介绍的大环抗生素在手性 LC 和手性 CE 中都有成功的应用[91,92]，其中万古霉素（vancomycin）最具代表性[93-95]。以万古霉素为手性选择剂，CE 可以分离多种对映异构体，比如各种氨基酸、9-芴甲基氯甲酸酯衍生化的二肽和三肽、非类固醇抗炎药物、抗肿瘤药物、氯谷胺、酸性除草剂以及二苯基碳酸氢盐类似物等。然而，万古霉素作手性选择剂也有其局限性，比如：它容易被吸附到毛细管表面，导致分离效率下降[96]；万古霉素本身有较强的 UV 吸收，这在使用 UV 检测器时会产生强的背景信号，影响检测灵敏度[93]。

解决吸附问题的方法有：①增加缓冲溶液的离子强度（提高盐浓度）来抑制万古霉素在管壁的吸附[93]；②使用缓冲液添加剂如 SDS 来掩盖毛细管表面的活性位点[96]；③对毛细管表面进行改性，主要是采用聚合物永久涂层来减少或消除万古霉素在管壁的吸附，比如聚丙烯酰胺涂层[97]。还可以用动态涂层的方法来抑制万古霉素吸附。比如阳离子型聚合物溴化六甲基四胺（HDB）[95,98]，该涂层使得毛细管内表面带正电，导致电渗流方向变为从阴极到阳极。这对于阴离子型被分析物是有利的，因为其电泳方向与电渗流的方向是一致的，因而有加速分离的作用。也有用电中性的聚二甲基丙烯酰胺（PDMA）作为动态涂层的报道[99]。这种动态涂层的重复性很好，而且由于涂层掩盖了毛细管表面的负电荷，减低了电渗流，使得被分析物与手性选择剂的作用时间更长更充分，分离效果更好。当然，分析时间也相应地延长了。

对于检测灵敏度的问题，因为万古霉素的 UV 吸收截止波长在 250nm 左右，故如果被分析物允许，可以选择 250nm 以上的检测波长[93]。另外还可以用部分充填技术[100]，即只有一段毛细管中充有含万古霉素的缓冲液，其余部分只充填不含万古霉素的缓冲液。被分析物在这一段分离后通过无万古霉素段，然后进入检测器，此时就不再影响检测灵敏度了（在 CE-MS 中也采用这样的技术降低背景信号，提高检测灵敏度）。图 4-9 是部分充填技术的示意图。图 4-10 所示为采用动态涂层和部分充填技术相结合来抑制万古霉素吸附同时提高检测灵敏度的手性分离结果[95]。

实验流程如下：

（1）安装新的毛细管后，用 0.1mol/L NaOH 冲洗 5min，然后用纯水和 BGE 1（50mmol/L Tris-磷酸缓冲液，pH 6.2，其中含 10mg/L HDB）分别冲洗 5min（仪器压力 95kPa）。

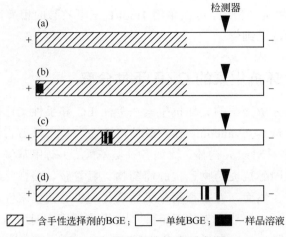

图 4-9　部分充填技术示意图

操作步骤：（a）正极是含有手性选择剂的 BGE 溶液，负极是单纯 BGE，施加电压后充填部分
毛细管（也可以通过加气压实现）；（b）正极换成样品溶液，施加电压进样（也可
用流体力学方法进行）；（c）正极换成含有手性选择剂的 BGE 溶液，施加电压后分
离；（d）分离后的被分析物进入检测器

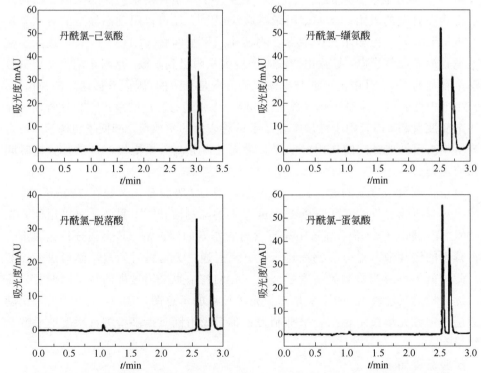

图 4-10　采用部分充填技术分离丹酰氯衍生化氨基酸对映异构体的电泳图[95]

实验条件：石英毛细管总长度 35.5cm（有效长度 27cm），内径 50μm，外径 370μm；运行缓冲
液为 50mmol/L Tris-磷酸缓冲液（pH 6.2），含有 10mg/L HDB；在 4kPa×85s 的条件
下将 2mmol/L 的万古霉素充填进毛细管；丹酰氯-脱落酸的分离电压为 −15kV，其
余的分离电压为 −18kV；毛细管温度，20℃；UV 检测，214nm；气压进样，1kPa×4s

（2）4kPa×85s 的条件下将 2mmol/L 万古霉素溶液（溶剂为 BGE 1）充入毛细管。

（3）采用 BGE 1，负极进样，条件为 1kPa×4s，样品为丹酰氯衍生化氨基酸溶于硼酸缓冲液（pH 9.0），浓度 3mmol/L。

（4）施加电压−18kV（在毛细管的正极检测）开始分离，所得电泳图见图 4-10。

（5）两次运行之间分别用 0.1mol/L NaOH、0.1mol/L HCl、乙腈、水和电解质溶液冲洗毛细管各 2min。

重复上述（2）～（5）的步骤，分离其他样品。氨基酸的丹酰氯衍生化处理方法见下文的手性配体交换部分。

关于这个实验，有几点需要注意：

（1）HDB 以自组装方式吸附在毛细管内壁，从而使内壁带正电，电渗流方向反转。HDB 对电渗流的影响非常强，以至于 0.0005% 浓度的 HDB 就可以反转电渗流。所以，使用 0.001% 的 HDB 溶液就足够了。

（2）部分充填条件选择 4kPa×85s 是因为这个条件下充填了 2mmol/L 万古霉素的毛细管长度已经足以分离所有氨基酸的对映异构体。而当分离后的异构体进入检测器时，万古霉素仍然在毛细管中，对检测没有影响。事实上，分离度随着万古霉素的浓度的增加而增加，也随着充填含万古霉素溶液的毛细管长度加长而增加。本实验充填含万古霉素溶液的毛细管长度为 11cm。如果再加长，将会有万古霉素与被分析物同时进入检测器，导致检测灵敏度的降低。

（3）缓冲液的 pH 为 6.2 和电压为−18kV 是经过实验优化的结果。事实上，在−12kV 到−22kV 范围内，异构体的分离度是随电压升高而升高的。选−18kV 既保证了分离度，又防止高电压产生的焦耳热影响分离结果。

（4）多次分离后，HDB 动态涂层可能会流失，这时只要在电解质溶液中加入HDB 即可恢复动态涂层。

（5）实验采用了毛细管短端进样，即在负极（传统情况下的毛细管出口）进样。HDB 动态涂层使电渗流的方向反转为负极到正极，这样起分离作用的毛细管就是从负极到检测窗口的 10.2cm 长。只要能实现异构体的基线分离，这种短端进样方式可以明显缩短分析时间。

五、基于手性配体交换的 CE 手性分离

手性配体交换电泳（CLE-CE）是以金属络合物为手性选择剂的一种特殊手性CE 模式[101]。由于金属络合物多种多样，通过不同的金属离子和不同的手性配体，或者改变二者的配比及络合物的浓度就可以形成达到优化分离的效果，因此CLE-CE 是一种更为灵活而简便的手性 CE 方法。从原理上讲，CLE-CE 是基于分

离过程中对映异构体与金属络合物动态地形成非对映过渡金属络合物而实现手性分离的[102]。迄今为止，人们研究过多种二价金属离子，如 Cu^{2+}、Mn^{2+}、Co^{2+}、Cd^{2+}和 Ni^{2+}，其中尤以 Cu^{2+}为多。Cu^{2+}的缺点是 UV 吸收强，检测灵敏度受限，而且在毛细管表面的吸附还影响分析重复性。使用其他金属离子在一定程度上可以克服上述问题，但手性选择性有所减小[103]。就手性配体而言，主要是手性氨基酸[8,104]，又如 L-酒石酸[105]、D-奎尼酸[106]和 L/D-β-氨基醇[107]。陈义和齐莉等经过对各种金属离子和手性配体的系统研究，发展了一系列新的 CLE-CE 方法[108-111]。他们证明采用均相和非均相配体与不同的金属离子形成络合物，均可实现有效的手性分离，关键是正确选择实验条件。下面举例说明 CLE-CE 手性分离的实际应用（见图 4-11）。

图 4-11 所示为 CLE-CE 分离丹酰氯衍生化氨基酸对映异构体的结果[110]。实验流程如下：

（1）标准样品溶液配制：将氨基酸标准品溶解在 40mmol/L 的碳酸锂水溶液（pH 9.5）中，得到浓度为 1mg/mL 的储备溶液，4℃ 保存。测试时将储备溶液稀

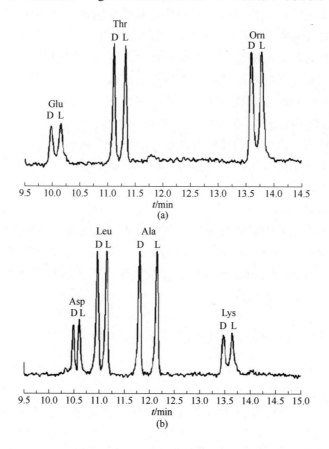

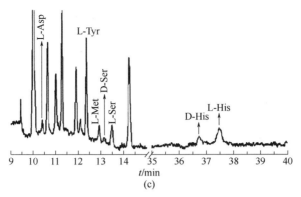

图 4-11 CLE-CE 分离丹酰氯衍生化氨基酸对映异构体的结果[110]：（a）和
（b）为氨基酸标准品；（c）为白醋样品稀释 100 倍后经过丹酰氯衍生化

图中缩写：Glu—谷氨酸；Thr—苏氨酸；Orn—鸟氨酸；Asp—天冬氨酸；Leu—亮氨酸；Ala—
　　　　丙氨酸；Lys—赖氨酸；Ser—丝氨酸；Met—蛋氨酸；His—组氨酸

实验条件：石英毛细管，长度 57cm（有效长度 50cm），内径 75μm；运行缓冲液为 100mmol/L
　　　　硼酸，含 5mmol/L 乙酸铵和 3mmol/L Zn^{2+} 和 6mmol/L L-精氨酸（Arg）（pH 8.0）；
　　　　气压进样，3.45kPa×3s；分离电压，−20kV；毛细管温度，20℃；UV 检测，214nm

释 10 到 10000 倍，即浓度范围 0.1～100ng/mL。白醋样品制备：取 15mL 市售白
醋，离心（6740g）10min，用 0.45μm 滤膜过滤，然后稀释 10 倍，并用 1.0mol/L
NaOH 调节 pH 到 8.0。

（2）氨基酸的丹酰氯衍生化：使用前先配制浓度为 1.5mg/mL 的丹酰氯标记
试剂溶液（丙酮溶剂）。然后将 100μL 的氨基酸或白醋样品与 200μL 的丹酰氯标
记试剂溶液混合，反应 35min。加入 5μL 2%的乙胺水溶液终止反应。

（3）在仪器上安装好毛细管后，分别用 0.1mol/L HNO_3、纯水、0.1mol/L NaOH、
纯水和运行缓冲液顺序冲洗毛细管各 2min。然后按照图 4-11 的条件进样分析。

CLE-CE 手性分离还需要注意：

（1）有的氨基酸如半胱氨酸（Cys）在碱性条件下不稳定，样品溶液需要现
配现用。丹酰氯和衍生物遇水遇光可能会分解，故也要现配现用，且注意避光。

（2）上例中所用缓冲液适合于氨基酸对映异构体的分离，且以 Zn^{2+} 为金属离
子。在弱碱性条件下分离结果很好，如果 pH 大于 9.5，分离度更高，但分析时间
会延长。因此，在实验中要综合考虑分离度和分析时间来选择 pH。

（3）除了上述举例所用的 Zn^{2+} 之外，还有其他金属离子可用。就氨基酸对
映异构体的分离来说，金属离子的选择顺序为：Cu^{2+}>Ni^{2+}>Zn^{2+}>Co^{2+}≫Mn^{2+}～
Al^{3+}。Mn^{2+} 和 Al^{3+} 在酸性条件下不能分离氨基酸对映异构体，而在碱性条件下又
会沉淀，因此，这两种离子一般不能用于 CLE-CE。

（4）关于配体，一般要选择与被分析物结构类似的手性配体，还要注意配体
与金属离子可以形成稳定的络合物。

（5）选定金属离子和配体之后，还有优化金属离子和配体的比率、形成络合物的浓度，以及缓冲液的浓度。通常情况下，络合物和缓冲液的浓度越高，峰形越好，但太高的浓度又导致过高的焦耳热，从而降低分离度。大多数情况下，适当低的浓度有利于降低背景信号，提高检测灵敏度。

（6）CLE-CE 手性分离采用 UV 检测时基线漂移较为明显，这取决于分析电压、检测波长和毛细管温度等条件。降低电压可以改善基线稳定性并提高分离度，但会延长分析时间，故需要做折中选择。

六、基于蛋白质的 CE 手性分离

在第三章我们讨论过手性 LC 中基于蛋白质的固定相。因为此类固定相有多个结合位点，可以与对映异构体发生多重相互作用，因而有广泛的应用。同理，在 CE 中以蛋白质为手性选择剂也可以分离各种对映异构体[29,30,112,113]。本章第一节给出了常用的蛋白质手性选择剂，这里不再赘述。基于蛋白质的手性 CE 分离主要有两种模式，一是 ACE，二是 ACEC。后者将在毛细管电色谱分离手性化合物部分介绍，这里只讨论 ACE。

ACE 是将蛋白质手性选择剂溶解在 BGE 溶液中，依据对映异构体与蛋白质的相互作用的不同而实现手性分离。ACE 的优点是无需将蛋白质固定在固体填料上，而在溶液中可保持天然蛋白质的结构，这与固定在填料上或吸附在毛细管壁的蛋白质有所不同，与对映异构体的作用近似于生物体内的情景，故除了手性分离外，还可以研究手性药物分子与蛋白质的相互作用，这在药物筛选中很有意义。当然，手性 ACE 所用的蛋白质一定要能够溶解在 BGE 溶液中。ACE 的局限性首先是蛋白质的用量要大一些，可能提高分析成本；其次是有的蛋白质会吸附在毛细管表面，从而影响分离性能。此外，采用 UV 检测时，如果蛋白质在检测波长附近有强的吸收，将影响检测灵敏度。

在 ACE 中，根据蛋白质的性质不同，可以用涂层毛细管，也可以用无涂层的裸毛细管。有些蛋白质如血浆蛋白（血清蛋白、球蛋白和纤维蛋白原等）在毛细管表面吸附不明显，故可以用裸毛细管。此时必须注意两次进样分析之间毛细管的清洗。一般采用 NaOH 或 SDS 溶液进行清洗就可以彻底清除吸附在毛细管表面的蛋白质，保证实验重复性。为了防止蛋白质的吸附，可以采用聚丙烯酰胺涂层的毛细管。还可以在 BGE 中加入添加剂来抑制蛋白质和毛细管表面的相互作用。比如右旋糖苷、磷酸乙醇胺或环己氨基乙磺酸等作为添加剂就可以显著减少蛋白质的吸附[112]。另一些蛋白质如酸性糖蛋白则很容易吸附在毛细管内表面，影响迁移时间和峰面积的重复性，甚至造成毛细管堵塞[30,112]。因而要避免使用此类蛋白，不得不用时必须配合使用有涂层的毛细管。

　　蛋白质手性选择剂的 UV 吸收对检测的干扰问题也可以通过前文所述的部分充填技术（图 4-9）来解决。因为蛋白质分子大，一般比带同符号电荷的被分析物迁移速度慢一些，如果再用涂层毛细管抑制或消除电渗流，采用部分充填技术就很容易了。在 CE-MS 中也常采用这样的技术降低背景信号，提高检测灵敏度。下面举例说明基于蛋白质的 ACE 手性分离方法的应用。

　　图 4-12 所示为采用青霉素 G 酰化酶（Penicillin G-acylase，PGA）为手性选择剂的 ACE 分离几种手性药物的电泳图[114]。实验流程如下：

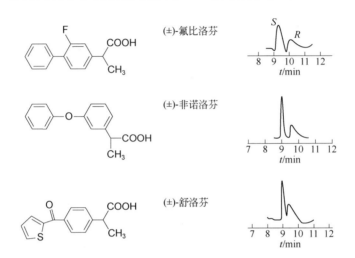

图 4-12　采用青霉素 G 酰化酶（Penicillin G-acylase，PGA）
为手性选择剂的 ACE 分离几种手性药物的电泳图[114]

实验条件：石英毛细管具有 1% 普鲁兰多糖涂层，总长度 48.5cm，有效长度 40cm，内径 50μm；手性选择剂溶液为 100mmol/L 磷酸缓冲液（pH 5.5），含有 240mmol/L 的 PGA；在 5kPa×120s 条件下进行部分充填；分离电压，-20kV；毛细管温度，30℃；气压进样，5kPa×3s；样品浓度，0.1mg/mL。

　　（1）样品制备：将手性化合物非诺洛芬钙（fenoprofen calcium）、氟比洛芬（flurbiprofen）和舒洛芬（suprofen）分别溶于 10mmol/L 的磷酸缓冲液中，浓度为 0.1mg/mL。分析前用 0.45μm 的滤膜过滤。

　　（2）配制 PGA 溶液：浓度 240mmol/L，溶剂为 100mmol/L 磷酸钠缓冲液，使用前用 0.45μm 的滤膜过滤。

　　（3）分别用 1.0mol/L 和 0.1mol/L NaOH、水、0.1mol/L HCl、水、丙酮顺序冲洗毛细管各 5min。（实验用 1% 普鲁兰多糖涂层的毛细管有市售，也可参照文献[114]实验室自制。）

　　（4）用体积分数 5% 的 3-缩水甘油醚氧丙基三甲氧基硅烷的氯仿溶液充满毛细管，过夜。然后用丙酮冲洗毛细管 10min，再通氮气流 10min 使毛细管干燥。

　　（5）用 100mmol/L 的磷酸水溶液冲洗毛细管 3min，再用水和不含手性选择剂的磷酸缓冲液（100mmol/L 磷酸钠，pH 5.5）顺序冲洗毛细管各 3min。

（6）在 5kPa×120s 条件下用第二步配制的 240mmol/L PGA 溶液部分充填毛细管。

（7）在图 4-12 给出的条件下进样分析。

第三节　毛细管电动色谱手性分离

正如第一节所介绍，EKC 包括 MEKC 和 MEEKC，CEC 则属于另一种模式（见下节）。所谓 EKC 是指分离介质主要是假固定相（或准固定相）的 CE 分离模式：MEKC 是以浓度高于临界胶束浓度的表面活性剂所形成的胶束为假固定相，而 MEEKC 则是以水包油形成的微乳液滴为假固定相。EKC 既可以分离带电或可离子化的物质，也可以分离中性物质。对于中性物质，色谱分离机理起主导作用；对于带电或可离子化的物质，则是色谱和电泳机理的结合。这也是为什么称为 EKC，而不是"胶束电泳"或"微乳电泳"的原因。当用于手性分离时，需要有手性识别环境，此时的分离机理则是色谱手性分离和 CE 手性分离的结合。因而就手性分离来说，EKC 应该比 CZE 的样品适用范围更广；但在实际应用中，EKC 手性分离尚没有 CZE 手性分离的应用广泛，原因可能是 CZE 本身就能解决很多手性分离问题。即使中性的对映异构体，采用荷电的 CD 衍生物仍然可以获得满意的分离效果。另一方面 EKC 需要选择和优化假固定相，影响分离的因素更多，这给方法开发带来一定的复杂性。尽管如此，EKC 手性分离还是有其独到之处，有时能够解决一些 CZE 不能解决的手性分离问题。

与手性 LC 类似，EKC 的手性分离模式：一是采用具有手性选择性的假固定相（手性表面活性剂）[115]；二是用非手性表面活性剂或微乳与 CD 结合，即所谓 CD 改性的 MEKC 或 CD 改性的 MEEKC[116]。下面简要介绍之。

一、环糊精改性的 MEKC 手性分离

在 CD 改性的 MEKC 手性分离中，对映异构体的迁移行为由其在水相、胶束相和 CD 相中的分配平衡来确定。中性被分析物可以进入 CD 的疏水性腔内形成包合物，或者溶解在 BGE 中，或者分配在胶束中。此时，对映异构体本身以及与中性 CD 形成的包合物是以电渗流的速度迁移的，而分配在胶束中的异构体则是基于胶束的电泳淌度而迁移。如果采用荷电的 CD 衍生物，则进入 CD 空腔的异构体是以荷电 CD 的电泳淌度而迁移。CD 改性的 MEKC 就是根据对映异构体与胶束、CD 以及水相的相互作用不同而实现手性分离的，故可用于分离带电或可

离子化的对映异构体。

　　中性 CD 作为手性选择剂最常用于 CD 改性的 MEKC，包括 α-CD、β-CD、γ-CD，以及衍生化的 2,6-DM-β-CD、TM-β-CD、HP-β-CD 和羟丙基-γ-CD（HP-γ-CD）等。荷电的 CD 如磺酸基-CD 有时也有应用。采用最多的阴离子表面活性剂是 SDS，然后是阳离子表面活性剂或手性表面活性剂，如牛黄胆酸钠。在开发新的手性 MEKC 方法时，除了优化常见 CE 分离参数（BGE 种类、浓度和 pH，以及分离电压和毛细管温度等）外，还必须优化表面活性剂和 CD 的种类和浓度。特别是 CD 的种类多，目前还没有系统的理论来指导其选择。当然，如果有文献报道过类似化合物的分离，就可以作为重要参考依据，否则，就要采用试错的方法来选择。文献报道过的 CD 改性的 MEKC 手性分离对象有衍生化氨基酸、黄酮类化合物、除草剂、手性药物、杀真菌剂等[117,118]。下面举例说明 CD 改性的 MEKC 用于杀真菌剂和手性药物的手性分离。

　　图 4-13 所示为 CD 改性的 MEKC 同时分离三种三唑类杀真菌剂对映异构体的色谱图[119]。实验流程如下：

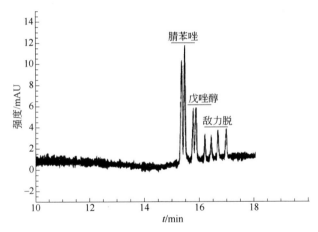

图 4-13　CD 改性的 MEKC 分离三种三唑类杀真菌剂对映异构体的色谱图[119]

实验条件：石英毛细管长度 64.5cm，有效长度 56cm，内径 50μm；BGE 为 25mmol/L 的磷酸缓冲液，pH3.0，含有 30mmol/L HP-γ-CD 和 50mmol/L SDS，并加入体积分数 10% 的甲醇和体积分数 5%的乙腈；分离电压，−25kV；UV 检测，200nm；毛细管温度，20℃；气压进样，5kPa×1s；样品为腈苯唑（Fenbuconazole）、戊唑醇（tebuconazole）和敌力脱（propiconazole），溶于 BGE，浓度 50μg/mL

　　（1）按照图 4-13 的实验条件配制好 BGE。注意 BGE 的 pH 对分离影响很大，故要用稀磷酸或稀盐酸溶液仔细调节；BGE 中加入有机溶剂甲醇和乙腈可以提高样品的溶解度，同时也延长了分析时间。为了防止形成泡沫，溶解 SDS 时不要振荡容器，过滤含有 SDS 的 BGE 时不要抽真空。

　　（2）安装好新的毛细管后，用 1.0mol/L NaOH 冲洗 10min，然后分别用 0.1mol/L

NaOH 和纯水顺序冲洗各 5min，最后用 BGE 冲洗 10min。

（3）按照图 4-13 设置 CE 条件，进样分析。如果分离结果不理想，还应该进一步优化条件，特别是 BGE 的组成、浓度和 pH。

（4）两次进样分析之间，分别用 0.1mol/L NaOH、纯水和 BGE 顺序冲洗毛细管各 2min。

图 4-14 是用 CD 改性的 MEKC 分离雷替曲塞（Raltitrexed，RD）对映异构体的结果[120]。实验比较了 α-CD、β-CD、羧甲基-β-CD、HP-β-CD 和磺酸基-β-CD，结果表明，采用羧甲基-β-CD 的分离效果最好。经过对 BGE 的浓度、pH、羧甲基-β-CD 的浓度、分离电压和毛细管温度等条件的优化，得到的优化条件见图 4-14 所注。可见，在优化的条件下，两种异构体得到了基线分离。这一药物是治疗转移性结直肠癌和乳腺癌的，其中(S)-RD 是药物有效成分，(R)-RD 则是杂质异构体。按照药典要求，杂质异构体的含量必须低于 1%。采用 CD 改性的 MEKC 完全可以对 1%的杂质进行定量分析。

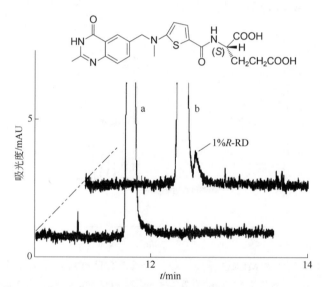

图 4-14　CD 改性的 MEKC 分离雷替曲塞对映异构体的结果：
（a）实际样品(S)-RD；（b）含有 1%(R)-RD 的(S)-RD 标准品

实验条件：石英毛细管长度 48.5cm，有效长度 40.0cm；BGE 为 75mmol/L Tris-磷酸缓冲液，pH 8.0，含有 30mmol/L SDS 和 8mmol/L 羧甲基-β-CD；分离电压，20kV；毛细管温度，25°C；UV 检测，228nm

二、基于聚合物表面活性剂的 MEKC 手性分离

上面介绍了 CD 改性的 MEKC 手性分离方法，其中 CD 是作为添加剂加入到 BGE 中的。这种方法虽然可以用于很多手性化合物的分离，但也有其局限性。比

如，有些昂贵的衍生化 CD 会增加分析成本；有的 CD 具有较强的 UV 吸收，当它们进入检测器时，就会造成强的背景信号，影响检测灵敏度。在 CE-MS 分析中，CD 还会污染离子源。其他手性选择剂如小分子冠醚、万古霉素、SDS 等非聚合物表面活性剂均有这样的问题。为此，人们发展了一些聚合物表面活性剂，以期降低分析成本，改善检测效果。

我们在本章第一节就讨论了聚合物表面活性剂[70,71]，又称分子胶束。目前报道的聚合物表面活性剂主要是基于氨基酸和二肽的聚合物假固定相[71]，其手性选择性来自分子胶束表面的氨基酸或二肽基团。采用荷电性质不同氨基酸或二肽，可以形成阴离子型和阳离子型聚合物表面活性剂。阴离子型聚合物表面活性剂又有羧化氨基酸表面活性剂、羧化二肽表面活性剂和磺化氨基酸表面活性剂（结构见图4-2）。这类表面活性剂的典型代表是聚十一烷氧基羰基-L-吡咯烷醇溴化物（polyundecanoxy carbonyl-L-pyrrolidinol bromide，poly-L-UCPB）和聚十一烷氧基羰基-L-亮氨醇溴化物（polyundecanoxy carbonyl-L-leucinol bromide，poly-L-UCLB）[121-123]，在室温下这两种是黏稠的液体，故又称为离子液体型表面活性剂。

国际上有两个研究组对基于氨基酸的聚合物表面活性剂进行了深入研究：一是 Warner 研究组采用 MEKC 研究了酰基氨基酸聚合物与对映异构体之间的相互作用[124]；二是 Shamsi 研究组发展了多种基于烷氧基氨基酸的聚合物表面活性剂，并用于 MEKC-MS 手性分离[125-127]。图 4-15 是采用手性聚合物表面活性剂的MEKC-MS 分离七种β-阻断剂对映异构体结果[125]。实验流程如下：

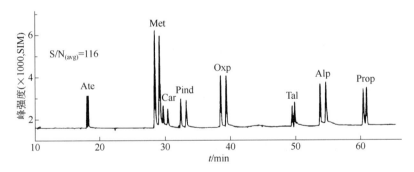

图 4-15　MEKC-MS 采用手性聚合物表面活性剂分离七种β-阻断剂
对映异构体的选择离子色谱图[125]

实验条件：毛细管长度 120cm；BGE 为含 20mmol/L 乙酸铵和 20mmol/L 三乙胺的缓冲液，pH 8.8，含有 25mmol/L 聚十一烷氧基羰基-L-亮氨酸钠盐（polysodium *N*-undecanoxy carbonyl-L-leucinate，poly-L-SUCL），分离电压 30kV；鞘液体为甲醇：水＝80：20（体积比），含有 40mmol/L 乙酸铵，流速 5μL/min；雾化气压力，20.7kPa；MS 碎裂电压，85V

色谱峰：Ate—atenolol（阿替洛尔）；Met—metoprolol（美托洛尔）；Car—carteolol（卡替洛尔）；Pind—pindolol（吲哚洛尔）；Oxp—oxprenolol（心得平，氧烯洛尔）；Tal—talinolol（他林洛尔）；Alp—alprenolol（心得舒，阿普洛尔）；Prop—propranolol（心得安，普萘洛尔）

（1）配制手性被分析物的乙腈或甲醇储备溶液，浓度为 1～2mg/mL，在−20℃保存。每天实验前，用纯水稀释储备液，得到浓度为 0.5～1.0mg/mL 样品工作溶液。

（2）配制 BGE 溶液，用纯水稀释乙酸铵溶液到所需浓度（一般为 5～200mmol/L），调节乙酸铵溶液的 pH 到所需值（在 pH 3～7 的范围用冰醋酸调节，在 pH 7～12 的范围用 NH_4OH 调节）。

（3）将 10～100mg 的分子胶束溶解到 5～10mL 乙酸铵溶液中，得到所需当量单体浓度（EMC）的 BGE。EMC 是聚合物表面活性剂按照相应单体质量折合的摩尔浓度。注意，含有分子胶束的 BGE 需要彻底脱气，以防气泡的产生。过滤时不要抽真空，以免形成泡沫。

（4）将石英毛细管（内径 50μm，外径 360μm）安装在仪器上。对于 MEKC-UV 实验，总长度 64.5cm，有效长度 56cm；对于 MEKC-MS，总长度 120cm。注意：做 MEKC-ESI-MS 实验时，毛细管插入 MS 喷雾针的长度直接影响喷雾的稳定性和检测灵敏度，需要仔细优化。不同厂家的仪器可能有不同的要求。此外，毛细管的入口端和出口端要在同一水平上，以防止虹吸现象造成实验重复性的下降。

（5）对于新的毛细管，先在 45℃用 1mol/L 的 NH_4OH 溶液冲洗 40min，再用纯水冲洗 20min。当只用 UV 检测时，可以用 1mol/L 的 NaOH 取代 1mol/L 的 NH_4OH 溶液。

（6）每次进样分析之前用含有分子胶束的缓冲液冲洗毛细管 5min。每次进样分析之后，依次用纯水、1mol/L 的 NH_4OH、纯水冲洗毛细管各 2min。

（7）按照分析要求设定仪器条件，检测器基线稳定后采用气压进样（压力 0.5～1.0kPa，时间根据检测器灵敏度决定），开始采集数据。注意，进样量小有利于提高分离度，但需要提高检测灵敏度时，也可以加大进样量，前提是必须满足分离度的要求。

三、环糊精改性的 MEEKC 手性分离

MEEKC 是 20 世纪 90 年代在 MEKC 基础上发展起来的一种电泳新技术[128]。MEEKC 以微乳液滴为假固定相，依据被分析物在微乳液滴和水相之间的分配不同而实现分离，脂溶性越强，和微乳液滴的亲和作用越强，迁移时间越长。这与 MEKC 的分离机理基本相同。MEEKC 可以同时分离水溶性的、脂溶性的、带电的或不带电的物质，也能分离对映异构体，其应用范围比 MEKC 更宽。然而，由于微乳液滴在 BGE 中的稳定性有时会出现问题，从而影响实验重现性，故实际应用尚不及 MEKC 广泛。

微乳液滴是由水（缓冲液）和油组成的热力学稳定的透明液体，在溶液中加入表面活性剂和辅助表面活性剂可以显著降低界面张力，从而提高微乳液的稳定性[129]。MEEKC 中典型的微乳液组成是水相缓冲液、油相正辛烷（也可用正己烷

和正庚烷)、表面活性剂 SDS 和辅助表面活性剂正丁醇(也可用正戊醇和正己醇)。这样就可形成了水包油微乳液滴,即液滴中心是油相,周边是 SDS。SDS 的亲脂端插入液滴中,亲水端则伸入水相。正丁醇的极性基团朝向水相,位于 SDS 分子之间,其作用是降低 SDS 荷负电极性头基之间的静电排斥作用,从而维持微乳液滴的稳定性。微乳液滴的尺寸一般在 5～75nm。除了阴离子型 SDS 以外,十六烷基三甲基溴化铵(CTAB)也是 MEEKC 中最常用的阳离子表面活性剂。在 MEEKC 中,缓冲液的性质(组成、浓度、pH、添加剂)以及分离电压和温度都可以影响微乳液滴的结构[130,131]。

MEEKC 用于手性分离的原理是基于对映异构体与手性选择剂形成非对映络合物,如果不同异构体所形成的这种络合物的稳定常数不同或者电泳淌度不同,就可实现分离。因此,MEEKC 手性分离有两种方式,一是采用手性微乳液滴作为假固定相,二是加入手性选择剂如 CD 形成第二假固定相。对前者来说,就是采用手性表面活性剂(如前文所述的聚合物表面活性剂)或者手性辅助表面活性剂(如手性烷基醇),或者二者的组合[132]。对于后者,就是在 BGE 中加入 CD 或衍生化 CD,形成第二假固定相。对映异构体与第二假固定相形成稳定常数不同或者电泳淌度不同的包合物,从而实现分离[133]。这同 CD 改性的 MEKC 类似。

MEEKC 手性分离最早出现在 1993 年[134],此文献采用四组分微乳液滴,即以(2R,3R)-酒石酸二正丁酯为手性选择剂、水相 Tris 缓冲液、SDS 为表面活性剂、正丁醇为辅助表面活性剂,在 7min 内实现了麻黄碱外消旋体的基线分离。开发一个 MEEKC 手性分离方法,首先要考虑微乳液的组成。通常首选的组分是 SDS 作为表面活性剂,正丁醇作为辅助表面活性剂,异丙醇作为有机改性剂,乙酸乙酯作为油相,磷酸缓冲液(pH 2.5)作为水相。然后加入手性选择剂,如磺酸基-β-CD。很多分离实例已经证明这一分离体系的有效性。需要说明,因为微乳液是酸性的,电渗流很小,一般都要施加负电压让电渗流方面反转,然后从负极进样,以便中性和阳离子能够以较快的迁移速度到达阳极。关于手性选择剂的确定,常用在水溶液中溶解度较高的荷电衍生化 CD。

CD 改性的 MEEKC 已经用于各种手性化合物的分离,比如生物碱[135]、生育酚[136]、杀蚊灵[137]、奥昔布宁[138]、苯乙胺及其衍生物[139-141],等等。在 CE 手性分离中,麻黄素类对映异构体的分离情况常常用来评价一个方法的有效性,图 4-16 就是 CD 改性的 MEEKC 分离麻黄素、伪麻黄素、去甲麻黄素和甲基麻黄素对映异构体的结果[139]。类似的方法可以用于多种手性药物中异构体杂质的检测[140]。

实验流程如下:

(1)微乳液(按照 50mL)配制。组成:45.75g(质量分数 91.5%)20mmol/L 磷酸缓冲液,pH 2.5,加入 0.5g(质量分数 1.0%)SDS、2.0g(质量分数 4.0%)正丁醇、0.25g(质量分数 0.5%)乙酸乙酯、1.5g(质量分数 3.0%)异丙醇。将

上述溶液超声处理 20min，使各组分都完全溶解，形成透明无色的微乳液。然后取上述微乳液 6.0mL，加入 0.24g（0.04g/mL）磺酸基-β-CD，超声处理 5min。这就是分离用的手性微乳液，使用前用 0.22μm 的滤膜过滤。

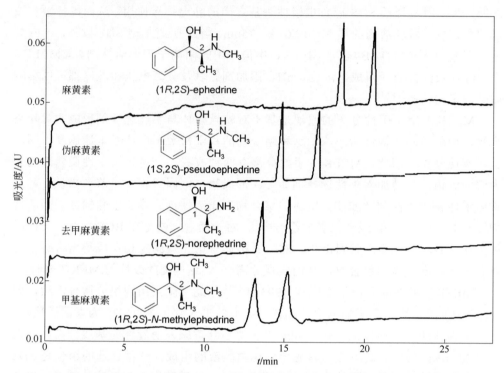

图 4-16　CD 改性的 MEEKC 分离麻黄素类化合物对映异构体的结果[139]

实验条件：石英毛细管总长度 60.2cm，有效长度 50cm，内径 50μm；分离电压，−15kV，毛细管温度，20℃；UV 检测，200nm；气压进样，3.4kPa×4s；样品的浓度均为 0.2mg/mL，溶剂为 0.1mol/L 稀硝酸水溶液

（2）样品配制。每种样品（麻黄素、伪麻黄素、去甲麻黄素和甲基麻黄素）都溶于 0.1mol/L 的稀硝酸水溶液中作为储备溶液，浓度为 2mg/mL，然后用 0.1mol/L 的 HCl 稀释至 0.2mg/mL，使用前用 0.22μm 的滤膜过滤。

（3）在仪器上安装好新的毛细管后，首先要用几种溶液进行冲洗。具体步骤是：①0.1mol/L NaOH 冲洗 10min；②纯水冲洗 5min；③0.1mol/L 磷酸冲洗 10min，再用水冲洗 5min，最后用微乳液冲洗 5min。

（4）设置好仪器条件，开始进样分析。

（5）为保证分析的重复性，两次进样分析之间要彻底冲洗毛细管。具体步骤是：①0.1mol/L NaOH 冲洗 3min；②甲醇冲洗 3min；③0.1mol/L 磷酸冲洗 2min，再用水冲洗 2min，最后用微乳液冲洗 5min。

第四节　毛细管电色谱手性分离

一、概述

　　CEC 是 CE 与 LC 的有机结合，即采用与 LC 类似的固定相和流动相，只是利用电渗流而不是高压输液泵作为流动相的驱动力。因此，CEC 是依据被分析物在两相间分配系数的不同以及电泳淌度的不同而实现分离。CEC 可以用填充柱，也可以用开管柱。20 世纪 80 年代初期，CEC 经历了迅猛发展的时期。原因是 CEC 具有远高于 LC 的分离效率，而且流动相和样品的消耗都很少。然而，后来人们发现，CEC 所用的色谱柱制备起来并不容易，尤其是重复性不及 LC 柱。此外，CEC 柱内径小（一般<100μm），样品容量有限，这就对检测器的灵敏度提出了更高要求。虽然可以采用柱上检测消除柱外效应，分离效率明显提高，但对于光学检测器来说，检测池光程有限（实际上就是柱内径），其灵敏度很难满足超痕量分析的要求。这样就限制了 CEC 的应用。如果色谱柱的制备重复性问题能够解决，再发展出新的高灵敏检测器，CEC 就会有很好的发展前景。

　　在手性分离领域，CEC 的应用也为人们所关注。从 1992 年 Mayer 等[142]首先采用手性开管柱 CEC 实现了非甾族消炎药物对映异构体的分离以来，无论填充柱 CEC 还是开管柱 CEC 在手性分离领域都有成功的应用，CEC 手性分离已有多种模式[143]，包括流动相手性添加剂法和手性固定相法。如果手性固定相是涂敷在毛细管柱内表面，就是开管柱 CEC。如果采用手性固定相填充柱就是填充柱 CEC。就手性分离原理而言，CEC 与 LC 非常类似，LC 所用的手性分离模式都可以移植到 CEC 中来。当然，CEC 的分离机理中还有电泳的贡献，这在很多情况下增加了可优化的实验参数，能够实现更好的分离。这也正是 CEC 手性分离仍然被人关注的原因之一。目前 CEC 手性分离的应用不如 LC 和 CZE、EKC 等技术那么广泛，且可以借鉴 LC 的方法来发展 CEC 手性分离方法。所以，本节我们只是通过举例的方式简单介绍 CEC 手性分离技术。

二、填充柱 CEC 手性分离

1. 环糊精改性的硅胶手性固定相

　　采用手性固定相是填充柱 CEC 手性分离的主要方式，这方面有很多 LC 手性固定相可以借鉴（见本书有关 LC 手性分离的章节），或者直接用手性 LC 填料装填 CEC 柱，即可用于手性分离。流动相则主要是缓冲液（种类、浓度和 pH 直接影响电渗流），常常加一些极性有机添加剂如甲醇和乙腈，以增加脂溶性样品在流动相中的溶解度，同时控制电渗流。对于强疏水性样品，还可以考虑甲醇、乙腈或甲基甲酰胺等非水流动相，pH 的控制则可用甲酸铵或乙酸铵等挥发性盐。在方法开发过程中，首先要根据分析对象选择合适的手性色谱柱，然后根据 LC 的优化理论来优化流动相的组成、浓度和 pH，同时还必须考虑分离电压和色谱柱温度的影响。就检测器而言，CEC 与其他 CE 模式一样，也是多采用 UV 或 MS。由于手性固定相多为化学键合相，故对 MS 检测的负面影响很小。而流动相中的不挥发性盐则对 MS 检测有很大的影响，轻则抑制被分析物的离子化，重则污染 MS 离子源。因此，CEC-MS 手性分离方法多采用挥发性盐组成的缓冲液作为流动相，这一点对于所有 CE 模式与 MS 的联用都是相同的。

填充柱 CEC 的气泡生成问题在手性分离中也存在，主要原因是 CEC 填充柱从检测窗口到出口是没有填料的，这样色谱柱填充部分包括筛板处的电渗流与空毛细管的电渗流就会不同；还有，高电压导致的焦耳热如果不能有效扩散，就会造成流动相挥发而形成气泡。消除气泡的方法：一是使用前流动相的彻底脱气（比如超声处理）；二是在柱两端施加气压，即所谓加压 CEC。

使用加压 CEC 在 CD 键合硅胶固定相上分离手性化合物最早是 1994 年报道的[144]。此后有很多研究将 LC 中成熟的手性固定相用于 CEC，实现很多对映异构体的分离。比如，采用全苯基异氰酸酯衍生化的 β-CD 键合硅胶手性柱的加压 CEC 可以分离中性和碱性药物[145,146]，采用 CD 键合硅胶手性填充柱的 CEC-MS 实现了巴比妥盐和苯氧丙酸酯类对映异构体的分离[147]。对于非水流动相的 CEC 手性分离，如果在流动相中加入少量的水（保证互溶），将会提高手性分离能力，但会延长分析时间。这在 CD 键合硅胶固定相 CEC 分离丹酰氯衍生化氨基酸对映异构体的研究中得到了证实[148]。还有人采用点击化学技术将衍生化 CD 键合到硅胶颗粒上，成功分离了芳基醇的对映异构体[149,150]。

图 4-17 是 CD 键合硅胶手性填充柱横截面的电镜照片以及采用此填充柱的 CEC 分离甲基苯巴比妥对映异构体的结果[151]。所用固定相是实验室合成的，详细合成方法见文献[147]。色谱柱采用湿法装填，填充方法是首先在石英毛细管的一端制备临时筛板（硅胶高温烧结）。将固定相浸泡在甲醇中，形成匀浆。然后采用 LC 高压泵将匀浆压入石英毛细管。最后在填充了填料的毛细管部分再制备两个筛板，截去临时筛板部分。图 4-18 是装柱流程示意图。制备好的 CEC 柱还必须用溶剂很好地清洗和平衡，方可使用。色谱柱的清洗和平衡流程请参阅文献[151]，此处不再赘述。

上述装柱工艺流程也适用于其他颗粒型填料。需要指出，由于填料粒径小，颗粒间的静电作用导致无法用干法装柱。此外，填充色谱柱时制备筛板是一个关键技术，需要多试验，积累经验才行。理想的筛板既要有足够的机械稳定性，防止填料流失；又要有足够的多孔性，以保证流动相的顺利通过。

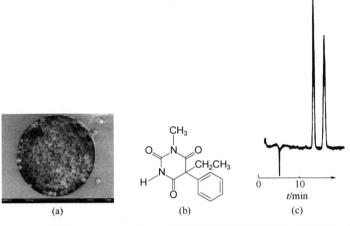

(a)
CH3
O
N
O
CH2CH3
N
H
O
(b)
0
10
t/min
(c)

图 4-17 CEC 采用 Chira-Dex-silica 填充柱分离甲基苯巴比妥对映异构体：（a）Chira-Dex-silica 手性柱的横截面的电镜照片；（b）甲基苯巴比妥的分子结构；（c）CEC 分离结果[151]

CEC 条件：色谱柱，长 50cm，内径 100μm，填料为 Chira-Dex-silica（粒径 3μm，孔径 30nm）；流动相，20mmol/L MES 缓冲液（pH 6）/甲醇（1∶1，体积比）；分离电压，20kV；色谱柱温度为室温；样品为 1mg/mL 甲基苯巴比妥的甲醇溶液

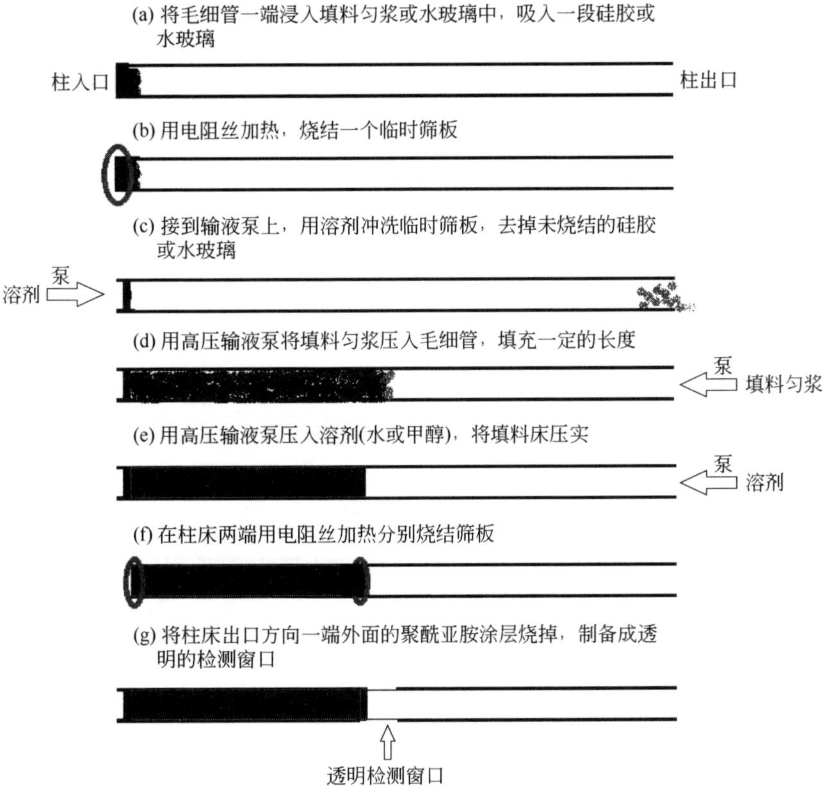

(a) 将毛细管一端浸入填料匀浆或水玻璃中，吸入一段硅胶或水玻璃
柱入口
柱出口
(b) 用电阻丝加热，烧结一个临时筛板
(c) 接到输液泵上，用溶剂冲洗临时筛板，去掉未烧结的硅胶或水玻璃
泵
溶剂
(d) 用高压输液泵将填料匀浆压入毛细管，填充一定的长度
泵
填料匀浆
(e) 用高压输液泵压入溶剂(水或甲醇)，将填料床压实
泵
溶剂
(f) 在柱床两端用电阻丝加热分别烧结筛板
(g) 将柱床出口方向一端外面的聚酰亚胺涂层烧掉，制备成透明的检测窗口
透明检测窗口

图 4-18 CEC 填充柱制备流程示意图

无论是 LC 还是 CEC，填料粒径越小，分离效率越高。但在 LC 中，目前商品化的最小填料粒径也就是所谓亚 2μm，用于 UHPLC 分析。而在填充柱 CEC 中，由于流动相的驱动力是电渗流，故可采用更小粒径的填料，而不会造成柱压过高的问题。鉴于此，纳米颗粒因其特别大的比表面而成为 CEC 固定相领域近年来的一个研究热点。比如，在 600～800nm 的硅胶表面键合上氨甲酰化 β-CD，由此制备的 CEC 填充柱在分离卤代芳基醇的对映异构体方面表现出比传统的 3μm 填料手性柱有更高的分离效率[152]。

2．多糖手性固定相

在填充柱 CEC 手性分离中，除了 CD 键合或修饰的硅胶固定相以外，均相取代的多糖固定相也是最为常见的，特别是纤维素衍生物。此类固定相上有手性沟槽，因此不用另外的手性选择剂就可以实现对映异构体的分离[153-156]，在手性 LC 中已经有广泛的应用（见本书有关 LC 的章节）。在 CEC 中使用多糖类固定相还要考虑电渗流的问题，即要在固定相的表面修饰上带电或可离子化的基团，在分离条件下能够产生足够的电渗流来驱动流动相通过色谱柱。下面以纤维素 2,3-双(3,5-二甲基苯基氨基甲酸酯)固定相为例来说明其在 CEC 手性分离中的应用。

图 4-19 是纤维素 2,3-双(3,5-二甲基苯基氨基甲酸酯)手性固定相的合成路线[153]。由于该固定相表面有荷正电的氨基，故产生的电渗流是从负极到正极。这种固定相装填的色谱柱已经成功用于 CEC 手性分离，所用流动相可以是水相也可以是非水相，如图 4-20 和 4-21 所示。

需要说明，流动相需要根据被分析物的性质进行优化，这与 LC 类似。非水流动相还可以用甲醇、乙腈、正己烷、乙醇、异丙醇，以及它们的混合物。比如，上例中手性药物 A 的对映异构体采用水相和非水流动相均可得到完全分离，而安息香则只能在水相流动相条件下得到分离。

3．环糊精改性的整体柱

整体材料是一类新的分离介质，在样品处理（如固相萃取）、LC 和 CEC 中均有应用。此类材料的优点是制备简单、表面容易进行化学修饰、通透性好，表现了很好的色谱性能[157,158]。在 CEC 手性分离中，一般采用手性选择剂如 CD 及其衍生物改性的整体材料作为手性固定相。在整体柱 CE 中，磺化 CD（如磺酸基-β-CD）因为容易与整体材料表面的活性基团反应而最为常用。下面我们以磺酸化聚合 β-CD 改性的硅胶整体柱为例来说明此类材料在 CEC 手性分离中的应用。

图 4-22 所示为此类材料的合成路线示意图[159]。整体材料最好在毛细管内原位合成，即将各种原料按需加入毛细管，控制条件（热引发、自由基引发或光引发）引发反应。简言之，第一步是处理毛细管内表面，第二步是合成硅胶整体材料，第三步在材料表面引入间隔基，第四步将磺酸化 CD 键合到整体材料表面，第五步就是制备检测窗口。这样经过清洗去除未反应的原料后就制成了磺酸化 CD

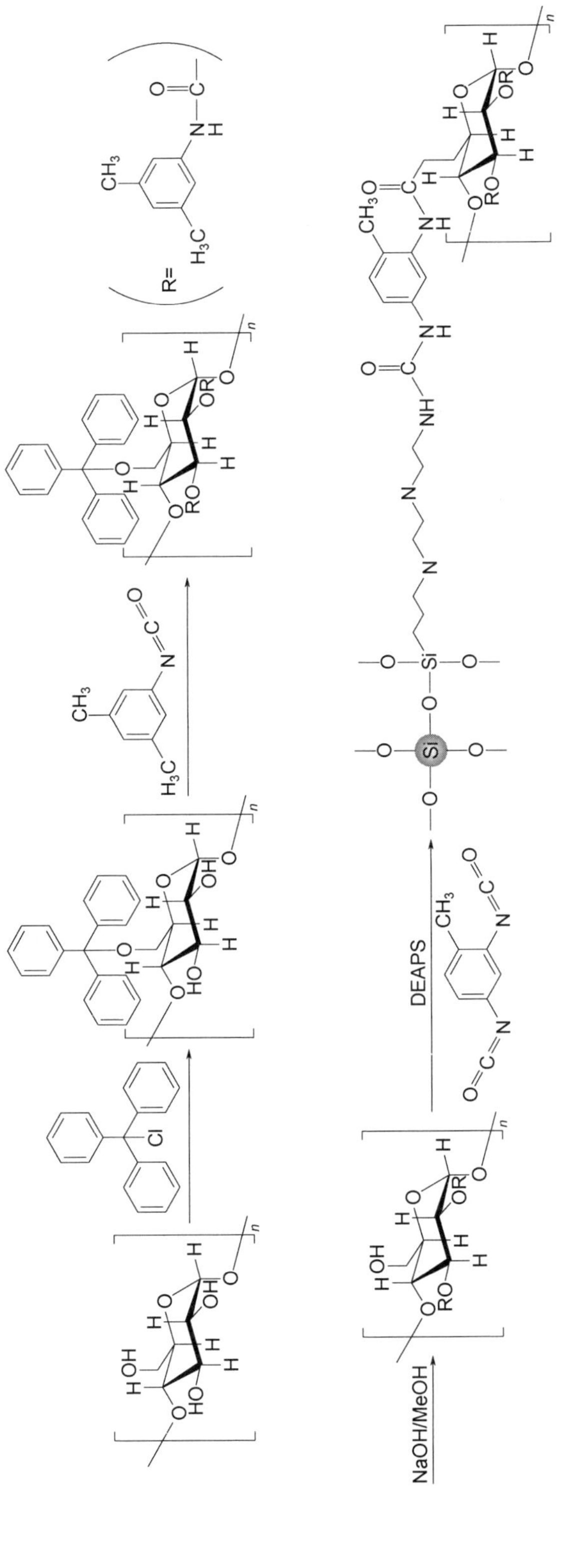

图 4-19　纤维素 2,3- 双 (3,5- 二甲基苯基氨基甲酸酯) 手性固定相的合成路线[153]

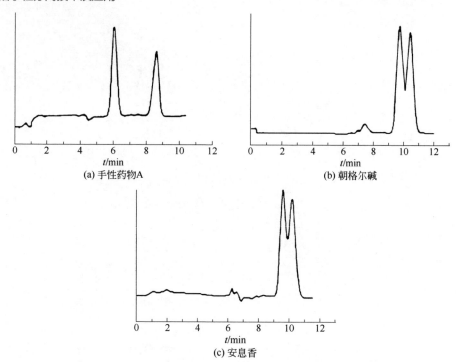

(a) 手性药物A

(b) 朝格尔碱

(c) 安息香

图 4-20 采用纤维素 2,3-双(3,5-二甲基苯基氨基甲酸酯)
固定相和非水流动相的 CEC 手性分离[153]

CEC 条件：色谱柱，有效长度（填充固定相部分）10cm，毛细管总长度30cm，内径 100μm；
流动相，(a,b) 含有 14.2mmol/L 乙酸和 1.4mmol/L 二乙胺的乙醇溶液，(c) 己烷/
甲醇/乙醇（35：25：8，体积比），含有 14.2mmol/L 乙酸和 1.4mmol/L 二乙胺；分
离电压，−15kV；气压进样，138kPa×8s；检测，214nm

改性的 CEC 整体柱。采用此柱就可以实现多巴、扑尔敏和去甲麻黄碱对映异构体的分离，如图 4-23 所示[159]。

需要说明，在毛细管内原位聚合整体材料时可以通过共价键将材料键合在毛细管内壁，这样就无需制备筛板，降低了 CEC 柱的制备成本，提高了稳定性。色谱柱在使用前要很好地平衡（老化），此例中的平衡条件是：用流动相冲洗 20min 后施加 1kV 的电压预电泳，持续 3～5min；然后逐步升高电压，每提高 1kV，持续 3min，直到达到分离电压。色谱柱平衡好的标志是电流和检测器基线稳定。实验后色谱柱需要用乙腈:水（与流动相中的比例接近）冲洗 30min，再用纯乙腈冲洗 30min，以除去所有吸附在柱上的样品和其它杂质。短期可在室温下保存，长期保存则建议置于冰箱冷藏室（4℃）。

4．手性配体交换固定相

第二节介绍过手性配体交换手性分离的原理，在 CZE 中，手性配体是添加在缓冲液的，而在 CEC 中，则是将手性配体键合在固定相表面，二者的分离原理是相同的。可以通过三种技术制备 CEC 所用的手性配体交换色谱柱，一是直接采

(a) 安息香　(b) 杀鼠灵　(c) 手性药物A

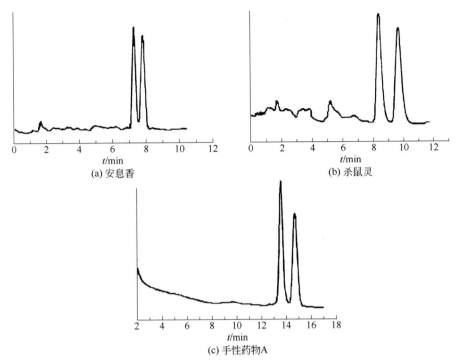

图 4-21　采用纤维素 2,3-双(3,5-二甲基苯基氨基甲酸酯)固定相和水相流动相的 CEC 手性分离[153]

CEC 条件：色谱柱，有效长度（填充固定相部分，10cm，毛细管总长度 30cm，内径 100μm；流动相，（a,b）乙腈/2mmol/L 磷酸钠缓冲液（pH 3.8）（50：50，体积比），（c）乙醇/水（95：5，体积比），含有 14.2mmol/L 乙酸和 1.4mmol/L 二乙胺；分离电压，（a）−6kV，（b）−8kV，（c）−25kV；气压进样，138kPa×8s；UV 检测，214nm

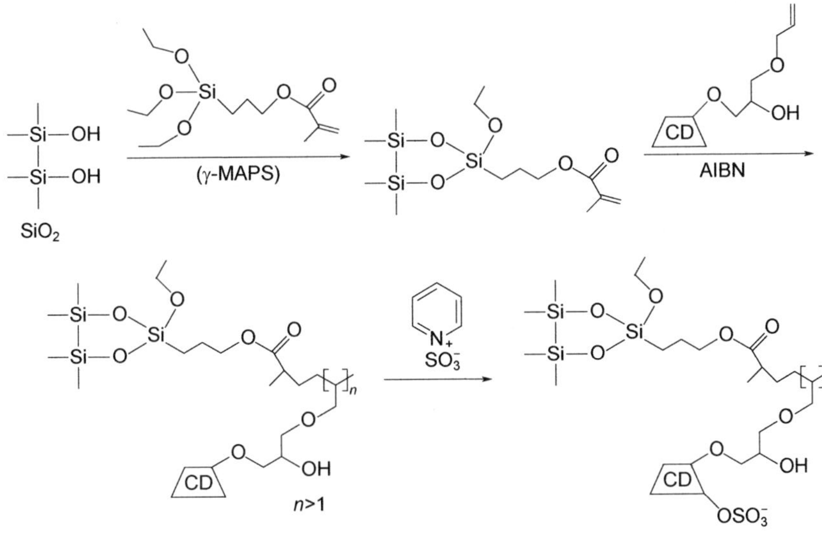

图 4-22　磺酸化聚合β-CD 改性的硅胶整体材料的合成路线示意图[159]

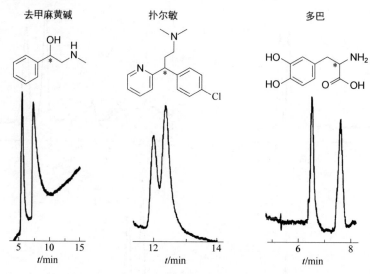

图 4-23 基于磺酸化聚合β-CD 改性的硅胶整体柱的 CEC 手性分离结果[159]

实验条件：色谱柱，磺酸化聚合β-CD 改性的硅胶整体柱，内径 50μm；流动相，5mmol/L 磷酸盐缓冲液，pH 6.0，含有体积分数 10%的乙腈；电动进样，5kV×3s；UV 检测，214nm；样品：三种被分析物分别溶解在缓冲液中，浓度 1mg/mL

用 LC 的硅胶基手性配体交换固定相装填 CEC 柱，其中的配体可以是化学键合在硅胶填料表面[160]，也可以是物理动态吸附在硅胶表面[161]。相比较而言，化学键合手性配体交换固定相对氨基酸和二肽有更高的手性分离效率，而动态吸附的固定相则有利于分离羟基羧酸异构体。

第二种技术是将手性配体交换试剂键合在整体材料上[162]，而整体材料可以在毛细管内原位聚合，简化了色谱柱的制备[163]。比如，以甲基丙烯酰胺为单体，以1,4-二丙烯酰基哌嗪为交联剂，乙烯基磺酸为电荷提供试剂，以 L-羟脯氨酸或者L-脯氨酰胺为手性选择剂，经原位共聚即可制成手性配体交换整体柱。将这种 CEC 固定相用于分离未衍生化氨基酸的对映异构体可以得到很好的效果[162]。当用于分离羟基羧酸时，由于被分析物的电泳淌度指向阳极，一般情况下分离时间比较长。此时可以用带正电的电荷提供试剂取代乙烯基磺酸，如用二甲基二烯丙基氯化铵，就可以使电渗流方向反转。结果电渗淌度与被分析物的电泳淌度方向就一致了，从而大大缩短分析时间。甚至可以同时分离氨基酸和羟基羧酸的对映异构体[163]。

配体交换 CEC 的第三种技术是上述两种技术的结合，即将硅胶基的手性配体交换固定相悬浮在丙烯酰胺单体溶液中，聚合之后手性固定相均匀分布在整体材料中。这被称为颗粒负载固定相[164]。采用该色谱柱分离未衍生化氨基酸对映异构体，所得结果与相同手性选择剂的填充柱接近。

总之，基于配体交换固定相的 CEC 手性分离还处于实验室研究阶段，相关手性柱尚无实现商品化，故这种技术要进入实际应用尚需做大量的工作。

三、开管柱 CEC 手性分离

LC 有填充柱也有开管柱，CEC 亦然。LC 中开管柱应用很有限，原因是柱容量低，导致检测灵敏度降低，还有流动相连续冲洗的情况下固定相涂层的稳定性问题。同样，相比于填充柱 CEC，开管柱 CEC 柱容量更小，限制了检测灵敏度，故在分析领域（包括手性分离）的应用不多。尽管如此，因为开管柱易于制备，成本低，人们还是发展了多种开管柱 CEC 手性分离方法，下面简述之。

开管柱 CEC 手性分离是 1992 年第一次报道的[142]。当时是将全甲基β-CD 通过间隔基共价键合到二甲基聚硅氧烷分子骨架上，然后涂渍在毛细管内表面形成手性开管柱，分离了一些对映异构体。这种方法虽然可以分离不挥发性化合物，但其适用对象不如开管柱 GC 宽，且由于柱容量有限，影响了检测灵敏度。即使采用串级质谱检测尿液中添加的环己烯巴比妥，灵敏度也才达到 ng/mL 级[165]。

开管柱 CEC 的固定相以各种 CD 及其衍生物为主。有人[166,167]报道了双手性识别方法，即采用手性固定相的同时，在流动相中也加入手性选择剂，以提高手性识别能力。还有人[168,169]开发了涂渍 Chirasil-Dex 的开管柱，可用于 CEC、GC、LC 和 SFC 手性分离。制备手性 CEC 开管柱的方法除了上述涂渍技术以外，还有溶胶-凝胶法[170]、微波辅助法[171]。近年来纳米材料在分析化学领域的应用发展迅速，在 CEC 手性分离方面，有人通过层层自组装的方法将荷负电的 CD 金纳米颗粒通过静电作用组装在改性的荷正电毛细管内表面，形成手性开管柱并用于 CEC 分析，成功分离了唑吡酮、托品酰胺和扑尔敏等药物的手性异构体[172]。

另外一种用于手性 CEC 开管柱的固定相材料是分子印迹聚合物（MIP）。所谓 MIP 就是以待分离的化合物为印迹分子（也称模板分子、底物），该印迹分子和功能单体间因多种相互作用（非共价作用、共价作用、络合作用）形成复合物，然后在交联剂存在的条件下发生聚合反应，形成高分子材料。最后用溶剂将印迹分子洗脱出去就得到 MIP。此种材料经高度交联，机械性能好。将模板分子洗去后留下的印迹对模板分子的立体结构具有"记忆"功能，这样就能选择性的识别和吸附模板分子。这就是 MIP 近年来广泛用于固相萃取和色谱固定相的原因。作为 LC 和 CEC 的固定相，MIP 可以在毛细管中原位聚合，它对印迹分子的保留比其它成分强得多，故可以实现模板分子与样品中其他成分的分离。若用一种手性异构体作模板分子，就可以实现对映异构体的分离[173,174]。所以，MIP 本质上是一种基于亲和作用的固定相。然而在 LC 中，色谱柱内流动相的流速呈抛物线型分布，目标被分析物分子（模板分子）在 MIP 中的扩散慢，结果导致色谱峰展宽甚至拖尾严重。即使用开管柱的 LC 这个问题仍然存在，也正因为此，MIP 作为 LC 固定相的应用一定受到限制。

MIP 用于开管柱 CEC 就可以克服 LC 中的问题[175,176]，因为 CEC 中流动相的流速分布是塞子型的，故峰展宽会明显减少。加之电渗流驱动分离，柱压降小，可以通过使用长的色谱柱增加分离效率。MIP 固定相的主要缺点是一种 MIP 一般只能分离一对对映异构体，而对其它对映异构体就没有分离能力了。为了解决这一问题，有人发展了一种通用的 MIP 制备方法[177-179]。即先用 γ-甲基丙烯酰氧丙基三甲氧基硅烷处理毛细管内壁，使之硅烷化，然后将单体和模板分子及交联剂充入毛细管。聚合反应终止后，洗去模板分子和未反应的单体就得到了 MIP 手性开管柱。该方法适用于包括碱性，酸性和中性的各种模板分子。

影响 MIP 固定相分离性能的关键因素是模板分子、单体和交联剂的配比，还有毛细管的尺寸和分离条件（流动相组成、浓度、pH，施加电压和色谱柱温度）。因此，在实践中一定要注意 MIP 制备条件和分离条件的优化。图 4-24 是基于 MIP 的开管柱 CEC 分离手性药物时流动相中乙腈含量对分离性能的影响[178]。所用 MIP 的模板分子为药物相应的 S-异构体，因此 R-异构体先出峰，S-异构体后出峰。从图可见，基于 MIP 的开管柱 CEC 可以完全分离手性药物的对映异构体，而且第二个峰的峰形良好，没有严重的拖尾。

四、流动相添加手性选择剂的 CEC 手性分离

与手性 LC 类似，CEC 的流动相（电解质溶液）中添加手性选择剂后，也可实现手性分离。色谱柱可用常规非手性柱，如 ODS 柱、C18 柱等[180]。此模式能

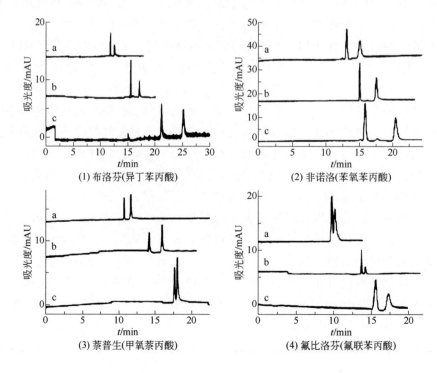

(1) 布洛芬(异丁苯丙酸)　　　　(2) 非诺洛(苯氧苯丙酸)

(3) 萘普生(甲氧萘丙酸)　　　　(4) 氟比洛芬(氟联苯丙酸)

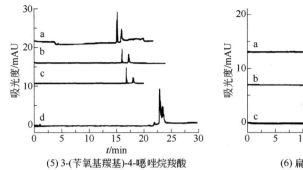
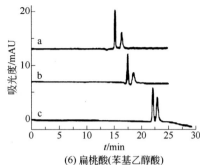

(5) 3-(苄氧基羰基)-4-噁唑烷羧酸 (6) 扁桃酸(苯基乙醇酸)

图 4-24 基于 MIP 的开管柱 CEC 分离手性药物时流动相中乙腈含量对
分离性能的影响（*R*-异构体先出峰，*S*-异构体后出峰）[178]

制备 MIP 的模板分子分别是：（1）*S*-布洛芬；（2）*S*-非诺洛；（3）*S*-萘普生；（4）*S*-氟比洛芬；
（5）*S*-3-（苄氧基羰基）-4-噁唑烷羧酸；（6）*S*-扁桃酸

CEC 条件：分离电压，30kV；色谱柱温度，25℃；气压进样，0.6kPa×5s；UV 检测，214nm；
流动相，60mmol/L 乙酸缓冲液与乙腈的混合液；pH，（1）、（3）和（5）为 3.5，
（2）、（4）和（6）为 3.0；乙腈含量，（1）、（2）、（3）和（5）为（a）92%、（b）
80%、（c）70%、（d）60%，（4）为（a）95%、（b）92%、（c）80%，（6）为（a）
92%、（b）80%、（c）70%

否成功分离对映异构体的关键在于有无合适的手性选择剂。原则上 CZE 所用的手
性选择剂均可用于 CEC 分离。比如，在缓冲液中直接加入 HP-β-CD，采用非手
性固定相（ODS）即可成功分离中性药物氯噻酮和米安色林[181]，以及苯基厄福伦
和脱氧肾上腺素[182]的对映体。将不同的β-CD 及其衍生物加入到流动相中就可分
离β-肾上腺素手性药物[183]。

将带正电的奎宁氨基甲酸酯加到 BGE 中，利用手性试剂和带负电的各种氨基酸
对映体形成的离子对与非手性 ODS 固定相具有不同作用这一特点，可实现氨基酸对
映异构体的分离[184]。还有人[185]用与带电聚丙烯酰胺结合的手性选择剂分离阳离子
和中性对映体。与采用手性固定相的 CEC 相比，流动相中添加手性选择剂会消耗较
大量的手性试剂，分析成本较高。实际上，人们主要用这种方法来进行手性试剂的
优化选择，然后将需要的手性试剂固定到固定相上，为合成 CEC 手性固定相服务。

五、其它 CEC 手性分离方法

除了上面讨论的 CEC 手性分离方法之外，还有一些比较特殊的填充柱分离介
质，这里作一简单介绍。

第一种是 Pirkle 型手性固定相，有人[186]曾将用于 LC 的（*S*）-萘普生衍生物
等手性固定相键合到 3μm 的硅胶上，再填充于 100μm 内径的石英毛细管柱内，
所制备的手性 CEC 柱在 10min 内成功地分离了 10 种中性手性化合物。这类 Pirkle
型固定相可以用来分离内酰胺、安息香等镇静剂类手性药物。

另一种手性分离介质是基于蛋白质的亲和 CEC 固定相,即将表面固定了蛋白质的硅胶作为 CEC 固定相,用于填充柱或开管柱 CEC 手性分离。这与采用蛋白质固定相的亲和 LC 非常类似,所不同的是 CEC 依靠电渗流而不是高压泵驱动流动相。在填充柱亲和 CEC 中,HAS[187]和酸糖蛋白(AGP)[136]曾被固定在 LC 的硅胶填料上,制备成 CEC 柱进行手性分离。在开管柱 CEC 中,可以先用 NaOH 淋洗石英毛细管内表面,然后用 3-缩水甘油醚氧基丙基三甲氧基硅烷形成环氧二醇涂层,再用盐酸水解,用三氟代乙烷磺酰氯活化毛细管内表面,最后就可以将 BSA 共价键合到毛细管内表面[188]。还可以通过形成希弗碱的反应将亲和素键合在氨基丙烯基硅烷化的毛细管内表面[189]。这样的开管柱能够用于手性分离,其优点是与 CZE 方法相比,减少了蛋白质的消耗量,减低了分析成本。此外,蛋白质固定在管壁还不会干扰 UV 检测。

制备蛋白质手性 CEC 开管柱的简单方法是直接将蛋白质物理涂渍在毛细管表面,但在电场作用下,蛋白质会被解吸附而进入流动相中,导致分离性能下降,甚至影响检测灵敏度。解决的办法是在流动相中加入一定量的蛋白质,及时补充管壁吸附蛋白的损失。这种方法的优点是可以随时更换不同的蛋白质,避免了制备填充柱的烦琐步骤。然而,用 HAS 涂渍的 CEC 柱并没有表现出足够的手性分离能力[190],主要原因是表面吸附的蛋白质量很小。采用内表面吸附了溶菌酶的开管柱则可以分离一些氨基酸和美芬妥因的对映异构体[191],可能的原因是溶菌酶(等电点 11.4)为碱性蛋白,在中性缓冲液中可以与毛细管壁的负电荷之间有更强的静电相互作用,因而有较大的吸附量。采用类似的方法可以将亲和素固定在毛细管内壁[192]或硅胶整体材料上[193],用于手性分离。近年来出现了一种新的蛋白质固定方法,即采用磷脂双层膜永久性包埋蛋白质(如溶菌酶[194]、亲和素[195]和 BSA[196])来制备 CEC 开管柱。最后一种技术是采用溶胶凝胶法包埋蛋白质,比如在基于四甲氧基硅烷的水凝胶中可以包埋血清白蛋白和血清类黏蛋白[197]。

总之,基于蛋白质的 CEC 手性分离还是一个有待开发的领域,在高电场作用下,蛋白质的活性能否很好地保持,还需要进一步研究。此类技术不仅能用于手性分离分析,还可用于药物筛选和药理研究等生命科学领域,相信有很好的应用前景。

第五节　总结与展望

CEC 手性分离经过 30 多年的发展,取得了长足的进步。除了我们讨论过的 CZE、EKC 和 CEC 以外,CGE[198-200]、CIEF[201,202]、CITP[203-205]等模式也都可应用于手性分离。因为这后面三种模式的手性分离应用远不及前面几种广泛,我们就不再详细讨论。总的来看,手性 CE 与其它手性分离方法相比,有其优势,但也有局限性。比如柱容量有限导致检测灵敏度不够高；分析重复性尤其是实验室之间的重现性不及 GC 和 LC。此外，所有手性分离方法都存在普适性不够的问题。每一种方法或手性选择剂只适用于分离有限种类的对映异构体，目前还没有一种普适的手性分离方法可以应对大部分对映异构体的分离，似乎也缺乏既普适又可操作的手性分离理论来指导 CE 方法的开发。虽然由于篇幅的限制和本丛书的目的，我们在本章没有讨论手性 CE 的分离理论，但其实过去 30 多年很多研究人员在理论方面还是作了深入的探索[17]，在实验设计和分离优化方面也有很多研究成果[206]。感兴趣的读者可进一步阅读这些文献。

随着生命科学、材料科学、信息技术等前沿领域的发展，特别是生命组学的深入研究，分离分析常常成为科学进步的瓶颈问题，手性分离领域也是如此。针对手性 CE 存在的局限性，人们也在寻求各种解决方案。比如，在分离介质方面，纳米材料突飞猛进的发展，也为 CE 手性分离带来了新的固定相。将各种手性选择剂与纳米颗粒相结合，已经开发出一些新型手性分离介质[207]。这些手性纳米材料可以作为 BGE 添加剂[208]，也可以作为开管柱 CEC 的固定相[172]。磁性纳米材料在样品处理方面显示了越来越强大的作用。采用各种手性选择剂对磁性纳米材料表面进行修饰，就可以发展出具有手性选择性的功能化纳米材料[51,209]。此类材料也可能用于 CE 手性分离，各种 CE 模式加上磁场作用力也可能发展出更好的手性分离方法。此外，手性 MIP 材料的发展也引起了人们的很大关注[56]，未来将有更广泛的应用。

在手性选择剂方面，手性离子液体是近年来的研究热点。所谓离子液体，是指在室温或接近室温下呈现液态的、完全由阴阳离子所组成的盐，也称为低温熔融盐。离子液体一般由有机阳离子和无机或有机阴离子构成，常见的阳离子有季铵盐离子、季鏻盐离子、咪唑盐离子和吡咯盐离子等，阴离子有卤素离子、四氟硼酸根离子、六氟磷酸根离子等。在有机阳离子上引入具有手性选择性的基团或分子，就形成了手性离子液体。这类新的手性选择剂已经应用于 LC 和 CE[41,42]中，既可以作为 BGE 添加剂，也可以作为开管柱 CEC 的固定相，应该有很好的发展前景。

在提高检测性能方面，MS 是一个很好的检测器。CE-MS 联用技术是一种强有力的分析手段，其检测灵敏度高于 UV 检测，而且还可以提供分子结构信息，具有令人满意的定性定量分析能力[210]，有人发表了很全面的手性 CE-MS 文献综述[72]，对 2015 年以前的发展进行了总结。CE-MS 技术的关键问题是接口设计，目前大多用电喷雾接口。因为 CE 的 BGE 流速低，常常难以形成稳定的喷雾，因此商品化的接口是所谓鞘液接口，即在 CE 出口处引入一定流速（5μL/min 左右）的鞘液体。这种接口的好处是维持了稳定的喷雾，同时可以在鞘液中引入增强离子化的试剂，以提高检测灵敏度。但缺陷也是明显的，一是鞘液导致了被分析物浓度的稀释，影响到检测灵敏度；二是 BGE 中的盐以及手性选择剂和 EKC 所用的表面活性剂进入 MS 会抑制目标化合物的离子化效率，甚至污染 MS 的离子源。解决的办法一是设计无鞘液电喷雾接口[211]，但尚未实现商品化，而且手性选择剂和表面活性剂仍然会干扰检测；二是采用挥发性缓冲盐的 BGE 溶液，如甲酸铵和乙酸铵等，但 BGE 的 pH 可能不在缓冲容量范围，这会影响分析重现，手性选择剂和表面活性剂的干扰仍然存在；三是采用部分充填技术[210]，特别是在 EKC-MS 中，可以防止手性选择剂和表面活性剂进入 MS，但操作复杂，实用性受限。采用敞开式离子化质谱（AMS）可能是一个好的选择，因为 AMS 条件下，表面活性剂难以挥发，故一般不会进入 MS。这种新的联用技术已经成功用于 CZE-MS 和 EKC-MS[212]，但像 CD 类手性选择剂仍然会干扰检测。如何发展新的适合于手性分离的 CE-MS 方法，仍然需要做大量的研究。

在应用方面，手性 CE 已经成为各种小分子药物对映异构体分离的主要方法，有人对此做了全面的综述[213,214]，也已应用于中草药中手性化合物的分析[215]。随着生命科学和生物医药的发展，CE 手性分离方法在药物研发、药理和毒理研究、蛋白质相互作用研究等方面必将发挥更大的作用。

参考文献

[1] Jorgenson J W, Lukacs K D. Anal Chem, 1981, 53: 1298-1302.

[2] Jorgenson J W, Lukacs K D. J Chromatogr, 1981, 218: 209-216.

[3] Hjerten S. J Chromatogr, 1983, 270: 1-6.

[4] Terabe S, Otsuka K, Ichikawa K, et al. Anal Chem, 1984, 56: 111-113.

[5] Hjerten S, Zhu M D. J Chromatogr, 1985, 346: 265-270.

[6] Knox J H, Grant I H. Chromatographia, 1987, 24: 135-143.

[7] Watarai H. Chem Lett, 1991, 20: 391-394.

[8] Gassman E, Kuo J, Zare R N. Science, 1985, 230: 813-814.

[9] Berthod A. Chiral Recognition in Separation Methods. Heidelberg: Springer, 2010.

[10] Wren S. The Separation of Enantiomers by Capillary Electrophoresis. Heidelberg: Springer, 2001.

[11] Satinder A, Ed. Pharmaceutical and Biotechnological Products. New York: John Wiley, 2011.

[12] Scriba G K E, Ed. Chiral Separations: Methods and Protocols. 2nd Ed. Methods in Molecular Biology: vol. 970. New York: Humana Press, 2013.

[13] Lämmerhofer M. J Chromatogr A, 2001, 1217: 814-856.

[14] Berthod A. Anal Chem, 2006, 78: 2093-2099.

[15] Scriba G. J Chromatogr A, 2016, 1467: 56-78.

[16] Salgado A, Chankvetadze B. J Chromatogr A, 2016, 1467: 95-144.

[17] Chankvetadze B. J Chromatogr A, 2018, 1567: 2-25.

[18] Stavrou J J, Mavroudi M C, Kapnissi-Christodoulou C P. Electrophoresis, 2015, 36: 101-123.

[19] 申睿，谢剑炜. 国外医学药学分册, 2005, 32: 413-417.

[20] Rezanka P, Navratilova K, Rezanka M, et al. Electrophoresis, 2014, 35: 2701-2721.

[21] Escuder-Gilabert L, Martin-Biosca Y, Medina-Hernandez M J, et al. J Chromatogr A, 2014, 1357: 2-23.

[22] Tang W, Ng SD, Sun D, Eds. Modified Cyclodextrins for Chiral Separation. Heidelberg: Springer, 2013.

[23] 史雪岩, 梁沛, 宋敦伦, 等. 分析化学, 2004, 32: 1421-1425.

[24] Mullerova L, Dubsky P, Gas B. Electrophoresis, 2014, 35: 2688-2700.

[25] Dixit S, Park J H. Biomed Chromatogr, 2014, 28: 10-26.

[26] Hui F, He H. Chin J Anal Chem, 2002, 30: 621-626.

[27] Paik M J, Kang J S, Huang B S, et al. J Chromatogr A, 2013, 1274: 1-5.

[28] Hyun M H. Chirality, 2015, 27: 576-588.

[29] Millot M C. J Chromatogr B, 2003, 797: 131-159.

[30] Haginaka J// Michotte Y, Van Eeckhaut A, Eds. Chiral Separations by Capillary Electrophoresis. Boca Raton: CRC Press, 2010: 139-161.

[31] Ravelet C, Peyrin E// Mascini M, Ed. Aptamers in Bioanalysis. Hoboken: John Wiley, 2009: 213-228.

[32] Tohala L, Oukacine F, Ravelet C, et al. Anal Chem, 2015, 87: 5491-5495.

[33] Ruta J, Ravelet C, Baussanne I, et al. Anal Chem, 2007, 97: 4716-4719.

[34] Ruta J, Perrier S, Ravelet C, et al. Anal Chem, 2009, 81: 1169-1176.

[35] Andre C, Berthelot A, Thomassin M, et al. Electrophoresis, 2006, 27: 3254-3262.

[36] Peyrin E. J Sep Sci, 2009, 32: 1531-1536.

[37] Schmid M G. J Chromatogr A, 2012, 1267: 10-16.

[38] Zhang H, Qi L, Mao L, et al. J Sep Sci, 2012, 35: 1236-1348.

[39] Wang L J, Liu X F, Lu Q N, et al. J Chromatogr A, 2013, 1284: 188-193.

[40] Wang L, Guo Q, Yang J, et al. Chromatographia, 2012, 75: 181-186.

[41] Zhang Q. TRAC-Trends Anal Chem, 2018, 100: 145-154.

[42] Greno M, Marina M L, Castro-Puyana M. Crit Rev Anal Chem, 2018, 48: 429-446.

[43] Kapnissi-Christodoulou C P, Stavrou I J, Mavroudi M C. J Chromatogr A, 2014, 1363: 2-10.

[44] Zhang H, Qi L, Shen Y, et al. Electrophoresis, 2013, 34: 846-853.

[45] Liu R, Dun Y, Chen J, et al. Chirality, 2015, 27: 58-63.

[46] Liu Y, Shamsi S A. J Chromatogr A, 2014, 1360: 296-304.

[47] Wang Y, Wang G, Zhao W, et al. Biomed Chromatogr, 2014, 28: 610–614.

[48] Stavrou I J, Breitbach Z S, Capnissi-Christodoulou C P. Electrophoresis, 2015, 36：3061-3068.

[49] Gu Z Y, Yang C X, Chang N, et al. Accounts Chem Res, 2012, 45: 734-745.

[50] Wang Y, Rui M, Lu G. J Sep Sci, 2017, 40: 180-194.

[51] Chang C L, Qi X Y, Zhang J W, et al. Chem Comm, 2015, 51: 3566-3569.

[52] Li L M, Wang H F, Yan X P. Electrophoresis, 2012, 33: 2896-2902.

[53] Ma J, Ye N, Li J. Electrophoresis, 2016, 37: 601-608.

[54] Schirhagl R. Anal Chem, 2014, 86: 250-261.

[55] Yang S, Wang Y H, Jiang Y D, et al. Polymers, 2016, 8: 216.

[56] Rutkowska M, Plotka-Wasylka J, Morrison C, et al. TrAC-Trends Anal Chem, 2018, 12: 91-102.

[57] Wu L L, Liang R P, Chen J, et al. Electrophoresis, 2018, 39: 356-362.

[58] Kulsing C, Yang Y Z, Chowdhury J M, et al. Electrophoresis, 2017, 38: 1179-1187.

[59] Chankvetadze B. J Chromatogr A, 2007, 1168: 45-70.

[60] Wren S A C, Rowe R C. J Chromatogr A, 1992, 603: 235-241.

[61] Zhu Q, Scriba G K E. Chromatographia, 2016, 79: 1403-1435.

[62] Wang J, Warner I M. Anal Chem, 1994, 66: 3773-3776.

[63] Dobashi A, Hamada M, Dobashi Y, et al. Anal Chem, 1995, 67: 3011-3017.

[64] Morris K F, Billiot E J, Billiot F H, et al. Open J Phys Chem, 2012, 2: 240-251.

[65] Morris K F, Billiot E J, Billiot F H, et al. Open J Phys Chem, 2013, 3: 20-29.

[66] Morris K F, Billiot E J, Billiot F H, et al. Chem Phys, 2014, 439: 36-43.

[67] Morris K F, Billiot E J, Billiot F H, et al. Chem Phys, 2015, 457: 133-146.

[68] Ishigami T, Suga K, Umakoshi H. ACS Appl Mater Interfaces, 2015, 7: 21065-21072.

[69] Caminati G, Cicchi S, Lascialfari L, et al. Chirality, 2015, 27: 784-787.

[70] He J, Shamsi S A//Scriba G K E, Ed. Chiral Separations, Methods and Protocols. 2nd Ed. Methods in Molecular Biology: vol. 970. New York: Humana Press, 2013: 325.

[71] Shamsi S A. Anal Chem, 2001, 73: 5103-5108.

[72] Liu Y, Shamsi S A. J Chromatogr Sci, 2016, 54: 1771-1786.

[73] Meyer R, Jira T. Curr Anal Chem, 2007, 3: 161-170.

[74] Lee J, Perez L, Liu Y, et al. Anal Chem, 2018, 90: 1881-1888.

[75] Xu L, Liu S M, Wu C T, et al. Electrophoresis, 2004, 25: 3300-3306.

[76] Dong Y, McGown L B. Electrophoresis, 2011, 32: 1735-1741.

[77] Fillet M, Hubert P, Crommen J. J Chromatogr A, 2000, 875: 123-134.

[78] Luo M, Liu D, Zhou Z, et al. Chirality, 2013, 9: 567-574.

[79] Yang G L, Liu Y, Song X R, et al. Chin J Anal Chem, 2003, 31: 1149-1155.

[80] Pang N, Zhang Z, Bai Y, et al. Anal Bioanal Chem, 2009, 393: 313-320.

[81] Krajian H, Mofaddel N, Villemin D, et al. Anal Bioanal Chem, 2009, 394: 2193-2201.

[82] Lurie I S. J Chromatogr A, 1997, 792: 297-307.

[83] Fillet M, Hubert P, Crommen J. J Chromatogr A, 2000, 875: 123-134.

[84] Servais A C, Crommen J, Fillet M// Van Eeckhaut A, Michotte Y, Eds. Chiral Separations by Capillary Electrophoresis. Chromatographic Sciences:vol 100.Boca Raton: CRC, 2009: 87-107.

[85] Fillet M, Fotsing L, Crommen J. J Chromatogr A, 1998, 817: 113-119.

[86] Kenndler E. Electrophoresis, 2009, 30: S101-S111.

[87] Ali I, Sanagi M M, Aboul-Enein H Y. Electrophoresis, 2014, 35: 926-936.

[88] Lämmerhofer M. J Chromatogr A, 2005, 1068: 3-30.

[89] Rousseau A, Gillotin F, Chiap P, et al. J Pharm Biomed Anal, 2011, 54: 154-159.

[90] Fradi I, Servais A C, Pedrini M, et al. Electrophoresis, 2006, 27: 3434-3442.

[91] Ward T J, Farris A B. J Chromatogr A, 2001, 906: 73-89.

[92] Ward T J, Rabai C M. Methods Mol Biol, 2004, 243: 255-263.

[93] Armstrong D M, Rundlett K L, Chen J R. Chirality, 1994, 6: 496-509.

[94] Fanali S, Crucianelli M, Angelis F D, et al. Electrophoresis, 2002, 23: 3035-3040.

[95] Kang J W, Wistuba D, Schurig V. Electrophoresis, 2003, 24: 2674-2679.

[96] Rundlett K L, Armstrong D W. Anal Chem, 1995, 67: 2088-2095.

[97] Ward T J, Dann C, Brown A P. Chirality, 1996, 8: 77-83.

[98] Gao W H, Kang J W. J Chromatogr A, 2006, 1108: 145-148.

[99] Wang Z, Wang J, Hu Z, et al. Electrophoresis, 2007, 28: 938-943.

[100] Fanali S, Desiderio C. J High Resolut Chromatogr, 1996, 19: 322-326.

[101] Davankov V A, Rogozhin S V. J Chromatogr, 1971, 60: 280-283.

[102] Kurganov A. J Chromatogr A, 2001, 906: 51-71.

[103] Hödl H, Schmid M G, Gübitz G. J Chromatogr A, 2008, 1204: 210-218.

[104] Gozel P, Gassmann E, Michelsen H, et al. Anal Chem, 1987, 59: 44-49.

[105] Hödl H, Krainer A, Holzmuller K, et al. Electrophoresis, 2007, 28: 2675-2682.

[106] Kodama S, Aizawa S, Taga A, et al. Electrophoresis, 2010, 31: 1051-1054.

[107] Rizkov D, Mizrahi S, Cohen S, et al. Electrophoresis, 2010, 31: 3921-3927.

[108] Qi L, Han Y L, Zuo M, et al. Electrophoresis, 2007, 28: 2629-2634.

[109] Qi L, Liu M R, Guo Z P, et al. Electrophoresis, 2007, 28: 4150-4155.

[110] Qi L, Chen Y, Xie M Y, et al. Electrophoresis, 2008, 29: 4277-4283.

[111] Lu X N, Chen Y, Guo L, et al. J Chromatogr A, 2002, 945: 249-255.

[112] Hage D S. J Chromatogr A, 1997, 792: 349-369.

[113] Haginaka J. J Chromatogr A, 2000, 875: 235-254.

[114] Gotti R, Calleri E, Massolini G, et al. Electrophoresis, 2006, 27: 4746-4754.

[115] Otsuka K, Terabe S. J Chromatogr A, 2000, 875: 163-178.

[116] Chu B L, Guo B Y, Wang Z, et al. J Sep Sci, 2008, 31: 3911-920.

[117] Wang Z, Ouyang J, Baeyens W R G. J Chromatogr B, 2008, 862: 1-14.

[118] Perez Fernandez V, Garcia M A, Marina M L. J Chromatogr A, 2011, 1218: 6561-6582.

[119] Wan Ibrahim W A, Hermawan D, Sanagi M M. J Chromatogr A, 2007, 1170: 107-113.

[120] Liu Y, Fu X F, Ma C, et al. Anal Bioanal Chem, 2009, 393: 321-326.

[121] Rizvi S A A, Shamsi S A. Anal Chem, 2006, 78: 7061-7069.

[122] Wang B, He J, Bianchi V, et al. Electrophoresis, 2009, 30: 2812-2819.

[123] Wang B, He J, Bianchi V, et al. Electrophoresis, 2009, 30: 2820-2828.

[124] Valle B C, Morris K F, Fletcher K A, et al. Langmuir, 2006, 23: 425-435.

[125] Akbay C, Rizvi S A A, Shamsi S A. Anal Chem, 2005, 77: 1672-1683.

[126] Rizvi S A A, Zheng J, Apkarian R P, et al. Anal Chem, 2006, 79: 879-898.

[127] Rizvi S A A, Shamsi S A. Electrophoresis, 2007, 28: 1762-1778.

[128] Altria K D. J Chromatogr A, 2000, 892: 171-186.

[129] Moulik S P, Paul B K. Adv Colloid Interface Sci, 1998, 78: 99-195.

[130] Ryan R, Donegan S, Power J, et al. Electrophoresis, 2009, 30: 65-82.

[131] Ryan R, McEvoy E, Donegan S, et al. Electrophoresis, 2011, 32: 184-201.

[132] Kahle K A, Foley J P//Van Eeckhaut A, Michotte Y, Eds. Chiral Separations by Capillary Electrophoresis. Chromatographic Sciences Series: vol 100. Boca Raton: CRC Press, 2009: 235-269.

[133] Gianna I, Orlandini S, Giotti R, et al. Talanta, 2009, 80: 781-788.

[134] Aiken J H, Huie C W. Chromatographia, 1993, 35: 448-450.

[135] Arai T, Nimura N, Kinoshita T. Biomed Chromatogr, 1995, 9: 68-74.

[136] Li S, Lloyd D K. Anal Chem, 1993, 5: 3684-3690.

[137] Busch S, Kraak J C, Poppe H. J Chromatogr, 1993, 635: 119-126.

[138] Haginaka J, Kanasugi N. J Chromatogr A, 1997, 782: 281-288.

[139] Borst C, Holzgrabe U. J Chromatogr A, 2008, 1024: 191-196.

[140] Tanaka Y, Matsubara N, Terabe S. Electrophoresis, 1994, 15: 848-853.

[141] Lorenzi E D, Massolini G, Lloyd D K, et al. J Chromatogr A, 1997, 790: 47-64.

[142] Mayer S, Schurig V. HRC-J High Res Chromatogr, 1992, 15: 129-131.

[143] 黎艳, 刘虎威. 色谱, 2000, 18: 212-217.

[144] Li S, Lloyd D K. J Chromatogr A, 1994, 666: 321-335.

[145] Zhou M, Lv X, Xie Y, et al. Anal Chim Acta, 2005, 547: 158-164.

[146] Lin B, Shi Z G, Zhang H J, et al. Electrophoresis, 2006, 27: 3057-3065.

[147] Von Brocke A, Wistuba D, Gfrörer P, et al. Electrophoresis, 2002, 23: 2963-2972.

[148] Wistuba D, Cabrera K, Schurig V. Electrophoresis, 2001, 22: 2600-2605.

[149] Wang Y, Xiao Y, Tan T T Y, et al. Tetrahedron Lett, 2008, 49: 5190-5191.

[150] Wang Y, Xiao Y, Tan T T Y, et al. Electrophoresis, 2009, 30: 705-711.

[151] Wistuba D, Schurig V//Scriba G K E, Ed. Chiral Separations, Methods and Protocols. 2nd Ed. Methods in Molecular Biology: vol 970. New York: Humana Press, 2013: 505-523.

[152] Li L S, Wang Y, Young D J, et al. Electrophoresis, 2010, 31: 378-387.

[153] Chen X M, Jin W H, Qin F, et al. Electrophoresis, 2003, 24: 2559-2566.

[154] Chen X M, Liu Y Q, Qin F, et al. J Chromatogr A, 2003, 1010: 185-194.

[155] Chen X M, Qin F, Liu Y Q, et al. Electrophoresis, 2004, 25: 2817-2824.

[156] Chen X M, Zou H F, Ye M L, et al. Electrophoresis, 2002, 23: 1246-1254.

[157] Zhang Z B, Wu R A, Wu M H, et al. Electrophoresis, 2010, 31: 1457-1466.

[158] Chankvetadze B. J Sep Sci, 2010, 33: 305-314.

[159] Yuan R J, Wang Y, Ding G S. Anal Sci, 2010, 26: 943-947.

[160] Pittler E, Grawatsch N, Paul D, et al. Electrophoresis, 2009, 30: 2897-2904.

[161] Davankov V A, Bochkov A S, Kurganov A A, et al. Chromatographia, 1980, 13: 677-685.

[162] Schmid M G, Grobuschek N, Tuscher C, et al. Electrophoresis, 2000, 21: 3141-3144.

[163] Puchalska P, Pittler E, Trojanowicz M, et al. Electrophoresis, 2010, 31: 1517-1520.

[164] Schmid M G, Koidl J, Wank P, et al. J Biochem Biophys Methods, 2007, 70: 77-85.

[165] Schurig V, Mayer S. J Biochem Biophys Methods, 2001, 48: 117-141.

[166] Jakubetz H, Juza M, Schurig V. Electrophoresis, 1998, 19: 738-744.

[167] Mayer S, Schleimer M, Schurig V. J Microcol Sep, 1994, 6: 43-48.

[168] Schurig V, Jung M, Mayer S, et al. J Chromatogr A, 1995, 694: 119-128.

[169] Armstrong D W, Tang Y, Ward T, et al. Anal Chem, 1993, 65: 1114-1117.

[170] Wang Y, Zeng Z, Guan N, et al. Electrophoresis, 2001, 22: 2167-2172.

[171] Hongjun E, Su P, Farooq M U, et al. Anal Lett, 2010, 43: 2372-2380.

[172] Li M, Liu X, Jiang F, et al. J Chromatogr A, 2011, 1218: 3725-3729.

[173] Liu Z, Zheng C, Yan C, et al. Electrophoresis, 2007, 28: 127-136.

[174] Haginaka J. J Chromatogr B, 2008, 866: 3-13.

[175] Tan Z J, Remcho V T. Electrophoresis, 1998, 19: 2055-2060.

[176] Huang Y C, Lin C C, Liu C Y. Electrophoresis, 2004, 25: 554-561.

[177] Zaidi S A, Cheong W J. Electrophoresis, 2009, 30: 1603-1607.

[178] Zaidi S A, Han K M, Hwang D G, et al. Electrophoresis, 2010, 31: 1019-1028.

[179] Zaidi S A, Lee S M, Cheong W J. J Chromatogr A, 2011, 1218: 1291-1299.

[180] Cikalo M G, Bartle K D, Robson M M, et al. Analyst, 1998, 123: 87R-102R.

[181] Lelièvre F, Yan C, Zare R N, et al. J Chromatogr, 1996, 723: 145-156.

[182] Wei W, Luo G, Xiang R, et al. J Microcol Sep, 1999, 11: 263-269.

[183] Nilsson S, Schweitz L, Petersson M. Electrophoresis, 1997, 18: 884-890.

[184] Lammerhofer M, Lindner W. J Chromatogr A, 1999, 839: 167-182.

[185] Koide T, Veno K. Anal Sci, 1998, 14: 1021-1023.

[186] Wolf C, Spence P L, Pirkle W H, et al. J Chromatogr A, 1997, 782: 175-179.

[187] Lloyd D K, Li S, Ryan P. J Chromatogr A, 1995, 694: 285-296.

[188] Hofstetter H, Hofstetter O, Schurig V. J Microcol Sep, 1998, 10: 287-291.

[189] Kitagawa F, Inoue K, Hasegawa T, et al. J Chromatogr A, 2006, 1130: 219-226.

[190] Hage D S, Yang J. Anal Chem, 1994, 66: 2719-2725.

[191] Liu Z, Zou H, Ye M, et al. Electrophoresis, 1999, 20: 2891-2897.

[192] Liu Z, Otsuka K, Terabe S. J Sep Sci, 2001, 24: 17-26.

[193] Liu Z, Otsuka K, Terabe S, et al. Electrophoresis, 2002, 23: 2973-2981.

[194] Bo T, Wiedmer S K, Riekkola M-L. Electrophoresis, 2004, 25: 1784-1791.

[195] Han N Y, Hautala J T, Wiedmer S K, et al. Electrophoresis, 2006, 27: 1502-1509.

[196] Wiedmer S K, Bo T, Riekkola M-L. Anal Biochem, 2008, 373: 26-33.

[197] Kato M, Kato-Sakai K, Matsumoto N, et al. Anal Chem, 2002, 74: 1915-1921.

[198] Guttman A, Paulus A, Cohen A S, et al. J Chromatogr A, 1988, 448: 41-53.

[199] Dowling V A, Charles J A M, Nwakpuda E, et al. Anal Chem, 2004, 76: 4558-4563.

[200] De B T, Bijma R, Ensing K. J Pharm Biomed Anal, 1999, 19: 529-537.

[201] Glukhovskiy P, Vigh G. Anal Chem, 1999, 71: 3814-3820.

[202] Spanik I, Lim P, Vigh G. J Chromatogr A, 2002, 960: 241-246.

[203] Hoffmann P, Wagner H, Weber G, et al. Anal Chem, 1999, 71: 1840-1850.

[204] Kaniansky D, Šimuniova E, Ölvecká E. Electrophoresis, 1999, 20: 2786-2793.

[205] Snopek J, Jelínek I, Smolková-Keulemansová E. J Chromatogr A, 1988, 438: 211-218.

[206] Dejaegher B, Mangelings D, Heyden Y V//Scriba G K E, Ed. Chiral Separations, Methods and Protocols. 2nd Ed. Methods in Molecular Biology: vol 970. New York: Humana Press, 2013: 409-428.

[207] Na N, Hu Y, Ouyang J, et al. Talanta, 2006, 69: 866-872.

[208] Yang L, Chen C, Liu X, et al. Electrophoresis, 2010, 31: 1697-1705.

[209] Deng X J, Li W B, Ding G S, et al. Sep Purif Rev, 2019, 48: 14-29.

[210] Domínguez-Vega E, Crego A L, Marina M L//Scriba G K E, Ed. Chiral Separations, Methods and Protocols, 2nd Ed. Methods in Molecular Biology: vol 970. New York: Humana Press, 2013: 429-441.

[211] Nguyen T T T N, Petersen N J, Rand K D. Anal Chim Acta, 2016, 936: 157-167.

[212] Chang C, Xu G, Bai Y, et al. Anal Chem, 2013, 85: 170-176.

[213] Hancu G, Budau M, Muntean D L, et al. Biomed Chromatogr, 2018, 32: 4335.

[214] Zhu Q F, Scriba G K E. J Pharm Biomed Anal, 2017, 147: 425-438.

[215] Vang X F, Sun Y K, Sun K, et al. Anal Lett, 2017, 50: 33-49.

第五章

手性薄层色谱

第一节　引言

　　薄层色谱（thin layer chromatography，TLC）一般认为始于 1938 年，M. S. Schraiber 和 N. A. Izmailov 使用在显微镜玻片上涂铺的氧化铝薄层进行圆心式展开，分离酊剂，但其后进展不大。1949 年 N. F. Hall 和 J. E. Meinhard 报道了以淀粉为黏合剂的氧化铝和硅藻土板进行无机离子分离，启发了 J. G. Kirchner 等使用煅石膏为黏合剂，硅胶为吸附剂，制成较牢固的薄层板，并用上行展开方式，进行了挥发油成分的分离，它将柱色谱与纸色谱的优点结合在一起，奠定了 TLC 的基础。1951 年后发表的 TLC 研究论文逐渐增多，在此期间 E. Stahl 进行了较系统的研究，在吸附剂硅胶的规格、性能、薄层厚度等对于分离的影响等方面得到了总结。尤其在 Stahl 的《薄层色谱手册》一书于 1965 年出版以后，方法得到宣传，从此被广泛使用。TLC 属于液相色谱的范畴，对制作 TLC 板的材料适当处理或选择可进行吸附、分配、离子交换或排阻等色谱分离[1]。

一、薄层板及展开槽

　　目前最常用的吸附剂是硅胶，其次是氧化铝，还有一些物质如聚酰胺、硅酸镁、氧化钙（镁）、氢氧化钙（镁）、硫酸钙（镁）、磷酸钙（镁）、淀粉、蔗糖等，但现在已经非常少见。活性炭的吸附性太强，本身又是黑色，很少用于薄层分离。

在实际工作中，吸附剂的选择，首先决定于样品成分的性质，即它们的溶解度（水溶或脂溶）、酸碱性（是酸性、中性或碱性）、极性（分子所带极性基团的种类和数目）以及是否与吸附剂起化学反应等。普通的色谱用硅胶的表面积约为 $500m^2/g$，平均孔径为 100nm，粒度范围常在 $10\sim40\mu m$，高效 TLC 用硅胶常在 $5\sim10\mu m$。吸附剂颗粒度小和颗粒分布范围窄可以大大提高 TLC 的检出灵敏度和分离度。分离度与吸附剂微粒半径的平方成反比，$100\mu m$ 左右颗粒制成的薄层板的理论塔板数为 200 左右，用小于 $20\mu m$ 的颗粒，理论塔板数可增至数千。

　　TLC 用硅胶有多种规格，也有不同尺寸的硅胶预制板商品出售，目前我国最常用的 TLC 硅胶是青岛海洋化工厂生产的产品。商品硅胶常用一些字母符号以表示其性质，如硅胶 H 表示不含黏合剂的硅胶，硅胶 G 表示含有煅石膏黏合剂，F 为含有荧光物质（如以锰盐活化的硅酸锌），F_{254} 表示在紫外光 254nm 照射下发荧光，F_{365} 则用 365nm 波长激发，P 表示制备用硅胶。此外，各厂家也有自己的表示方法，多在产品目录上注明。如有的厂家用 R 表示经过特殊纯化处理，RP 为键合相硅胶，用于反相色谱。薄层板的制备分干法制板和湿法制板。干法铺板所用的吸附剂颗粒直径一般在 $40\sim60\mu m$ 较为合适，而湿法铺层则用更细的颗粒即 $10\sim40\mu m$。有机吸附剂如纤维素、聚酰胺的粉末则一般在 $75\sim100\mu m$ 范围内。湿法制板目前广泛使用，常用的湿法制板方法有三种：倾注法、平铺法和涂铺法。倾注法为徒手操作，即将吸附剂调成糊状直接倒在玻璃板上铺层。平铺法是在待铺玻璃板两边用玻璃作边框，将调好的吸附剂糊倒在玻璃板上后刮平、去掉边框即成。涂铺法是用有关涂铺器进行铺层的方法。湿法铺层中常用的黏合剂有加入 $10\%\sim15\%$ 的煅石膏、$0.2\%\sim10\%$ 的羧甲基纤维素钠水溶液、5% 的聚丙烯酸水溶液或 5% 的淀粉中的一种。铺成的薄层板在室温下自然干燥后，一部分可以直接使用。如吸附力太弱，可在 $105\sim120℃$ 烘箱中活化。硅胶或氧化铝吸附薄层的活度标定法为：将六种染料依极性大小编号：（Ⅰ）偶氮苯、（Ⅱ）对甲氧基偶氮苯、（Ⅲ）苏丹黄、（Ⅳ）苏丹红、（Ⅴ）对氨基偶氮苯、（Ⅵ）对羟基偶氮苯。分别把它们配成 0.04% 的干燥石油醚-苯（4∶1）溶液，把溶液点在薄层上，每种约 $2\sim4\mu g$，用干燥石油醚（$60\sim90℃$）展开，展距为 10cm，观察何种编号染料斑点中心移动距离在 $1cm\pm0.5cm$，则活度即为该编号的数字。例如对甲氧基偶氮苯的距离为 $1cm\pm0.5cm$，则此吸附剂属Ⅱ级，如苏丹黄在这距离则为Ⅲ级，如二者都在这一范围，则属Ⅱ～Ⅲ级。

　　图 5-1 是最常见的两种展开槽，一种是接近方形的，另一种是长形的。有时如果自制的制备薄层板太大，笔者实验室还曾利用玻璃干燥器代替展开槽进行展开，也能达到分离的效果，并且在玻璃干燥器内可以同时放入多块薄层板展开，但选择玻璃干燥器时一定要选择底部非常平整的才能达到实验要求。有时为了减少边缘效应，可在容器四周放几张浸入展开剂的滤纸促进容器被展开剂蒸气饱和。

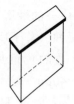
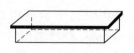

图 5-1　最常见的两种展开槽

二、点样及展开

点样的样品溶液一般用易挥发的有机溶剂，最好用与展开剂极性相类似的溶剂。点样量一般为几至几十微克，点样方式可有一般点样、径向点样、条状点样。点样斑点的直径一般 1~3mm，点样位置一般距离薄层板起始端 1.5cm，点样容器一般用毛细管、微量注射器以及一些专门的点样器。

TLC 的展开方式有近水平展开、上行展开、下行展开和双向展开等。由于水蒸气及溶剂蒸气对分离有很大的影响，展开槽及薄层板在展开前需要用溶剂饱和，展开槽的密闭是必要的，因此展开槽口和其槽盖的一面需要磨口处理以便能使展开槽密闭。展开过程中可在盖上压一重物，以免展开剂蒸气将槽盖顶起，改变槽内饱和情况而影响分离。常规薄层最长距离为 20cm，高效薄层展距最长为 10cm。一些情况下，温度对 TLC 分离也有影响。

对于具有直线型的吸附等温线的吸附，薄层分离后斑点对称；对于 Langmuirian 等温线，出现斑点拖尾，这种情况最多；而对于 Anti-langmuirian 型，则斑点出现伸舌头。对于 TLC 理论塔板数的计算可采用：

$$N = 16\left(\frac{d_1}{w}\right)^2$$

式中，d_1 为原点至组分斑点中心距离，w 为斑点宽度。图 5-2 是对应的三种情况下的薄层斑点图。

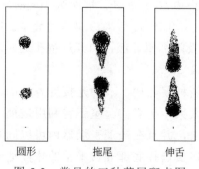

圆形　　　拖尾　　　伸舌

图 5-2　常见的三种薄层斑点图

三、展开溶剂

选择展开剂的方法首先是根据文献资料，必要时再加以改进，就可以较快地找到合适的展开剂。在没有合适的展开剂系统供参考时，可应用微量圆环技术：其方法是将一滴试样溶液点到薄层板上，让其干燥后形成一个点，然后滴少量溶剂于薄层的斑点上，如果被试物质留在原点不动，则需增加溶剂的极性或增大洗脱剂的量；如果移动太快，或者斑点直至溶剂的前沿，则必须用较低极性的溶剂调整移动的距离。另外还有一种初步选择展开剂的方法是用微型薄层板，在实验工作中经常用显微镜载玻片为片基，手工涂铺薄层，一次分离只需几分钟。为了正确地将化合物的极性、吸附剂的活度及展开剂的极性配合起来，Stahl 设计了一个用以选择薄层条件的简图，可以参考"色谱技术丛书"第二版中的《平面色谱方法及应用》。

在混合展开剂中占比例较大的主要溶剂在展开剂中起溶解物质和基本分离的作用，占比例较小的溶剂起调整改善分离物质的比移值（R_f 值）及对某些物质的选择作用，中等极性的溶剂往往起着使极性相差较大溶剂混合均匀的作用。在展开剂中加入少量酸、碱可以使某些极性物质的斑点集中，提高分离度。用黏度太大的溶剂时需要加入一种溶剂以降低展开剂的黏度、加快展开速度。一般主要溶剂选用不易形成氢键的溶剂，或极性比分离物质低的溶剂，否则将使被分离物质的 R_f 值太大或甚至跟随溶剂前沿移动。总之在展开剂的选择中一般 R_f 值要在 0.2~0.7 的范围内为宜，R_f 值太高，则选用低极性的展开剂，反之则选用高极性的展开剂。展开剂极性强度等于组成该展开剂各溶剂组分的极性与体积分数乘积之和。极性值选定后，即可进一步考虑选择性，如某一物质对用某一具有适合极性值的流动相不能分离，则可改用具有相同极性值但选择性不同的其它展开剂。在展开剂中往往极性较大的组分浓度<5%（体积比）或>50%（体积比）时选择性最大。

四、检测

TLC 的定位方法有物理检测法、化学检测法、酶与生物检测法和放射性检测法等，一般常用物理检测法和化学检测法。在物理检测法中首选紫外光法，紫外光灯常用 254nm 与 365nm 两种波长供选择，一些待测物在紫外光照射下可以发出荧光，或者具有荧光的薄层板被一些待测物遮蔽荧光而显色。其次是碘蒸气显色法，元素碘是一种非破坏性显色剂，能检出的化合物很多，价廉易得，显色较快、灵敏。化学检出法通常进行直接喷雾。显色剂有通用显色剂和专用显色剂。通用显色剂最常见的是硫酸-乙醇（1:1）溶液，喷雾后，有的化合物立即反应，但大多数化合物需加热至 105～130℃历数分钟才显色，不同化合物的反应不同，所显颜色也往往各异，即使是同一种化合物随加热温度与时间不同，有时显色也不同。专用显色剂是指对某个或某一类化合物显色的试剂，利用化合物本身的特有性质，或利用其所含的某些官能团的特殊反应。

R_f 值在一定条件下为一常数，用其可以定性。但 R_f 值受一些因素的影响：

（1）吸附剂的影响　特别是吸附剂的活性对分离的影响很大。

（2）薄层厚度的影响　一般说来，增加薄层厚度，由于展开剂的流速减慢，致使物质的 R_f 值减少。但这种影响不是绝对的，主要还与槽内蒸气饱和程度有关，薄层厚度一般控制在 0.25mm。

（3）展开剂的纯度与蒸气的影响　如溶剂中有少量极性不同的杂质存在，会对 R_f 值产生较大的影响。特别在使用混合溶剂时，由于溶剂组分的蒸发难易不尽相同，造成展开剂组成变化，致使 R_f 值重现性不高。试验表明，点样位置以及展开剂在展开槽中是否水平，对 R_f 值都会有影响，有人建议展开剂标准化深度为0.5cm，样品位于离薄层下端 1.5cm 为宜。

（4）温度的影响　一般来说室温的波动对吸附色谱影响不显著，但在较大的温差下，这种影响是不能忽视的，如 4℃和 25℃之间，常有较大的 R_f 变化。

（5）展开的距离　通常 R_f 值对展开距离的影响较小，但展开的方式、点样的大小对 R_f 值会带来不同程度的影响。鉴于以上原因，鉴定化合物时，最好采用在同一薄层板上随行对照，这样实验条件基本相同，可靠性大。

展开后斑点中的化合物可进一步定量，其测定方法可分为两类：一类为洗脱测定法，另一类为直接测定法。

高效薄层是由细小颗粒的吸附剂，用喷雾法制备而成的均匀薄层，分配效率比普通薄层提高三倍左右。薄层厚度为 100～200μm，一般所用吸附剂颗粒直径为 5～10μm，吸附剂颗粒的分布范围较窄。高效薄层一般用预制板，点样原点直径以 1～2mm 为宜，展开方式有直线展开、圆心式展开及向心展开。由于高效 TLC 所用薄层板小于 10cm，样品点样量及点样体积小，每块薄层点样数目多，条件要求更为严格，包括点样、展开、定性及定量操作要求更为精细。随着 5～10μm 的窄分散甚至是单分散颗粒的硅胶价格的不断下降，目前生产商品高效薄层板的厂家不断增多，直接使用高效商品薄层板的用户也在增加。要实现手性化合物的 TLC 分离，在多数情况下，更离不开手性高效薄层板的商业化生产。

第二节　手性薄层色谱的特点

TLC 已经非常广泛地用于科研及生产实际，尤其是在植物化学以及有机合成的研究中，其应用频率甚至高于高效液相色谱、高分辨气相色谱以及高效毛细管电泳等现代色谱技术，其几乎成了这些领域中必不可少的简单易行的分析检测的手段。在国内有多家专门生产薄层板的厂家，国外也不乏大的公司生产商品薄层板。笔者最喜欢的色谱技术是 TLC，主要原因是其可以不需要仪器设备，薄层板可以自制，分析不受实验条件限制，操作简单快速，消耗试剂少，一次能同时拆分 10～20 个样品，分析成本低廉，适用范围很广，这也是该技术在现代色谱技术高度发展的今天仍有非常强大的生命力的原因。好的分析方法应该是简单的，简洁是一种美。

为了利用色谱技术直接拆分手性化合物，需要在分离过程中使对映异构体生成具有一定结合形式的非对映异构体，因此移动相或者固定相含有手性选择剂是必不可少的条件。最早利用薄层技术进行直接的手性分离始于 1965 年，S. F. Contractor 和 J. Wragg 用纤维素粉末制备 TLC 板、利用正丁醇-吡啶-水（1∶1∶1，体积比）作为展开剂，拆分了色氨酸等对映异构体[2]。到了 80 年代后期，手性 TLC 的发展达到一个高潮，随后进入平稳发展阶段。

尽管薄层技术被广泛应用，但直到今天手性薄层技术在科研及生产实际中却应用的极少。手性 TLC 主要有对映体手性试剂衍生化法、手性固定相法、手性移动相法。笔者课题组从 2008 年开始，前后数十位同学不同程度地进行了手性 TLC 研究，实验表明该技术比想象的困难得多，这也是手性 TLC 至今基本没被应用的真正原因。

对映体手性试剂衍生化法是让对映体与光学纯的手性试剂反应生成非对映异构体的形式，然后使用一般的 TLC 板实施分离。尽管已经有一些手性衍生化试剂报道，然而建立一个间接的对映异构体的分离方法却不是容易的事。第一，手性物质分子结构中要有活性基团且易于发生衍生反应；第二，要求手性衍生化试剂的化学纯度及光学纯度要高，有时并不能完全相信供应商提供的试剂规格；第三，衍生化反应必须彻底完成；第四，生成的非对映异构体也必须在化学上和构型上足够稳定；第五，过量的衍生化试剂要易于除去，否则也可能干扰测定。在高分辨气相色谱、高效液相色谱以及高效毛细管电泳高度发展的今天，对映体手性试剂衍生化法更多的只是一种理论意义，它已经不具备简单、快速、成本低廉的特点，实际中几乎没人使用。

通过笔者的研究，从实际应用方面考虑，总结出手性 TLC 在研究和应用中具有下面的几个突出特点：

（1）在实际应用中，大家已经习惯于薄层板是一次性使用产品，手性薄层分离的成本必须要低。有效的手性薄层分离方法一般只有两种：一种是将手性选择剂直接与吸附剂混合制板；另一种方法是将手性选择剂添加在流动相中，作为展开剂使用。如果像手性高效液相色谱固定相的研究，将手性选择剂键合或者交联

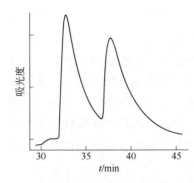

图 5-3　氧氟沙星的手性高效液
相色谱拆分图

色谱柱：C_{18}（250mm×4.6mm id，5μm）
流动相：6mmol/L L-苯丙氨酸和 3mmol/L
CuSO_4 的水-甲醇（85∶15，体积比）

到吸附剂表面，则在手性 TLC 拆分的分析成本上是难于接受的，也即很少具有实用价值。

（2）一些手性高效液相色谱并不能直接移植成为手性 TLC。因为在高效液相色谱中，无论是使用手性色谱柱或者是使用手性移动相添加剂，手性高效液相色谱在进样前都要进行两相充分平衡，当基线平稳后才开始进样分析。而手性 TLC 不管采用混合手性选择剂的固定相或者使用流动相添加剂，其在拆分时的两相都是未达到平衡的两相，两相是动态并且是非平衡的。例如笔者实验室利用 C_{18}（250mm×4.6mm id，5μm，购于日本岛津公司）高效液相色谱柱拆分外消旋的氧氟沙星，用 6mmol/L L-苯丙氨酸和 3mmol/L CuSO_4 的水-甲醇（85∶15，体积比）混合溶液作为流动相，流速为 0.5mL/min，柱温 30℃，检测波长为 254nm，每次进样量为 20μL，图 5-3 是氧氟沙星的手性色谱分离。该方法的再现性很好，分离因子也大，应用该方法还可以进行氧氟沙星的制备性分离，从表面上看将它移植到手性 TLC 应该没有问题。但不幸的是，当笔者用德国进口的 Merck 公司的键合了十八烷基链的硅胶薄层板，以 6mmol/L L-苯丙氨酸和 3mmol/L CuSO_4 的水-甲醇（85∶15，体积比）混合溶液作为展开剂时，薄层板展开时的溶剂前沿都达到了 10cm，而氧氟沙星的样品点却几乎没有移动。最可能的原因有两个方面：一方面点样是直接在干的 C_{18} 硅胶表面上样的，而高效液相色谱是 C_{18} 柱被流动相饱和平衡后才进样，前者至少在开始时与固定相的直接作用强于后者；另一方面板和柱的长度不一样，板与柱的开放度也不一样。

又如 Y. Okamoto 等合成了三(环己基氨基甲酸酯)直链淀粉[3]，将其涂渍在大孔氨丙基硅胶表面后，自制高效液相色谱柱，可以拆分所研究 11 个外消旋体中的 10 个；然而，同样获得的手性固定相制备薄层板，在所研究的 11 个外消旋体中，其只报道拆分开 3 个，其中一个外消旋体的两个对映体斑点还紧密相连，并且并不全是手性高效液相色谱中拆分效果高的利用手性 TLC 就一定能拆分开。需要强调的是该例中高效液相色谱与 TLC 所使用的手性固定相与移动相正己烷-异丙醇（90∶10，体积比）是完全相同的。

（3）将手性选择剂与固定相混合制备薄层板，手性选择剂会随着展开剂在薄层板上迁移，不同的手性选择剂往往具有不同的迁移速度。对于迁移速度较快的一些手性选择剂，其在薄层板上的移动会超过一些手性样品，从而导致其拆分的对映异构体脱离手性环境而得不到分离。因此，利用此类手性选择剂进行手性拆分的前提是手性化合物的 R_f 值要大于手性选择剂的 R_f 值。图 5-4 是笔者实验的一些常见手性选择剂在甲醇作用下在硅胶薄层板上的色谱斑点图。

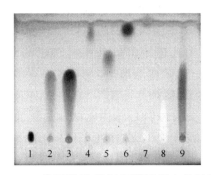

图 5-4 一些手性选择剂在薄层板上的展开图

固定相：10μm 硅胶　　黏合剂：石膏

流动相：甲醇　　　　显色剂：碘蒸气

色谱斑点：1—精氨酸；2—丝氨酸；3—羟基脯氨酸；4—羟丙基环糊精；

5—β-环糊精；6—纤维二糖；7—樟脑磺酸；8—酒石酸；9—替考拉宁

在手性高效液相色谱中，通常是将手性选择剂涂渍、键合或者交联在固定支撑体如硅胶等上面，但不管哪种形式，都要求在移动相洗脱过程中，手性选择剂必须在支撑体上没有溶解和移动。而将手性选择剂与固定相混合制备薄层板，手性选择剂是随着展开剂的展开方向移动着的，并且随着手性选择剂在薄层板上的移动，手性选择剂在整个薄层板的浓度分布可能会使样品所处的环境不同，导致与手性剂作用的浓度大小不同。显然，该模式下研究 TLC 的手性拆分要比在同类型的高效液相色谱下研究手性拆分要困难得多。

（4）将手性选择剂作为移动相添加剂，随着展开剂的展开，手性选择剂大多数情况下不能达到薄层板的溶剂前沿。利用此类手性选择剂进行手性拆分的前提是手性化合物的 R_f 值要小于手性选择剂的 R_f 值。图 5-5 是笔者实验的一个结果图。

图 5-5 使用的也是德国进口的 Merck 公司的键合了十八烷基链的硅胶薄层板。由于在高效液相色谱的 C_{18} 反相色谱中，利用 L-苯丙氨酸+$CuSO_4$ 的水溶液作为流动相，对一些氨基酸具有较好的手性拆分能力。因此笔者采用

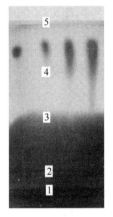

图 5-5 C_{18} 板展开对羟基苯甘氨酸的 TLC 图

固定相：十八烷基硅胶

流动相：（6mmol/L L-苯丙氨酸+3mmol/L $CuSO_4$）（pH 3.0）：甲醇=86∶14

显色剂：0.2%的茚三酮乙醇溶液

展开后的薄层板：1—水合 Cu（Ⅱ）的前沿；2—SO_4^{2+} 的前沿；3—L-苯丙氨酸的前沿；4—不同浓度的外消旋的对羟基苯甘氨酸的色谱斑点；5—溶剂前沿

（6mmol/L L-苯丙氨酸+3mmol/L CuSO$_4$）（pH 3.0）：甲醇=86：14 为流动相，尝试对外消旋的对羟基苯甘氨酸进行手性拆分，并用 0.2%的茚三酮乙醇溶液作为显色剂。出乎意料的是，流动相添加剂中的手性配体交换组分不但不能随着溶剂扩展到溶剂前沿，并且其中的各组分在 C$_{18}$ 板的移动速度也不一样。从茚三酮显色后的图 5-5 薄层板清晰可见：5 是溶剂前沿；4 是没有得到拆分的对羟基苯甘氨酸的色谱点，对羟基苯甘氨酸在该环境下与茚三酮反应生成橙黄色，随着样品量的增加出现明显的拖尾；3 是手性配体 L-苯丙氨酸能达到的最大前沿，因为 L-苯丙氨酸与茚三酮反应后显紫红色；1 是水合 Cu（Ⅱ）能达到的最大前沿，因为水合 Cu（Ⅱ）为蓝色，其与 L-苯丙氨酸与茚三酮生成的紫红色混合后呈现深紫色；根据流动相添加剂中各组分的分析和推测，前沿 2 则可能是 SO$_4^{2+}$ 的前沿。

（5）普通 TLC 推荐使用的各类化合物的溶剂系统（表 5-1）仍然是手性 TLC 展开剂研究中的首选探索系统。因为在 TLC 中，R_f 值不能太大，否则被分离物质在展开剂中的溶解性太强，与薄层板的作用太弱；同时 R_f 值也不能太小，否则被分离物与薄层作用太强，与展开剂的作用又太弱；另外是被分离物质的点最好不能有明显拖尾，因为本来手性拆分就困难，如果样品点再拖尾，则能拆分的可能性就更小。由于一般推荐的各类化合物的溶剂系统通常满足了适宜的 R_f 值范围 0.2～0.7，同时又考虑到样品点拖尾的问题，因此将一般文献推荐的各类化合物

表 5-1　一些普通 TLC 分离有机化合物的一些固定相和展开剂

化合物	固定相	展　开　剂
氨基酸	硅胶	正丁醇-乙酸-水（3：1：1 或 4：1：1）
		酚-水（75：25）
	纤维素 氧化铝	正丙醇-34%氨水（67：33）
		正丁醇-乙酸-水（4：1：1）
		正丁醇-乙酸-水（3：1：1）
		吡啶-水（1：1）
生物碱	硅胶 氧化铝	苯-乙醇（9：1）或氯仿-丙酮-二乙胺（5：4：1）
		氯仿，乙醇
		环己烷-氯仿（3：7）加 0.05%二乙胺
		苯-正庚烷-氯仿-二乙胺（6：5：1：0.02）
胺	硅胶 氧化铝	乙醇（95%）-氨（25%）（4：1）
		丙酮-正庚烷（1：1）
		丙酮-水（99：1）
羧酸	硅胶	苯-甲醇-乙酸（45：8：8）
		甲醇、乙醇、乙醚
脂肪酸	硅胶	石油醚-乙醚-乙酸（70：30：1 或 70：30：2）
		乙酸-乙腈（1：1）

化合物	固定相	展　开　剂
酚	硅酸 氧化铝	二甲苯，氯仿或二甲苯-氯仿（1∶1,3∶1或1∶3） 苯 己烷-乙酸乙酯（4∶1或3∶2） 乙醇-水（8∶3）含4%硼酸及2%乙酸钠 四氯化碳-乙酸（9∶1）或环己烷-乙酸（93∶7）
多环芳烃	氧化铝	四氯化碳
挥发油	硅胶	苯-氯仿（1∶1）
萜	氧化铝 硅胶	苯或苯-石油醚或乙醇混合液 异丙醚或异丙醚-丙酮（5∶2或9∶1）
黄酮及香豆素	硅胶	甲醇-水（8∶2或6∶4） 甲苯-乙基甲酰胺-甲酸（5∶4∶1） 石油醚-乙酸乙酯（2∶1）
维生素	氧化铝 硅胶	甲醇，四氯化碳，二甲苯，氯仿或石油醚 甲醇，丙酮或氯仿 丙酮-石蜡油（水饱和）（9∶1）
洋地黄化合物	硅胶	氯仿-正丁醇-25%氨水（70∶40∶5）
甾体及甾醇	硅胶 氧化铝 硅胶	苯或苯-乙酸乙酯（9∶1或2∶1） 氯仿-乙醇（96∶4） 环己烷-庚烷（1∶1） 苯-异丙醇
嘌呤	硅胶	丙酮-氯仿-正丁醇-25%氨水（3∶3∶4∶1）
糖	硅胶 纤维素	苯-乙酸-甲醇（1∶1∶3） 正丙醇-浓氨水（6∶1） 丁醇-吡啶-水（6∶4∶3） 乙酸乙酯-吡啶-水（2∶1∶2） 乙酸乙酯-异丙醇-水（65∶24∶12）或（5∶2∶0.5）
多肽及蛋白质	硅胶	氯仿-甲醇或丙酮（9∶1） pH 6.5 磷酸钾缓冲液 水或0.05mol/1氨水 磷酸缓冲液

的 TLC 溶剂系统作为手性 TLC 优先考查是可取的。

（6）手性薄层板的点样量有限。手性薄层板的点样量主要决定于手性选择剂的用量，但在手性薄层板的研究中，手性选择剂的用量并不一定是越大越好。在开始研究手性薄层分离时，推荐待测样品浓度配制在 1mg/mL 左右，点样体积在 1μL 左右。最后的最佳点样量决定于样品性质、显色反应的灵敏度以及被分离对映体的 ΔR_f 值等因素。

（7）一般的手性薄层板不能使用硫酸通用显色剂。因为目前在手性薄层中使用的手性选择剂基本上都是有机手性选择剂，不论是将手性选择剂用于薄层板中或者是添加在展开剂中，最后在板中的手性添加剂都会与浓硫酸作用而干扰被分离物质的检测。

（8）无论是作为固定相或者是作为流动相添加剂使用的手性选择剂，在 TLC 展开完成后都不可避免地残留在色谱板上，这些手性选择剂很多会不同程度地干扰 TLC 显色剂的显色，因此手性 TLC 的显色剂不能完全照搬一般 TLC 中使用的显色剂，需要根据手性选择剂以及对映体的化学性质进行选择。

（9）手性 TLC 的拆分能力有限。一般情况下 TLC 的分离效率要低于高效液相色谱。其中最主要的原因是高效液相色谱的手性柱绝大多数是采用匀浆法在 40MPa 下装柱，而 TLC 板都是在常压下制备，很显然 TLC 的柱效明显低于高效液相色谱。另外在高效液相色谱中，很多外消旋体的手性拆分都难于达到基线拆分，而在手性薄层中，只有两个对映体基本上达到完全的分离才能用眼睛进行识别，这也使能观察到的能获得有效分离的对映体数目大大降低。因此不可能期待一种手性薄层板能对众多的不同类别的对映异构体进行有效的拆分。

（10）笔者在研究中观察到，在用手型薄层板进行对映体过剩值测定时，点样量一定不能过量，否则两个对映体斑点大小会严重的不相等，其会对测定的对映体过剩值产生非常大的误差，甚至造成错误的分析结果。图 5-6 是苯甘氨酸外消旋体在手性薄层板上点样量分别为 0.5μg、1.0μg、2.0μg、4.0μg 时的对映体色谱斑点大小。

（11）TLC 的定量分析常常需要薄层扫描仪。笔者团队曾经将展开显色后的手性薄层板先用手机拍照，然后将图像拷入计算机中，接着用课题组成员自己编程的一个简易扫描软件在该计算机上对该 TLC 照片进行扫描，结果很方便地就将该手性 TLC 中对映体斑点图像根据斑点颜色的深浅和大小，将其转化成了普通的色谱图，可以省掉薄层扫描仪器的购买。图 5-7（a）是手性 TLC 斑点，（b）是自编软件将亮氨酸的手性 TLC 斑点转化为普通的色谱图。

（12）绝大多数已经报道的手性薄层实验的重现性很差。笔者课题组从 2008 年开始，前后数十位同学不同程度地进行了手性 TLC 研究。笔者在研究的初期，对历年来报道过的很多文献进行了简单重复，遗憾的是，能重现

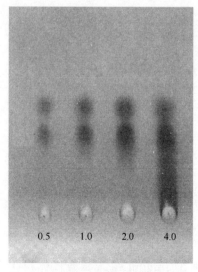

0.5　　1.0　　2.0　　4.0

图 5-6　苯甘氨酸外消旋体在手性薄层板点样量分别为 0.5μg、1.0μg、2.0μg、4.0μg 时的对映体色谱斑点大小

的手性薄层文献很少。笔者并不怀疑所报道的多数文献数据的真实性，但至少认为很多的手性薄层实验，所用材料及试剂指标不同，实验条件不易控制，操作技术要求较高，实验结果难于再现。影响因素除上面几点外，还有下面的一些方面：

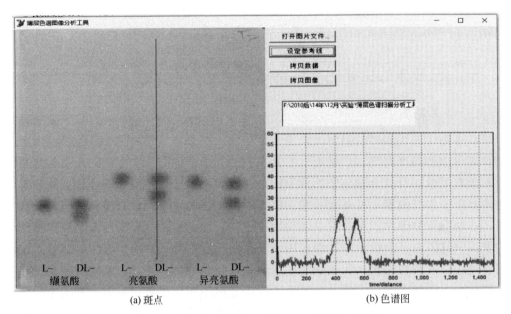

(a) 斑点　　　　　　　　　　　　　　(b) 色谱图

图 5-7　利用软件转化手性 TLC 斑点为色谱图

① 硅胶：不同厂家和批次的硅胶颗粒大小及分布、孔径大小及分布、孔体积、表面积、金属等杂质含量是不同的，因此分离性质不同；

② 硅胶板：不同的硅胶板所用的硅胶黏合剂、硅胶厚度、制板工艺不同，因此分离性质也相差较大；

③ 手性选择剂的种类、纯度、杂质、浓度大小以及与硅胶的比例等都影响手性分离；

④ 展开剂的纯度、组成、比例、pH 等严重影响手性分离。一些溶剂对于样品难于溶解；

⑤ 薄层分离的饱和时间、展开温度、展开时间、上样量等也将影响手性分离；

⑥ 一些手性化合物会发生消旋化，配置成溶液后这种趋势变得更大。

解决手性 TLC 分离方法难于重复的最有效方法，是由厂家与色谱研究者合作生产出性能稳定的、规范的、商品化的手性 TLC 板，然后在该手性 TLC 板的使用说明书指导下应用，就能提高该手性 TLC 分离的效率，促进该方法的实际应用。这就像一般的色谱应用者，没有必要自制手性毛细管气相色谱柱或者手性高效液相色谱柱一样，能购买到商品柱使用就行了。

第三节　手性薄层色谱的应用

到目前为止，发表的手性 TLC 论文已经不少，国际上还有专门的 TLC 期刊 *Journal of Planar Chromatography*。关于手性 TLC 具有代表性的综述有文献[4-9]等。

一、已报道的主要的手性选择剂

（一）多糖类

在多糖中应用最多的是纤维素及其衍生物。纤维素是 D-葡萄糖单元由 β-1,4-糖苷键形成的高度有序、呈螺旋形空穴结构的光学活性天然高分子。由于葡萄糖单元具有手性以及聚合物分子的单手螺旋性质，衍生化后常用作手性识别材料。对映体分子与纤维素手性空穴的空间匹配程度主要取决于纤维素及其衍生物的构象。多糖衍生物手性固定相的手性识别过程被认为是对映体分子插入多糖衍生物的手性空穴，与手性糖中的极性基团相互作用。同一种多糖衍生物识别材料，因制备过程中的种种因素，如载体的孔性结构以及表面化学性质、多糖分子量大小及其分布、溶解溶剂、沉积过程等的不同可呈现不同的构象，从而表现出不同的拆分能力。溶解多糖溶剂的物理性质如溶剂极性、酸碱性、沸点等因素则影响多糖衍生物的析出速度，使多糖衍生物产生不同的晶型结构和微晶大小。这种构象与晶型结构上的差异直接影响固定相的手性识别能力[10]。该方面的文献主要是将高效液相色谱中的多糖固定相用于手性 TLC 板的制备[3,6-9]，也有公司曾经尝试将这类手性薄层板商品化，但终因薄层板成本较高、所能分离的手性化合物较少以及分离效果常常并不理想，至今仍未被大家所接受。如果读者要按这些文献自制手性薄层板，要重现这类文献所报道的实验结果，往往具有相当的难度。

（二）手性配体交换薄层

该方法的原理是一个金属离子如 Cu^{2+} 可结合一个手性配体分子和一个对映体分子生成络合物，这个过程是可逆的。左右旋的两个对映体在含有手性配体的环境中，在薄层板上移动速度不同而产生分离[4,5,7,11,12]。但由于大多数的手性配体交换色谱的分离因子都不是太大，分辨率还受金属浓度、手性配体浓度、流动相 pH 以及展开温度的影响，要再现文献实验也是一件不易之事。

（三）环糊精及其衍生物

在该类中用得最多的是羟丙基环糊精衍生物。环糊精是一类由不同数目的吡喃葡萄糖单元以 1,4-糖苷键相连并互为椅式构象的环状寡糖化合物。环糊精分子呈笼状结构，向内的 α-1,4-糖苷键使得腔内的电子云密度较高，具有疏水性，而腔外由于羟基的存在具有亲水性。因为每个葡萄糖单元有 5 个手性中心，所以由 m 个葡萄糖单元构成的 CD 分子将有 5m 个手性中心，能够为手性拆分提供良好的不可多得的不对称环境，从而对客体分子产生多重的分子识别能力[13]。

（四）其它

除了上述主要的几种外，还有一些其它的手性薄层板研究报道，例如氨基酸[14]、生物碱、手性冠醚[15]、Pirkle 型手性固定相、蛋白质[16]、分子印迹等。由于这些类型的薄层板至今也无商品化的生产，离实际应用仍然还有一定的距离，所以在此就不一一叙述。

二、(2S,4R,2'RS)-4-羟基-1-(2'-羟基十二烷基)-脯氨酸配体交换手性薄层板

1984 年 J. Martens 团队在德国应用化学期刊上发表了(2S,4R,2'RS)-4-羟基-1-(2'-羟基十二烷基)-脯氨酸作为手性选择剂制备手性薄层板，通过手性配体交换原理分离对映异构体[12]。该薄层板是将反相的碳十八硅胶板在 0.25%的醋酸铜溶液（甲醇：水=1：9，体积比）中浸没 1min 后干燥，随后再浸没在 0.8%的(2S,4R,2'RS)4-羟基-1-(2'-羟基十二烷基)-脯氨酸的甲醇溶液中 1min。将该板在空气中自然干燥后，即可用于手性化合物的薄层分离[17,18]。该手性薄层板是笔者目前了解到的唯一还在商品化的手性薄层板，笔者本打算重复该文献，但各个试剂公司并无商品(2S,4R,2'RS)-4-羟基-1-(2'-羟基十二烷基)-脯氨酸销售，经过调研也无该手性选择剂的直接合成路线报道。因此笔者直接找生产该手性薄层板的 Macherey-Nagel GmbH & Co. KG 购买了该手性板，其薄层厚度为 0.25mm，板中含有荧光指示剂，商品名为 CHIRALPLATE。笔者购买的 10cm×20cm 大小的板，每包 25 块手性薄层板。按照文献[13]的报道，根据笔者实验室具有的一些手性样品，对其进行了部分重复，结构表明该手性薄层文献具有较好的再现性，因此该商品手性薄层板在氨基酸及其衍生物以及一些二肽等的手性拆分方面具有较好的再现性。不足之处是碳十八硅胶在板上黏合不牢，容易脱落，不能用笔在薄层板上标记，否则很容易划烂该手性薄层板的分离材料层；另外的缺点还是价格较贵。图 5-8 是笔者实验室利用该商品板对几个氨基酸进行的手性拆分图谱。

三、万古霉素薄层板

笔者团队将万古霉素、硅胶和石膏混合，加入水和乙醇成为匀浆液，将其在玻璃板上制备分离层，在 60℃干燥过夜后放入干燥器中保存备用。笔者将其用于

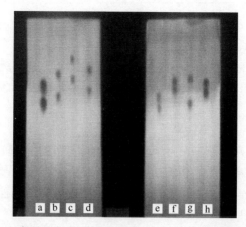

图 5-8   商品手性配体交换 TLC 板对一些氨基酸的拆分

流动相：甲醇-水-乙腈（50：50：200，体积比）

显色剂：0.2%的茚三酮乙醇溶液

色谱斑点：a—天冬氨酸；b—谷氨酸；c—谷氨酰胺；d—异亮氨酸；e—蛋氨酸；f—缬氨酸；g—苯丙氨酸；h—半胱氨酸

氨基酸的手性拆分，显示了好的拆分效果[19-21]。为了考察该薄层板的放置寿命，笔者实验室制备该手性 TLC 板并保存两年以上，其仍然具有与原来一样的拆分效果。该薄层板已经提供给笔者自己实验室的多个本科生和研究生频繁使用，用于快速检测对羟基苯甘酸或者苯甘氨酸。该薄层板与商品(2S,4R,2'RS)-4-羟基-1-(2'-羟基十二烷基)-脯氨酸相比，不但生产成本大大降低，而且该薄层板上的薄层牢固，能用笔在该薄层板上标记而不损坏其手性薄层，具有极大的商品化前景。目前笔者在进一步开发该薄层板的应用范围。图 5-9～图 5-11 是笔者实验室利用万古霉素薄层板对一些氨基酸的拆分图谱。

图 5-12 是拆分不同浓度丙氨酸的手性薄层图谱，表明了该手性薄层板具有很好的再现性。

通览本章内容，手性 TLC 具有简便、快速的特点，非常适用于一些对映异构体的快速检测[22]。但由于手性薄层板分离效果相对较差，对一些试剂规格以及操作条件相对敏感，使其很多文献难于再现，其在一定程度上阻碍了这种技术的发展。但已有的商品薄层板以及笔者团队的研究结果表明，将手性薄层板用于科研以及工业生产的实际检测中，是完全可能的。随着研究的深入，一些外消旋体在笔者团队不断地被拆分，如脯氨酸、丝氨酸、谷氨酸、天冬氨酸、谷氨酰胺、扑尔敏、美托洛尔、四咪唑、氨氯地平等，它们皆有很好的再现性。笔者相信通过广大 TLC 研究者的努力，通过 TLC 板生产厂家与色谱研究者的通力合作，生产出更多的性能稳定的商品手性薄层板，就一定能使这项实用的技术得到较好的应用。

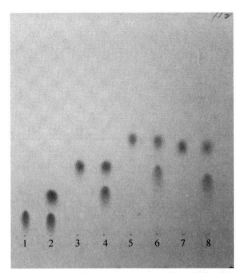

图 5-9　万古霉素薄层板的手性分离图谱(一)

展开剂：正丁醇-甲醇-水（5∶1.2∶1.0，体积比）
显色剂：0.2%的茚三酮乙醇溶液
色谱斑点：1—D-丙氨酸；2—DL-丙氨酸；3—L-缬
　　　　　氨酸；4—DL-缬氨酸；5—L-亮氨酸；
　　　　　6—DL-亮氨酸；7—L-异亮氨酸；8—DL-
　　　　　异亮氨酸

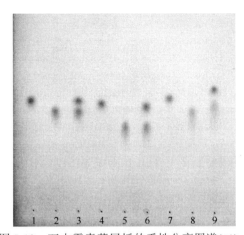

图 5-10　万古霉素薄层板的手性分离图谱(二)

展开剂：正丁醇-甲醇-水-乙酸（5∶1.6∶1.2∶0.4，
　　　　　体积比）
显色剂：0.2%的茚三酮乙醇溶液
色谱斑点：1—L-苯丙氨酸；2—D-苯丙氨酸；3—DL-
　　　　　苯丙氨酸；4—L-酪氨酸；5—D-酪氨酸；
　　　　　6—DL-酪氨酸；7—L-色氨酸；8—D-色
　　　　　氨酸；9—DL-色氨酸

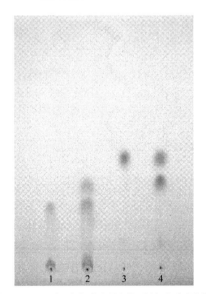

图 5-11　万古霉素薄层板的手性分离图谱(三)

展开剂：正丁醇-甲醇-水-乙酸（5∶1.6∶1.2∶0.4，
　　　　　体积比）
显色剂：0.2%的茚三酮乙醇溶液
色谱斑点：1—D-半胱氨酸；2—DL-半胱氨酸；3—L-
　　　　　蛋氨酸；4—DL-蛋氨酸

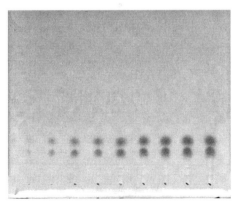

图 5-12　丙氨酸在万古霉素手性
薄层板上的再现性

展开剂：正丁醇-甲醇-水（5∶1.2∶1.0，体积比）
显色剂：0.2%的茚三酮乙醇溶液
样品溶液：1mg/mL
从右到左，丙氨酸的点样量（μL）：0.10、0.25、
　　　　　0.50、0.75、1.00、1.25、1.50、1.75、2.00

参考文献

[1] 周同惠. 纸色谱和薄层色谱. 北京: 科学出版社, 1989.

[2] Contractor S F, Wragg J. Nature, 1965, 208: 71.

[3] Kubota T, Yamamoto C, Okamoto Y. J Am Chem Soc, 2000, 122: 4056.

[4] Martens J, Bhushan R. Int J Peptide Protein Res, 1989, 34: 433.

[5] Bhushan R, Martens J. Biomedical Chromatography, 2001, 15: 155.

[6] 朱全红, 邓芹英, 曾陇梅. 药物分析杂志, 2002, 22(2): 155.

[7] Bubba M D, Lepri L C L. Anal Bioanal Chem, 2013, 405: 533.

[8] Sajewics M, Kowalska T. Acta Chromatographia, 2010, 22(2): 499.

[9] 谌学先, 袁黎明. 色谱, 2016, 34(1): 28.

[10] Shen J, Okamoto Y. Chem Rev, 2016, 116: 1094.

[11] Batra S, Bhushan R. Biomedical Chromatography, 2019, 33: e4370.

[12] Singh S, Singh M. J Planar Chromatography, 2014, 27(1): 361.

[13] Salama N N, Zaazaa H E, Hallm L M A E, et al. J Planar Chromatography, 2014, 27(3): 166.

[14] Nagar H, Martens J, Bhushan R. J Planar Chromatography, 2017, 30(5): 350.

[15] Dzema D, Kartsova L, Kapizova D, et al. J Planar Chromatography, 2016, 29(2): 108.

[16] Maik P, Bhushan R. J Chromatogr Sci, 2018, 56(1): 92.

[17] Günther K, Martens J, Schickedanz M. Angew Chem Int Ed, 1984, 23(7): 506.

[18] Günther K. J Chromatogr, 1988, 448: 11.

[19] Bhushan R, Agarwal C. J Planar Chromatography, 2010, 23(1): 7.

[20] Yuan C. J Planar Chromatography, 2014, 27(4): 318.

[21] Lian X, Yuan L M, Zi M, et al. J Planar Chromatography, 2015, 28(3): 248.

[22] Singh D, Malik P, Bhushan R. J Planar Chromatography, 2019, 32(1): 7.

CHAPTER 6

手性超临界流体色谱

超临界流体色谱（supercritical fluid chromatography, SFC）是以超临界流体作为流动相的一种柱色谱方法，于 1962 年提出，1982 年出现了第一台商品化的 SFC 仪，2010 年以后，该技术得到越来越多的关注和应用。目前其在手性分析以及手性制备方面，也得到了较多的应用。

第一节 引言

一、超临界流体

物质可以是固、液、气和超临界流体等状态，物质所处的状态决定于它的温度、压力、组成等状态参数。所谓超临界流体是指温度和压力均在本身的临界点以上的高密度流体，具有和液体同样的凝聚力、溶解力。然而其扩散系数又接近于气体，是通常液体的近百倍。物质的状态和物质在各状态之间作转化的分界面可以用状态参数为坐标的图来表示，这种图称为相图。在应用超临界流体性质进行的各种分离技术中，都涉及超临界流体溶液所处的相的状态、相与相之间的平衡、相与相之间的转变和物质在相与相之间的传递。了解超临界流体和溶质所组成的体系的相图，是确定所需的操作条件、相状态的变化趋势和相际物质传递的推动力大小的依据。相图的形状多种多样，还因不同的体系而异。图 6-1 是超临界

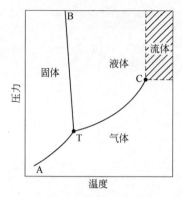

图 6-1　超临界流体的压力-温度图

流体的典型压力-温度图。

图中线 AT 表示气-固平衡的升华曲线，线 BT 表示液-固平衡的熔融曲线，线 CT 表示气-液平衡的饱和液体的蒸气压曲线，点 T 是气-液-固三相共存的三相点。按照相律，当纯物质的气-液-固三相共存时，确定系统状态的自由度为零，即每个纯物质都有它自己确定的三相点。将纯物质沿气-液饱和线升温，当达到图中点 C 时，气-液的分界面消失，体系的性质变得均一，不再分为气体和液体，称 C 点为临界点。与该点相对应的温度和压力分别称为临界温度 T_c 和临界压力 P_c。图中高于临界温度和临界压力的有阴影线的区域属于超临界流体状态。溶质在超临界流体中的溶解度与超临界流体的密度有关，而超临界流体的密度又决定于它所在的温度和压力。

二、超临界流体色谱仪

SFC 具有液相色谱相同的分离原理，由 E.Klesper 等[1]于 1962 年提出，但由于仪器很难精确控制超临界流体压力，导致色谱分离性能不稳定。随着流体传输设计、温度和压力控制等技术的创新，SFC 压力得以精准控制，加之超临界流体具有扩散和传质速率快、黏度低的特点，可弥补 GC 和 HPLC 分析功能上的不足。1982 年由惠普公司生产了第一台商品化的 SFC 仪，使得 SFC 在 20 世纪 80 年代逐渐发展起来。尤其在 2010 年以后，SFC 的商品化仪器不断改进，在再现性、准确度以及灵敏度方面得到了进一步的提高。SFC 仪可以采用液相色谱一些相同的硬件和软件，使用液相色谱类似的仪器，具有简单、高效、经济和环保的特点，使得该技术得到了越来越多的关注和应用。其固定相和检测方式多样，可开展手性药物的分析、半制备及制备等工作，因而在手性拆分中也得到越来越多的应用。SFC 主要由 3 部分组成：第一部分是压力控制器和泵，是将高压气体（常含少量改性剂）经压缩和热交换转变为超临界流体并以一定压力连续稳定地输送到色谱系统。第二部分是色谱分离系统，包括进样阀、色谱柱以及恒温箱。SFC 的进样阀要求耐高压，色谱柱分为填充柱和毛细管柱两种类型。填充柱 SFC 在柱后连接有压力调节器，控制色谱系统的压力变化，让其不受流动相流速和组成的影响。毛细管 SFC 类似于气相色谱装置，但是以程序升压代替气相色谱的程序升温。第三部分是检测系统，该系统分为高效液相色谱型和气相色谱型两类。高效液相色谱型检测器适用于填充柱 SFC，如紫外检测器、荧光检测器等；气相色谱型检测器适用于毛细管柱 SFC，如氢火焰离子化检测器、热离子检测器等。目前主要使用的是高效液相色谱型，其仪器示意见图 6-2。

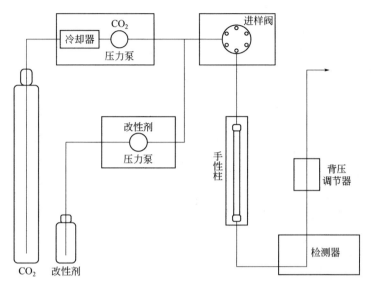

图 6-2　SFC 仪示意图

第二节　手性拆分

一、特点

1985 年 Mourier 等[2]首先将 SFC 用于手性分离，随后该技术不断得到发展。SFC 在手性分离中具有下面的一些突出的特点：

第一，超临界流体的密度与液体相似，它有强的溶解能力，适于分离难挥发和热稳定性差的物质，这是气相色谱所不及的。无论是在高效液相色谱或者是在气相色谱中，在一定温度下，手性分离柱的光学选择性一般都随温度的升高而下降，但 SFC 可以在比气相色谱操作温度低的拆分条件下进行手性分离，降低了对映体消旋化和手性固定相分解的可能性。

第二，超临界流体的黏度接近气体，比液体要低得多，因此仪器系统的压力相对于高效液相色谱可降低。超临界流体的扩散系数在气体与液体之间，具有较快的传质速度，可使用较高的最佳线速。SFC 比高效液相色谱的分析时间快 3～5 倍，单位时间内具有更高的分离效率，且有更低的使用压力。因此其可用于高通量的手性分析，也可用于超快速的手性分析，还可与质谱联用。

第三，SFC 既可以使用高效液相色谱的检测器，也可以使用气相色谱的检测器，如紫外检测器、氢火焰离子化检测器，这十分有利于一些痕量组分的检测及分析。

第四，超临界流体的选择范围较宽且易得。与高效液相色谱相比，超临界流体对环境的污染及操作人员的毒害较少。尤其是超临界流体容易除去，溶质易于回收，使得 SFC 成为制备光学异构体的有力手段，甚至可用于工业级的制备。

第五，相对于高效液相色谱以及毛细管气相色谱，SFC 仪器更加昂贵。

第六，该技术目前正处于较快发展中，该方法的研究以及应用实例逐年增多。近年来有一些代表性的 SFC 拆分手性化合物的综述文献[3-7]可以参考。

二、固定相

SFC 的手性固定相基本上选自在 HPLC 和 GC 中广泛使用的手性固定相，少有专门为 SFC 研制手性固定相的报道。目前用于 SFC 的手性固定相大致分以下几种：多糖、键合小分子、键合大环抗生素、键合环糊精类等。

在填充柱型 SFC 中，多糖类是目前应用最广泛的手性固定相，包括直链淀粉衍生物和纤维素衍生物两大类，其载样量大，分离的化合物范围广。具有氢键供受体或者能与羰基形成偶极作用的化合物，如胺类、醇类、芳香化合物以及有机酸类等，均有利用这类固定相进行拆分的可能。早期 Chiralpak AD、Chiralpak AS、Chiralcel OD 和 Chiralcel OJ 是最主要的填充手性柱，2004 年固载化的多糖手性柱商品化以来，Chiralpak IA、Chiralpak IB、Chiralcel IC 及 Chiralcel ID 应是首先值得推荐的多糖类商品手性柱。

Pirkle 型手性固定相是通过将单分子层的手性有机分子通过一个连接臂键合到硅胶载体上而制得的。该手性固定相具有一定的柱容量、一定的对映体选择性、较好的再现性等优点，已在 SFC 中得到应用。Pirkle 型手性固定相对具有芳香性的手性化合物具有一定的分离能力，极性更强的物质通常在进样前先转化为弱极性的衍生物后再进行分离。

在大环抗生素的分子结构中，它含有几个乃至十几个手性中心及众多的功能团如环状结构、芳香基、氨基及羟基等，其中万古霉素、替考拉宁、替考拉宁苷元以及瑞斯托菌素 A 类型的固定相已实现商品化，其在 SFC 中也有应用。

除上述固定相之外，还有环糊精及其衍生物、喹啉类、环果糖类、人工合成手性聚合物、蛋白质、手性分子印迹聚合物等也有报道[4]。

在毛细管型的 SFC 中，所用手性固定相主要是环糊精衍生物手性固定相。环糊精是由一定数目的吡喃葡萄糖单元以 1,4-糖苷键相连并互为椅式构象的环状寡糖化合物。环糊精分子成桶状，内部是葡萄糖苷高密度电子云形成的疏水阱，边缘排布着多个指针样的羟基，这些羟基可以被多种官能团衍生。环糊精衍生物类手性固定相能有效分离烃类、醇类、胺类、卤化物、羧酸、氨基酸、芳香化合物等手性化合物。在气相色谱中使用的氨基酸和酰胺类型的手性柱已在 SFC 中使用，其中最典型的是 Chirasil-Val 手性固定相。另外金属配合物手性固定相也有报道用于 SFC。

三、移动相

超临界流体是介于气体和液体之间的流体，兼有液体和气体的优点。许多物质都能达到超临界流体状态，目前已确定临界参数的物质有 1000 多种，如 CO_2、N_2O、C_5H_{12}、SF_6、CCl_2F_2、CHF_3 等。其中二氧化碳是 SFC 中最常用的流动相，它的密度随压力与温度的增减而产生较大的变化，如温度为 37℃ 时，压力由 7.2MPa（$\rho=0.21g/cm^3$）上升到 10.3MPa（$\rho=0.59g/cm^3$），密度增加了 2.8 倍。当压力 10.3MPa 时，温度由 92℃ 下降到 37℃，也可发生相应的密度变化。在临界区的附近，压力和温度的微小变化，引起超临界流体的密度大幅度的变化，而非挥发性溶质在超临界流体中的溶解度大致上和超临界流体的密度成正比。二氧化碳的临界温度为 31.05℃，可在室温附近实现超临界流体技术操作，以节省能耗；它的临界压力也不高，设备加工相对较易。它对多数溶质具有较大的溶解度，而水在二氧化碳中的溶解度却很小。CO_2 与大多数的 LC 检测器兼容，并与 MS 友好。二氧化碳还具有不可燃、无毒、化学性能稳定、廉价易得等优点。此外 CO_2 在室温下是气体状态，样品的分离纯化可以节省大量的能量和时间。

SFC 的压力对溶质保留和手性选择性有较大的影响，但选择的压力必须在临界压力之上。柱效随温度的升高而增加，但操作温度需要低于临界温度。超临界 CO_2 流体的极性较低，为了增加流动相对极性化合物的溶解和洗脱能力，常加入一定量的改性剂。超临界流体改性剂可以与手性固定相和溶质作用，因此将影响手性分离的柱效、峰型、分离因子、保留因子以及分离度。最常用的改性剂为甲醇、乙醇、异丙醇及乙腈等，加入浓度常在 50% 以下。但有时在用 SFC 制备分离一些对映异构体时，最初采用甲醇、异丙醇作为改性剂，化合物在流动相中的溶解性仍较差、峰形仍不好；这时若改用二氯甲烷或二氯甲烷与其他改性剂合用，则可能增大外消旋体的溶解性，提高产率并减少有机溶剂的使用。在超临界流体中也常加入 2% 以下的添加剂，常见的添加剂有乙酸、三氟乙酸、二乙胺、三乙胺以及醋酸铵等，在分离酸性化合物时常加入少量的酸、在分离碱性化合物时常加入少量的碱以改善色谱峰形，这样既可覆盖固定相表面的活性位点，又可增加流动相的洗脱强度和选择性。有时加入少量的芳香胺还可以提高一些碱性物质的分离度，用乙磺酸作添加剂能成功分离碱性化合物。还有甚至添加水的，可以使强极性物质如肽和两性分子流出[6]。

第三节　手性超临界流体色谱的应用

一、填充柱

SFC 手性拆分目前以填充柱为主，填充手性柱一般直接使用高效液相色谱中的手性柱，柱子大多数选用传统的固定相粒径为 3μm 或 5μm，柱尺寸为 250mm×4.6mm 的手性分离柱，但 5cm 的短柱以及 250mm×254mm 的制备柱也有报道。由于超临界流体黏度低，可使用细而长的毛细管填充柱、小粒度填料的高效手性柱，也可将不同类型的手性柱串联起来，以获得高的立体选择性和柱效。在填充柱分离中，在超临界流体确定后，分离参数主要由温度、压力、流速以及流动相组成等控制，它们能影响分离因子、保留因子以及分离度。

（一）多糖

在填充柱 SFC 手性分离中，多糖柱由于它的广泛的手性选择性、良好的再现性以及较高的样品容量等优点无疑是目前应用最为广泛的。如仅仅利用四根商品化的多糖手性柱 Chirlapak AD、Chirlapak AS、Chiralcel OD、Chirlapak OJ，甲醇以及异丙醇两种溶剂变更剂，可以完成多种手性化合物的拆分，文献报道对市场上的 40 种药物进行手性识别的有效率可以达到 95%左右[8]。其不但能进行手性分析，还能对一些化合物进行手性半制备分离。并且还拆分开了在手性正相高效液相色谱部分拆分的以及在手性反相高效液相色谱中不能拆分的一些手性化合物，成为手性高效液相色谱的有效补充。

HPLC 是手性药物拆分应用最广泛的方法，很多学者比较了 SFC 与 HPLC 在手性拆分方面的异同[9-13]。如 Chennuru 等[14]应用固载手性柱 Chiralpak IA、Chiralpak IB 及 Chiralpak IC，比较在 LC 及 SFC 两种分离模式下，6 种质子泵抑制剂——奥美拉唑、兰索拉唑、雷贝拉唑、泮托拉唑、泰妥拉唑、艾普拉唑的对映体选择性。结果显示：在 LC 及 SFC 模式下，各对映异构体的洗脱顺序是相同的；3 种手性柱的分离效能由高到低是 Chiralpak IC>Chiralpak IA>Chiralpak IB。此外，该研究还考察了改性剂及柱温对分离的影响，结果发现：2 种模式下改性剂为乙醇时分离效果最好；柱温升高，保留时间缩短，分辨率升高，但对对映体的选择性影响并不大。多数情况下对于同一化合物 SFC 和 HPLC 都有较好的分离效能，但是 SFC 在流动相的流速、分离时间以及有机溶剂的消耗方面要明显地优于 HPLC。

　　有时在 HPLC 难以实现手性分离的情况下，SFC 仍能提供较好的分离度。并且相对于涂渍型的多糖柱，固载多糖类手性柱越来越多地被应用[15,16]。陈小明等[17]采用 SFC 法，在多糖固定相 Chrialpak IA、IB、IC、ID、IE 和 IF 上，成功拆分了在 HPLC 模式下难于拆分的 11 种手性化合物，验证了 SFC 与 HPLC 两种手性分离技术的互补性。同时，还考察了这 6 支手性色谱柱对这 11 个手性化合物分离能力的互补性。另外，还进一步考察了改性剂种类、浓度比例以及碱性添加剂对手性分离的影响。针对键合型固定相可以通用于任何溶剂用于改性剂的特性，探讨了特殊改性剂用于优化手性分离的可能性。图 6-3 是被拆分的 11 个外消旋体，表6-1 是 6 根键合型的多糖柱对 11 个外消旋体的识别情况。

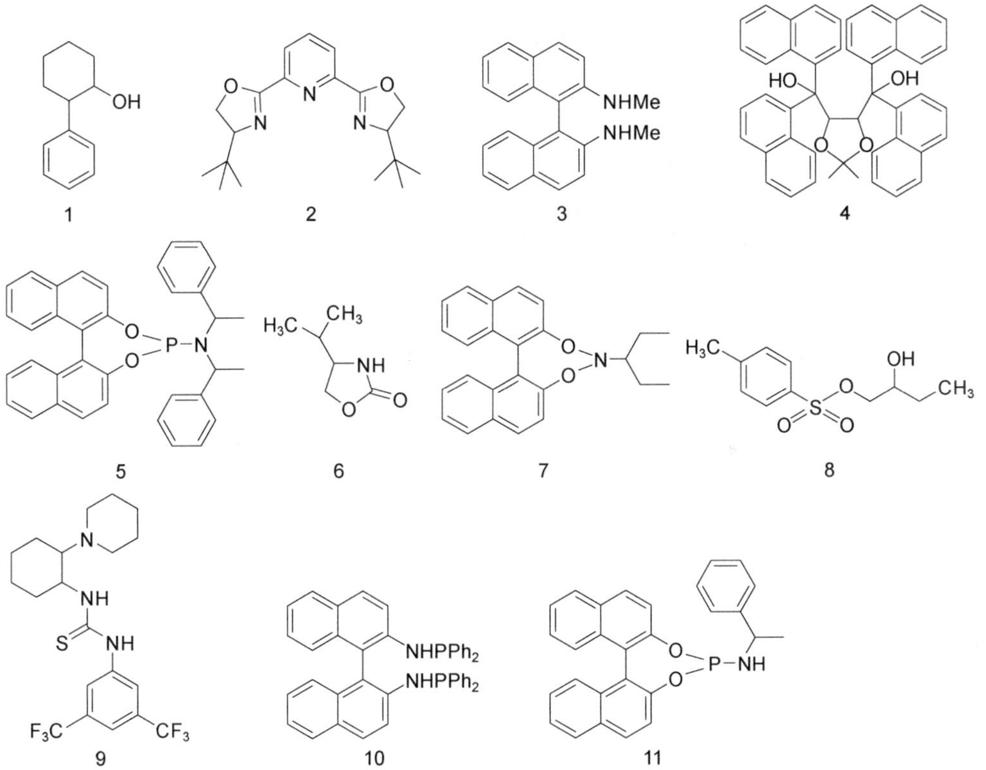

图 6-3　11 个外消旋体的结构式[17]

表 6-1　11 个手性化合物在 6 根柱上的手性识别结果[17]

化合物编号	手性柱					
	IA	IB	IC	ID	IE	IF
1	√	×	×	√	×	√
2	√	√	√	√	√	√

续表

化合物编号	手性柱					
	IA	IB	IC	ID	IE	IF
3	√	×	√	√	√	√
4	√	√	√	√	√	√
5	√	√	√	√	√	√
6	√	×	×	×	×	×
7	√	√	√	√	√	√
8	√	×	√	×	×	×
9	×	×	×	√	√	×
10	√	√	×	√	√	√
11	√	×	√	√	√	√

注：1.√—有手性识别；×—没有手性识别。

2.变更剂：10%、20%、30%的醇（甲醇、乙醇、异丙醇）。

Toribio 等[18]用半制备 SFC 分离阿苯达唑亚砜的 2 个对映异构体，采用 Chiralpak AD（10mm×250mm）手性柱，考察不同进样体积对产率和纯度的影响，最终选择最大载样量进样。Wang 等[19]利用手性 SFC 及手性 LC 分别在正相、反相以及极性有机相模式下对 Nutlin-3 的对映异构体进行分离，结果发现 Chiralcel OD 为色谱柱的手性 SFC 分离的选择性和分离效能最好，进一步优化色谱条件后，在 75min 内纯化了 5g 的外消旋混合物，回收率高于 92%。Toribio 等[20]还用半制备 SFC 分离奥美拉唑对映异构体，采用 Chiralpak AD（10mm ×250mm）手性柱，考察 2 种改性剂(乙醇和异丙醇)、进样体积及进样浓度对对映异构体产率的影响，结果发现 25%乙醇为改性剂分离效果较好，浓度过载的效果要好于体积过载。Speybrouck 等专门综述了 SFC 在手性制备方面的应用[5]，Larry Miller[21]还较详细地综述了 SFC 用作手性制备的优点以及其在模拟移动床手性色谱中的应用。

（二）Pirkle 型

第一个将填充柱 SFC 用于手性分离的是 Mourier 等人[2]，手性柱使用的是商品化的 Pirkle 液相色谱柱，流动相是超临界的 CO_2 中添加醇或者水，被拆分物是手性的氧化膦。其与手性高效液相色谱法相比，所需时间更短，而分离效果还有所提高。

Pirkle 型的(R-R)-Whelk-O1 商品柱能用于 SFC 拆分劳拉西泮、羟基安定、去甲羟基安定的外消旋体[22]，流动相为包含有 12.5%的甲醇以及 0.5%的二乙胺的超临界 CO_2 流体。该拆分具有好的再现性以及准确度，可被用于异构体拆分的动力学平衡研究，探讨拆分过程中的熵、焓、自由能的变化规律。目前 2μm 以下的 Whelk-O1 手性柱也已经用于 SFC 拆分手性化合物[23,24]。

（三）大环抗生素

Armstrong 等[25]利用替考拉宁手性柱（Chirobiotic T）、替考拉宁糖苷（Chirobiotic TAG）手性柱以及瑞斯西丁素手性柱（Chirobiotic R）在 SFC 下进行手性分离，111 个手性化合物包括杂环、非甾体抗炎止痛剂、β-受体阻滞剂、亚砜、N-保护氨基酸和天然氨基酸在三根手性柱上被拆分。所有的拆分出口为 100bar（1bar=10^5Pa）、31℃和 4mL/min 的载气流速。7%～67%的甲醇被添加到 CO_2 的超临界流体中，对一些样品 0.1%～0.5%的三乙胺或者三氟乙酸被采用。替考拉宁和替考拉宁糖苷（Chirobiotic TAG）手性柱对近 92%的对映体有识别能力，瑞斯西丁素手性柱对约 60%的样品有拆分效果。所有的样品拆分都在 15min 内完成，有70%的样品在 4min 内完成了分离，分离速度明显快于正相液相色谱，更优于反相色谱。将替考拉宁柱用于非衍生化的苯丙氨酸、色氨酸以及酪氨酸的拆分，以超临界的 CO_2 为流动相，甲醇：水（9：1，体积比）为有机变更剂，可在 7min 内全部获得基线分离[26]。另外，2μm 以下的替考拉宁手性柱也已用于超快 SFC 拆分手性化合物[27,28]。

（四）其它

蛋白质商品柱 Kromasil CHI-TBB 也被报道用于 SFC，被分离物为抗炎药萘普生，流动相为以异丙醇为变更剂的超临界 CO_2，实验环境可选择为温度 20～50℃，压力 9.4～21.3MPa，异丙醇的质量百分数为 6%～15%。优化出的最适宜条件为温度为 20℃，压力为 9.4MPa，异丙醇的浓度为 11%[29]。

喹啉两性离子手性固定相也能用于 SFC，如 N-保护的氨基酸衍生物可在 Chiralpak ZWIX（+）TM 和 ZWIX（-）TM 商品手性柱上拆分。移动相的组成、添加剂的性质和浓度、共存离子以及反离子都将对分离产生影响。随着温度的升高，保留时间在多数情况下会稍稍增加，但分离因子会降低。流出顺序与溶质与手性离子交换剂的作用力大小相关[30]。

环果糖手性柱于 2009 年由 Armstrong 等首先引入，其也已经用于 SFC 分离外消旋体[31]。如一种 2.7μm 的全多孔型的环果糖柱，在超临界 CO_2 流体中添加1%～5%的乙醇，能拆分系列的芳基酮[32]。

在 SFC 中，有时人们也使用到亚临界流体。在热力学上物质具有平衡的临界点，在这一点有其临界温度、临界压力、临界体积等临界物理量，当物质状态超过临界点其性质就会有所变化。超临界就是指物质的状态处于临界点以上，所谓亚临界是指在临界上下有一定的小范围内物质同时具有临界点上与临界点下的性质，这个范围内的物质状态就是亚临界状态。因此亚临界流体色谱与 SFC 非常类似，我们一般将其归结在同一类型的方法中。如一些手性的酰胺和氧化膦就在键合型的柱维为 250mm×4.6mm 的 β-环糊精填充柱上进行了有效的拆分，流动相为

亚临界的 CO_2，一些极性的有机添加剂对手性分离具有明显的影响[33]。

由于 SFC 使用的是超临界流体，在绝大多数情况下是使用超临界的 CO_2 流体，因此其与质谱联用非常友好[34,35]。传统的一维色谱技术峰容量不足、峰重叠现象严重，而二维色谱技术具有高通量、高峰容量、高分辨率等优点，在复杂样品分析方面具有较大的优势。二维色谱分为离线和在线两类。在离线模式中，将第一维的组分依次收集，并分别进入第二维进一步分离。离线模式操作简单，每一维分离条件可独立优化。在线模式是将第一维馏分中感兴趣的组分直接切入第二维进行分离，或者利用特殊的接口交替收集第一维的组分，并按一定的频率进入第二维进行分离。根据第一维馏分是否全部转移到第二维，二维色谱可分为传统二维色谱技术和全二维色谱。2D SFC 在手性药物的分离和分析方面要优于 HPLC，因为 SFC 能更好地解决第一维和第二维的溶剂兼容性问题。Alexander 等[36]用非手性柱/手性柱串联的 SFC/MS 分离了手性药物合成产物的 4 个异构体（包括两对对映异构体），均能实现基线分离，这种方式能明显提高各对对映异构体及同分异构体之间的分离度，并且与单根色谱柱分析相比没有明显增加分析时间。Zeng 等[37]利用一种 2D SFC/SFC/MS 纯化药品以及分析对映异构体的方法，整合非手性分析和手性分析 2 个独立的过程，一次运行就可以完成从复杂混合物中分离药物对映异构体的手性分析。2D SFC 在手性分析分离中的应用正在越来越多地受到关注[38,39]。

二、毛细管柱

用于 SFC 的毛细管柱一般内径为 $50\sim100\mu m$，长度为 $2.5\sim20m$，膜厚一般为 $0.15\sim0.28\mu m$。但为了增加样品承载能力，也有使用膜厚为 $1.0\mu m$ 的报道，其对柱效没有明显的影响。这类手性柱具有高的柱效，温和的操作条件，可使用多种类型的检测器。用作 SFC 开管柱的流动相一般是 CO_2。它具有较低的临界温度和临界压力，毒性低，成本低，能与大部分检测器匹配。缺点是不能用于强极性和离子型手性药物的分析。

（一）氨基酸衍生物

1987 年 Röder 等[40]报道了将毛细管 SFC 用于手性分离，被分离的是氨基酸的衍生物，所使用的手性柱是氨基酸衍生物的毛细管柱，此后有多种毛细管手性分离柱被报道用于超临界手性分离。为了防止手性选择剂被超临界流体从毛细管壁上洗脱下来，手性选择剂一般需要被固定在毛细管内壁上，固载的方法一般是交联、键合或同时交联及键合在毛细管内壁上[41]。

侧链带有 L-缬氨酸-叔丁基酰胺的聚硅氧烷固定相 Chirasil-Val 也是一个较好

的能用于超临界流体毛细管色谱的手性选择剂，该柱尤其适用于氨基酸衍生物的手性分离，其固定相分子结构图可参见图 2-1。如周良模等[42]详细研究了在超临界 CO_2 作为流动相时，交联在玻璃毛细管柱上的 OV-225-L-缬氨酸-叔丁基酰胺手性柱（20m×100μm id）拆分一些 N-三氟乙酰基氨基酸异丙醇酯时柱温、压力对保留因子的影响，其柱压不会改变手性选择性，且 $\ln\alpha$ 与 $1/T$ 之间具有良好的线性关系。

（二）环糊精衍生物

使用得相对较广泛的是环糊精衍生物固定相，其主要是将全甲基-β-环糊精先键合到含有一定比例双键基团的聚二甲基硅氧烷上，然后通过热引发或者自由基引发使其在毛细管内壁生成交联网状的固定相，固定相的结构式可以参见图 2-7。该手性柱能分离一个宽范围的手性样品，这些样品包括一元醇、二元醇、醛、酮、酯、酸、胺等[43]。如 Schurig 等[44]使用一根 2.5m×50μm 的该手性柱，以 CO_2 超临界流体为流动相，FID 为检测器，可以成功拆分一些高沸点的，在气相色谱条件下难于测定的手性化合物。Herko 等[45]用 3-丁酰基-2,6-戊基-β-CD 制得专用于 SFC 分析的手性固定相来拆分 MTH-脯氨酸、MTH-丙氨酸，得到 R_s 为 6.5 和 5.0 的高分离度。Armstrong 等[46]也利用固载化的全甲基-β-CD 毛细管手性柱拆分了氨基二氢茚、全氢化吲哚的外消旋体。

（三）金属配合物

侧链带有镍-樟脑磺酸络合物的聚硅氧烷固定相 Chirasil-Metal 也被固载在石英毛细管柱的内壁用于超临界流体毛细管色谱的手性分离[44]，其分子结构式如图 2-21。利用柱维为 1.5m×50μm id 的手性柱，以 CO_2 超临界流体为流动相，FID 为检测器，可拆分 1-(2-萘基)乙醇和 1-苯基乙醇的外消旋体，其分辨率 R_s 可以达到 1.65 左右，但所需时间都小于 10min。除上述之外，还有将 Pirkle 型手性固定相通过键合臂固载在毛细管内壁进行超临界流体毛细管色谱的研究报道[41]。

总之，从目前的文献报道来看，利用填充柱 SFC 进行手性分离具有非常明显的增加，并且这种趋势还在进一步加强。利用毛细管柱 SFC 进行手性分离的文献却越来越少。这种现象的主要原因应该是：绝大多数商品 HPLC 手性填充柱都可以直接用于 SFC 的手性分析分离中，无需对现有的手性填充柱进行专门的变更和处理；另外目前手性 HPLC 的应用也远超手性 GC 的应用。而在手性毛细管 SFC 中，为了防止手性固定相被超临界流体洗脱，SFC 使用的毛细管柱一般需要将手性选择剂固载在管柱内壁，超临界流体毛细管色谱与毛细管气相色谱的手性分离柱难于共用，专门用于超临界流体毛细管色谱的手性柱的制备不太方便。目前我们很少能见到商品化的毛细管 SFC 手性柱出售，也鲜有超临界流体毛细管色谱手性拆分的持续报道。

参考文献

[1] Klesper E, Corwin A H, Turner D A, et al. J Org Chem, 1962, 27: 700.

[2] Mourier P A, Eliot E, Caude M H, et al. Anal Chem 1985, 57: 2819.

[3] Płotka J M, Biziuk M, Morrison C, et al. Trends in Analytical Chemistry, 2014, 56: 74.

[4] Kalíková K,Šlechtová T, Tesařová E, et al. Anal Chim Acta, 2014, 821: 1.

[5] Speybrouck D, Lipka E. J Chromatogr A, 2016, 1467: 33.

[6] Felletti S, Ismail O H, Luca C D, et al. Chromatographia, 2019, 82: 65.

[7] Harps L C, Joseph J F, Parr M K. J Pharma Biomed Anal, 2019, 162: 47.

[8] Maftouh M, Granier-Loyaux C, Chavana E, et al. J Chromatogr A, 2005: 1088: 67.

[9] West C, Konjaria M L, Chankvetadze B, et al. J Chromatogr A, 2017, 1499: 174.

[10] Khater S, Lozac'h M A, West C, et al. J Chromatogr A, 2016, 1467: 463.

[11] Kalíková K, Martínková M, Schmidt MG, et al. J Sep Sci, 2018, 41: 1471.

[12] Hoguet V, Charton J, Hecquet P E, et al. J Chromatogr A, 2018, 1549: 39.

[13] Vera C M, Shock D, Dennis G R, et al. J Chromatogr A, 2017, 1493:10.

[14] Chennuru L N, Choppari T, Duvvuri S, et a1. J Sep Sci, 2013, 36(18): 3004.

[15] Hegade R S, Lynen F. J Chromatogr A, 2019, 1586: 116.

[16] Lipka E, Dascalu A E, Chankvetadze B, et al. J Chromatogr A, 2019, 1585: 207.

[17] 李冬艳, 吴锡, 陈小明, 等. 色谱, 2016, 34(1): 80.

[18] Toribio L, Nozal M J, Bernal J L, et al. J Chromatogr A, 2003, 1011(1): 155.

[19] Wang Z, Jonca M, Lambros T, et al. J Pharm Biomed Anal, 2007, 45(5): 720.

[20] Toribio L, Alonso C, Del N M J, et al. J Chromatogr A, 2006, 1137(1): 30.

[21] Miller L. J Chromatogr A, 2012, 1250: 250.

[22] Oswald P, Desmet K, Sandra P, et al. J Chromatogr B, 2002, 779: 283.

[23] Sciascera L, Ismail O, Gasparrini F, et al. J Chromatogr A, 2015, 1383: 160.

[24] Mazzoccanti G, Ismail OH, Gasparrini F, et al. Chem Commun, 2017, 53: 12262.

[25] Liu Y, Berthod A, Mitchell C R, et al. J Chromatogr A, 2002, 978: 185.

[26] Sánchez-Hernández L, Bernal J L, Toribio L,et al. J Supercrit Fluids, 2016, 107: 519.

[27] Ismail OH, Ciogli A, Gasparrini F, et al. J Chromatogr A, 2016, 1427: 55.

[28] Barhate C L, Wahab M F, Armstrong D W, et al. Anal Chem, 2016, 88: 8664.

[29]Yang Y, Su B, Yan Q, et al. J Pharmaceut Biomed Anal, 2005, 39: 815.

[30] Lajkó G, Ilisz I, Tóth G, et al. J Chromatogr A, 2015, 1415: 134.

[31] Wang C L, Zhang Y R. J Chromatogr A, 2013, 1281: 127.

[32] Breitbach A S, Lim Y, Armstrong D W, et al. J Chromatogr A, 2016, 1427: 45.

[33] Macaudiere P, Caude M, Rosset R, et al. J Chromatogr, 1987, 405: 135.

[34] Hegstad S, Havnen H, Helland A, et al. J Chromatogr B, 2018, 1077-1078: 7.

[35] Jenkinson C, Taylor A, Storbeck K H, et al. J Chromatogr B, 2018, 1087-1088: 43.

[36] Alexander A J, Staab A. Anal Chem, 2006, 78(11): 3835.

[37] Zeng L, Xu R, Zhang Y, et a1. J Chromatogr A, 2011, 1218(20): 3080.

[38] Venkatramani C J, Al-Sayah M, Li G, et al. Talanta, 2016, 148: 548.

[39] Goel M, Larson E, Venkatramani C J, et al. J Chromatogr B, 2018, 1084: 89.

[40] Röder W, Ruffing F J, Schomburg G, et al. JHRC & CC, 1987, 10: 665.

[41] Petersson P, Markides K E. J Chromatogr A, 1994, 666: 381.

[42] Lou X, Sheng Y, Zhou L. J Chromatogr, 1990, 514: 253.

[43] Schurig V, Schmalzing D, Schleimer M. Angew Chem Int Ed, 1991, 30: 987.

[44] Schurig V, Juvancz Z, Nicholson G J, et al. J High Resolut Chromatogr, 1991, 14: 58.

[45] Herko G, Volker S. J Chromatogr A, 1997, 791: 181.

[46] Armstrong D W, Tang Y, Ward T, et al. Anal Chem, 1993, 65: 1114.

第七章

手性高速逆流色谱

逆流色谱是一种不用固态支撑体或载体的液液分配色谱技术，它的创始人一般认为是 Y. Ito[1]，典型特征是互不相溶的两相在分离过程中做逆流运动，溶质组分由于在两相中的分配系数不同而得到分离。1966 年第一台逆流色谱仪问世，至今已经历了半个多世纪的历程，逆流色谱仪及其逆流色谱理论已经日趋完善。20 世纪 80 年代初期，高速逆流色谱（high-speed countercurrent chromatography，HSCCC）的出现，开始了逆流色谱的现代化进程，它的发展受到了关注。北京市新技术研究所张天佑研究员课题组从 20 世纪 70 年代率先在我国开始逆流色谱仪及其应用的研究，我国目前不仅在 HSCCC 仪器研制方面紧紧同国际最新发展相配合，而且在手性分离制备研究方面也做出了突出贡献。目前国内外最具代表性的相关专著有四部[2-5]。

第一节　引言

一、逆流色谱

逆流色谱具有两大突出的优点：①分离柱中固定相不需要载体，消除了液固色谱由于使用载体而带来的吸附现象，特别适合于分离极性物质和具有生物活性的物质；②特有的分离方式尤其适用于制备性分离，每次进样量及进样体积较大，同时具有高样品回收率。逆流色谱仪经过了一代又一代的变化，衍生出了一类又一类型的产品，报道过的仪器种类非常多[6]。按照目前的文献资料以及实际得到应用的情况，可以将最具有代表性的仪器分为三大类型。

第一类是液滴逆流色谱，液滴逆流色谱装置可由 100～1000 根分离管组成，分离管的直径一般为 2cm 左右，长为 20～40cm，材料可以是玻璃、聚四氟乙烯以及金属，但玻璃分离管能较好地观察分离管中的液滴形成情况。分离管之间一般用直径为 0.5mm 的聚四氟乙烯管连接。在分离管的前面连接有进样阀，在进样阀前面是恒流泵；在分离管的后面可以连接检测器和样品的分步收集器。实验前先要选择好互不相溶的两相溶剂系统，此系统的两相要能在液滴逆流色谱装置中形成液滴。当两相溶剂系统充分混合、平衡和静置后，可以先将下相利用恒流泵输入分离管中，从进样阀进行进样，最后利用恒流泵将上相稳定地输入设备中。由于上相的密度比下相小，流动相就会在分离管中形成液滴，带着样品从下向上上升，液滴上升的过程中，样品连续地在两相中分配。由于不同的组分在两相中的分配比不一样，因此它们在分离管中移动的速度也不一样。对于一个复杂的样品，在该设备中，经过一定时间的分配，最后可以达到分离。但由于该方法分离效率低，花费时间长，目前这种方法已经基本上没有研究报道，更没有实际应用了。

第二类是旋转小室逆流色谱，是液滴逆流色谱分离效率不高的改进。旋转小室逆流色谱的实验装置的中心部分是由多根装设在转轴周围的玻璃分离柱组成，每根柱之间利用 1mm 直径的聚四氟乙烯管串联连接，这些柱的倾斜度可以调节，旋转的速度也可以变化。每根分离柱长 50cm 左右，直径为 1.2cm 左右，在管内应用聚四氟乙烯的小圆盘将空柱分成多个小室，这些小室少则可为几十个，多则可上百个。小圆盘的中心有一个直径大约为 1mm 的小孔，其作用是可以让流动相通过分离柱。该方法与液滴逆流色谱一样，首先要选取互不相溶的两相，并让其预先混合、平衡、静置、分层。但该方法不要求流动相在固定相中一定能形成小的液滴，所以大大扩展了流动相的选择范围，也拓展了该法的应用领域。可以选取下相作为固定相，先将分离柱保持在垂直状态，然后利用恒流泵将固定相泵入到分离柱中，同时分离柱开始转动；接着进行上样，并将分离柱调节到同水平线呈 20°到 40°的倾斜程度；最后就可利用恒流泵将流动相输入到系统中。当流动相进入分离管后，由于流动相的比重比固定相轻，因此就会沿着分离管从下向上流动，使每一个分离小室含有一定量的流动相，同时由于分离管在不停地转动，大大增加了两相溶剂系统的相互接触，也就增加了溶质在两相中的分配次数，使得该法的分离效果得到了一定程度的提高。尽管如此，该法分离效果仍然有限，操作时间仍然太长，所以目前这种方法也没有研究报道，同样也无实际应用者。

第三类是离心逆流色谱，特征是仪器工作时分离柱都要绕中心轴在设备中高速转动。其可分为两个大类，一个大类是非行星式逆流色谱仪，代表性的是匣盒式离心逆流色谱，其仪器的典型装配中，对称地安装有 12 个匣盒，在每个匣盒中安置有几十到几百个小的分离管，整台仪器分离管的总体积可从 200mL 到数千毫升，每个匣盒之间用聚四氟乙烯小管串联，在每个匣盒内的小分离管之间仍然利用聚四氟乙烯小管首尾相连。如果待分离物比较容易分离，则可以减少匣盒的数目，但一定要保持仪器内匣盒的对称，使仪器内的转子处于平衡状态。仪器工作前仍然是选择好互不相溶的两相溶剂系统，彼此混合、平衡、静置、分层。然后选取其中的一相作为固定相，利用恒流泵将其泵入仪器中。通过进样阀上样后，让仪器的转子转动，同时流动相利用恒流泵连续稳定地泵入，载着样品穿过固定相，使其在两相间不断地分配。不同的组分分配系数不同，在分离管中移动的速度也不一样，最后使得一个复杂的混合物在该过程中达到分离。但由于其分离过程中容易产生高压，有时甚至高达6MPa，容易产生流动相及固定相的泄漏，尤其是连接塑料管的破裂，所以目前研究也相对较少。

　　另一个大类是行星式逆流色谱仪，分离柱几乎全是利用聚四氟乙烯管绕成的螺旋线圈，根据自转轴与公转轴的位置关系其又可以分为多种类型，如自转轴与公转轴平行，自转轴与公转轴正交，自转轴与公转轴呈一定的角度，以及转动轴与地面是平行还是垂直，转动是正转还是反转等。另外自转与公转还有同步与不同步之分，线圈的绕法是平行还是盘绕、是单层线圈还是多层线圈，以及仪器中采用的是单分离柱还是多分离柱等，其仪器种类又有几十种之多。但到今天应用最多的主要是 HSCCC 仪，其次可能是正交逆流色谱仪。

二、高速逆流色谱

　　图 7-1 是笔者课题组曾经使用过的 HSCCC 的 GSIOA2 机型示意图。

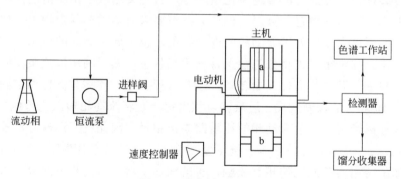

图 7-1　HSCCC 示意图

　　HSCCC 的主机是它的核心。主机的外壳通常是一个铝合金的金属箱，该箱的上面可以打开，供观察、配重、上润滑油以及主机的检查和修理等用。在该主机箱的内部中央有一根中空的转轴，在该转轴两边分别是分离柱 a 与平衡器 b。分离柱 a 是由一百到二百米长、内径为 1.6mm 左右的聚四氟乙烯管沿具有适当内径的内轴共绕成十多层而成的分离柱，柱上绕成的线圈一般称 Ito 多层线圈，它的管内总体积可达 300mL 左右。平衡器 b 是一个金属制成的转轴，通过向上面增减金属配件可以调节它的重量，它的作用是让 a、b 相对于中心轴两边重量平衡。当仪器工作时，电动机的轴直接带动主机中心轴转动，使仪器作离心公转运动，该转速和转动方向可以通过速度控制器调节。同时主机中心轴通过齿轮传动装置又使 a、b 绕自转轴作顺时针或逆时针的自转运动，此时 a、b 本身既在自转，同时又在绕中心轴公转，公转转速可从 0～4000r/min，大多数情况下控制在 600～900r/min。从 Ito 线圈分离柱中通过中空的中心轴还同时牵引出了线圈的两端，一端供泵入液体，一端输出液体。

图 7-2 是 HSCCC 螺旋管中两相溶剂系统的运动状态和分离原理图。当螺旋管在慢速转动时，管中主要是重力作用，螺旋管中的两相都从一端分布到另一端。用某一相作流动相从一端向另一端洗脱时，另一相在螺旋管里的保留值大约是管柱容积的 50%，但这一保留量会随着流动相流速的加大而减小，使分离效率降低。前面的液滴逆流色谱以及旋转小室逆流色谱就是基于这个原理进行分离的。当使螺旋管的转速加快时，离心力在管中的作用占主导，两相的分布发生变化。当转速达到临界范围时，两相就会沿螺旋管长度完全分开，其中一相全部占据首端的一段，我们称这一相为首端相，另一相全部占据尾端的一段，我们称为尾端相。HSCCC 正是利用了两相的这种单向性分布特性，在高的螺旋管转动速度下，如果从尾端送入首端相，它将穿过尾端相而移向首端，同样，如果从首端送入尾端相，它会穿过首端相而移向螺旋管的尾端。分离时，在螺旋管内首先注入其中的一相（固定相如氯仿），然后从适合的一端泵入流动相（如水）。由于流动相源源不断地输入，而恒流泵的单向阀又阻止了固定相的逆向流出，因此流动相就载着样品在螺旋管中无限次的分配。仪器转速越快，固定相保留越多，分离效果越好，这极大地提高了逆流色谱的分离速度，故将此种分离方法称为"高速逆流色谱"。该主机工作时线圈中的两相有混合与沉积两种状态。混合带总是集中在靠近公转轴的一边，它的长度大约相当于线圈的四分之一。对于一个转速为 800r/min 的螺旋圈

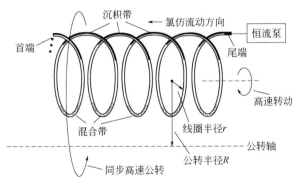

图 7-2　互不相溶的两相（水：氯仿）在螺旋管中的运动状态

中这种混合大约达到 13 次/秒。而沉积态总是发生在背离公转轴的螺旋管一边。螺旋圈中的这种状态与螺旋管的半径 r 以及公转半径 R 关系很大,定义二者的比值为仪器参数 β。即

$$\beta = \frac{r}{R}$$

这种在自转轴上装设的螺旋管分离柱组件的 β 值,即分离柱自转半径 r 与公转半径 R 的比值 r/R,原则上可以从 0.1~1 之间选取,如果 β 值太小,则不能实现高效率的分配分离,目前一些产品已经使 β 值 $\geqslant 0.85$。

pH-区带-提取逆流色谱是属于 HSCCC 中的一项特殊的技术,它于 20 世纪 90 年代初期开始逐渐发展起来,最大的优点在于能在一般 HSCCC 的基础上成十倍甚至更高地增加样品进样量而不用对常见设备作任何改进。对于一个分离线圈体积大约 300mL 的一台设备,目前报道的最大单次进样量可以高达 15g 左右。pH-区带-提取逆流色谱技术基本上都是用于有机酸或者碱的分离,以分离有机酸混合物为例,先选择 HSCCC 的两相溶剂系统,将两相平衡、静置、分层、分离后,在上相中加入一定量的控制 pH 的有机酸添加剂,下相中加入一定量的控制 pH 的强碱添加剂。首先将上相作为固定相充满分离柱线圈,接着进样,随后稳定地泵入作为流动相的下相,同时让主机转动。这时每一种待分离物在高 pH 和低 pH 两种情况下,分别有一个分配系数 $K_{高pH}$ 和 $K_{低pH}$,上相中的控制 pH 的有机酸添加剂在该两相溶剂系统中也有一个分配系数 $K_{酸}$,如果此时控制 pH 的有机酸添加剂的分配系数在某一组分的两个分配系数值之间,则该组分可进行 pH-区带-提取逆流色谱分离。

第二节　拆分操作

前面我们简要地介绍了 HSCCC 仪器以及分离原理,如果要详细地了解逆流色谱的相关知识可以阅读本丛书第二版《制备色谱技术及应用》分册。下面介绍手性 HSCCC 的具体操作。

一、两相溶剂系统

首先我们选择的溶剂系统需要能分成两相,这是逆流色谱进行逆流的必要条件。对于互不相溶的两相,还要求它们有比较快的分层时间,如不超过 30s。两相溶剂系统可以是二组分或者多组分,但如果分层后两相的体积大约相等,这样常有利于节省溶剂。当然,选择的溶剂系统不能造成待分离样品的分解或变性,

对样品也应该具有足够高的溶解度。

　　如果 HSCCC 仪主机工作时是正转（即顺时针方向旋转），则应该利用两相溶剂系统的上相作固定相，下相作流动相，笔者简单地将它记忆成"上固下移"。在笔者的实验室也基本上只利用仪器的正转，因为一方面制造商在生产仪器时从正转方面考虑较多，在反转的情况下，常常得不到好的效果；另一方面，如果频繁地改变方向，也容易造成操作不当而损坏电动机，还会大大缩短分离线圈的寿命。

　　在仪器工作时，由于移动相的泵入，总是要从分离螺旋管中排挤出一部分固定相。在一般情况下，如果分离螺旋管中所能保持的固定相越多，该溶剂系统对待分离物的分离效果就越好。对于一个好的溶剂系统，固定相的保留百分数往往大于 50%。固定相在螺旋管中的保留百分数主要受两相溶剂系统的溶剂种类以及各组分之间比例的影响，其次还受仪器参数 β、仪器的转速大小等的影响。

　　在 HSCCC 分离中，组分在两相中适当的分配系数是成功的关键。在此可用溶质在上相与下相中的浓度之比（也即溶质在固定相与流动相中的浓度之比）表示分配系数 K：

$$K = \frac{C_{上}}{C_{下}}$$

　　研究表明，HSCCC 中组分合适的分配比在 0.5～2 这个范围。当 K 远远地小于 0.5 时，溶质在流动相中的溶解度太大，导致色谱的分辨率大大地降低。如果样品是随着溶剂前沿同时流出，此时该系统对样品几乎没有分离能力；当 K 远远地大于 2 时，则样品在固定相中的溶解度太大，分离该样品需要花很长的时间，浪费大量的溶剂，且流出的峰很宽。温度是一个非常重要的参数，温度恒定对体系的重复性有着很大的影响，比如说在冬天和夏天，可能同一个溶剂体系就会有着不同的分离效果。

　　对于 HSCCC 的初学者，推荐如图 7-3 的溶剂系统初步筛选方案，这些溶剂系统都已被证实具有好的分离特性。

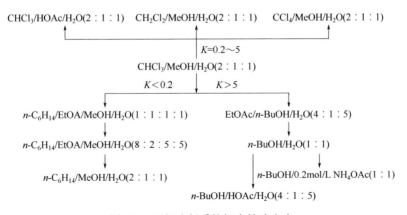

图 7-3　两相溶剂系统初步筛选方案

图 7-3 表明，对于一个待分离物可以首选氯仿/甲醇/水体系（2∶1∶1）。如果分配系数 K 在 0.2～5 这个范围的中间部位，则可以通过进一步改变三者的比例达到较佳的溶剂体系；如果 K 在上述范围的两边一点，则可以考虑用醋酸取代甲醇、用二氯甲烷取代氯仿或者用四氯化碳取代氯仿。

如果氯仿/甲醇/水体系对样品的分配比小于 0.2，则可以考虑采用正己烷/乙酸乙酯/甲醇/水，如果该体系的分配比还较小，可以继续实验正己烷/甲醇/水体系。

如果氯仿/甲醇/水体系对样品的分配比大于 5，则可以考虑采用乙酸乙酯/正丁醇/水或者正丁醇/水体系。根据需要，可以进一步在其中加入醋酸或者用缓冲溶液取代水等。

另外对于生物大分子或生物活性成分的分离，还可以考虑采用双水相体系。目前效果较好的双水相体系主要有 PEG-磷酸钾、PEG-磷酸钠。通过改变 PEG 的分子量大小和磷酸盐的 pH 值可以改变溶剂系统的选择性。

总之，在改变上述溶剂系统的类型或者改变它们的比例时，记住适宜的分配系数 K=0.5～2。分配系数太小，色谱峰出得太快；分配系数太大，色谱峰出得太慢，这两种情况都不利于分离。

二、手性选择剂

在通常的液相色谱的手性固定相研究中，对手性化合物的分离因子常可达到 1.1～5。当分离因子大于 1.4 时，该手性选择剂可以被选用利用 HSCCC 对被分物进行制备性分离，其为手性物的制备性拆分也许可以提供可能。HSCCC 分离柱中没有载体存在，在互不相溶的其中一相中可选择性地溶入具有上述特殊选择性的手性选择剂，有时还可在一相中同时溶入两种甚至多种手性选择剂，以实现手性化合物的制备性分离。

HSCCC 中手性分离材料的选择非常重要。首先寻找在逆流色谱中具有高选择性的手性选择剂具有一定的难度，其次所选择的手性选择剂在溶剂系统中还要具有较大的溶解度，这就使能应用于逆流色谱的手性选择剂的种类进一步减少。选出的手性选择剂还最好只溶解于固定相或者只溶于移动相，前者相当于手性柱液相色谱，后者相当于在流动相中含有手性添加剂的液相色谱。如果手性添加剂在两相中都有一定的溶解，则不太利于手性分离，因它将造成固定相中或流动相中手性材料的流失，造成分离基线的不稳定，并且使手性分离材料的添加量增大。在可能的情况下，我们要尽量选择只溶解在固定相中的手性选择剂。

HSCCC 的手性作用机理与在制备液相色谱中介绍的类似。进行一次逆流色谱制备性分离操作所需要的手性选择剂的量比较大，通常浓度在 10～300mmol/L、所配溶液体积在 300mL 以上，所以我们应该选择价廉的手性选择剂。目前使用较多的手性选择剂报道主要集中在手性有机酸或碱、氨基酸衍生物、环糊精衍生物以及大环抗生素几类中，其不仅需要选择性高，还需要价格较低。

三、样品溶液的制备

样品溶液的制备主要考虑溶解样品的溶剂、样品量的大小以及样品体积大小三个方面。在大多数情况下，我们推荐选择等量的已经预先达到平衡的上下相作为样品的溶解溶剂。因为逆流色谱的进样量一般都较大，利用等量的上下相作为溶剂不易引起溶剂系统两相状态的改变，如由两相变为单相可以减少固定相的保留。另外它也有利于复杂样品的溶解，往往可以减少溶解样品所需的溶剂体积。但对于分配系数比较小的待分离物，样品可以溶解在固定相中，这时溶剂对分离结果的影响较小。

样品量受样品的性质、两相组成、溶解度的大小、非线性等温线等的影响。进样量的大小往往以所收集组分能达到较好分离或者柱效没有明显降低为标准，一般增加进样量会使固定相的保留逐渐降低、分离效率也逐渐降低。在多数情况下，HSCCC 的单次手性拆分量范围在几毫克到几百毫克之间。

四、分离

HSCCC 分离操作的第一步是将两相溶剂系统进行预平衡。预平衡的方法是：由于大多数 HSCCC 的分离柱线圈的溶剂大约 300mL，因此做该实验一次至少需要约 600mL 的两相溶剂。取 1000mL 的分液漏斗一个，用量筒准确量取设计的两相溶剂，将准确称量的手性选择剂溶于其中的一相，将它们加入到分液漏斗中，进行充分的振荡（如 15min）后，静置让两相分层。大约再过 15min，用两个 500mL 的试剂瓶，分别收集上相和下相。分离溶剂的纯度以分析纯较好，基本兼顾了溶剂纯度和价格的因素。但往往因为不同厂家、不同批次、不同保存时间的有机溶剂的使用，使该方法的再现性受到影响，有时甚至是非常严重的影响。目前国内使用的主要是同田生化的逆流色谱仪主机，它的分离柱采用了三个螺旋柱串联连接，其制备型的仪器的分离柱体积达到了 1L，因此在准备溶剂时两相一共至少需要准备 2L。

取一个带磨口的小锥形瓶，将样品准确称重后置于其中，用医用注射器分别吸取平衡好后的等量的上相与下相加入到样品锥形瓶中，对样品进行溶解，必要时可以选择超声波溶解几分钟。

在大多数情况下应该选择仪器的正转（即顺时针方向旋转）进行工作。在这种情况下，上相为固定相。HSCCC 的操作条件比较宽松，两相溶剂系统不必脱气，可直接将上相利用恒流泵泵入分离线圈中，但在输入管的入口处，应该连接一个过滤器，阻止固定颗粒进入恒流泵损坏仪器，同时也应该防止空气泡进入输液管中。

在泵入固定相进入分离线圈的过程中，由于仪器线圈没有转动，因此柱内的阻力较小，为了节省时间，可以用比较高的输送流量如 10mL/min 输送固定相。但此时一定要仔细观察流出端是否有液体（如果原线圈中装满了液体）或气泡（如果原线圈中没有液体，此时可将出口端没入一液体中观察是否有气泡）放出。如果没有液体或气体放出，应该马上停止输送固定相，检查整个管路是否堵塞，否则有胀裂聚四氟乙烯管的危险。

该分离仪器并不需要像高效液相色谱那样，先将流动相泵入使固定相与流动相达到平衡后再进样。进样一般是利用医用注射器从进样阀上注射进样，该进样阀的特殊之处在于需要大的样品环与之相配。进样时操作要慢，防止样品溶液的漏出。

上面一切工作准备就绪后，就可以泵入流动相（下相）了，泵入流动相的同时开始让主机转动。移动相的流量大小可以通过实验进行选择，多数情况下是 2mL/min 左右。主机的转速通过调速器让其逐渐增加，几分钟后让其达到恒定的转速。在大多数情况下仪器的转速控制在 600～900r/min 的范围，仪器的转速可以影响固定相的保留。综合考虑多方面的因素，笔者实验室一般选择 800r/min 的转速，采用等度洗脱。

在分离工作完成后，可以用水将分离柱中的液体全部顶出，再用甲醇洗涤分离管，最后用氮气将管内吹干待下次使用。但对于一个复杂的未知样品，当进行一段时间的分离后，往往并不知道是否所有的成分都流出，因此在停止主机转动后，一定要继续用剩余的流动相或者水将分离管中的两相全部顶出，并且继续利用检测器和色谱工作站观察流出液体中是否还含有待分离成分，切不可漏掉这一部分的实验操作。

HSCCC 的分离原理是液-液分配，因此受温度影响较大，尤其是一天之内温差较大的地区更应该注意，所以在分离过程中往往得不到重复性很好的色谱分离图谱。笔者实验室是将流动相瓶放入一个恒温水浴中，将逆流色谱主机放入一个自制的恒温箱中，其可以一定程度地减少温度波动的影响。现在一些该类仪器上增设了温控模块，在与循环水浴联合使用下，可在 10～40℃控制分离的温度，有效提高了实验的再现性。如果将该仪器以及整个实验置入一个安装有空调进行恒温操作的实验室中进行，则可以达到更好的分离效果。

五、检测与纯化

目前 HSCCC 大多数都是用紫外检测器进行检测，由于在紫外检测器中的石英测试管是竖直地安装，它可以吸附固定相在管壁从而使色谱的基线不稳定，如果是用上相作固定相，一定要让流动相从检测器的下端进入，上端作为流动相的出口，这样才能阻止固定相在测定管中的积聚，保证基线的稳定。

另外，HSCCC 的两相平衡也是比较敏感的，检测器入口与主机中温度的不同以及由于出口处压力的突然减少等，可以使固定相在检测池中形成液滴，或者使流动相变得浑浊，或者让溶解在移动相中的气体释放，导致检测器信号的稳定性受到非常严重的影响，甚至可以使检测结果有误。这些情况可以通过对流动相在进入检测器前进行 25℃的水浴恒温加热，以及在检测器的出口处连接 1m 左右的0.5mm 内径的聚四氟乙烯管以提高背压而得到改善。像其它色谱一样，HSCCC也可使用色谱工作站进行分离的检测和数据的处理。

不管手性添加剂溶解在哪一相，收集的被拆分开的对映体中往往都含有手性添加剂。在 HSCCC 的分离操作中，随着流动相的流出，固定相总是会有不同程度的流失，固定相流失的多少与流动相组成、流速、仪器转速、温度、仪器类型等有关。当手性添加剂是溶解在固定相中时，随着移动相流出的固定相少，因此收集的被拆分开的对映体中的手性添加剂含量少；当手性添加剂是溶解在移动相中时，则有大量的手性添加剂混合在被收集的拆分开的对映体中。被拆分开的对映体中的手性选择剂的除去给该方法带来很大的麻烦，在大多数情况下需要采用经典柱色谱或者重结晶的方法，若是手性添加剂溶解在流动相中，则混合物中手性添加剂的量常常远远大于被拆对映体的量[7]。以上这些缺点是该方法到目前为止还没能用于科研和生产实际的最主要原因。

第三节　手性高速逆流色谱的应用

色谱分离法具有非常优秀的分辨能力，手性拆分属于色谱研究领域的热点和前沿，但它们主要局限在高效毛细管电泳、毛细管气相色谱、高效液相色谱，它们的分辨率很高，但其分离量常在微克级，只能作为分析测试手段。制备液相色谱可以满足一般性制备拆分的需要，可用于药理及毒理实验，但制备液相色谱仪价格较贵，一根较大的手性制备柱可高达几万到数十万元，且进样量大严重影响柱的寿命，并且每种柱的适应范围也有限，这就造成手性制备的成本较高，即使制备较少量的手性物质也有研究工作者难以承受。由于逆流色谱具有制备性拆分的特点，进行逆流色谱的手性分离研究，仍具有一定的积极意义。目前关于逆流色谱手性分离的代表性综述文献主要有 5 篇[8-12]。

一、逆流色谱在手性分离中的应用

最早将逆流色谱用于手性拆分的是 1982 年 Hostettmann 等[13]用旋转腔室逆流

色谱仪，首次在逆流色谱中使用 *R,R*-酒石酸-二-5-壬基酯为手性添加剂，用 1,2-二氯乙烷/水作溶剂系统拆分了 200mg（±）旋光异构体麻黄碱。在分离过程中，0.3mmol/L 手性试剂被加在作为流动相的有机相中，水相中加入 0.5mmol/L 六氟磷酸钠缓冲溶液，样品用水相溶解，流动相流速为 17～20mL/min，仪器旋转速度为 60～70r/min，实验温度为 2～3℃和 5～8℃，一次进样分离花了 3～4d。Hostettmann 等的试验展示了利用逆流色谱实现对旋光异构体分离的良好潜力，只是其所需时间长，分离量也不太大。

1984 年 Takeuchi 等[14]使用当时流行的液滴逆流色谱仪（含 400 根直径为 2cm 的分离管，总容积为 2L），用 2mmol/L 合成的 *N*-正十二烷酰基-L-脯氨酸作手性添加剂，2mmol/L 的正丁醇和 1mmol/L 的醋酸铜-醋酸缓冲溶液作溶剂系统，流动相流速保持 1.1mL/min，花了 2.5d 的时间，对亮氨酸对映异构体进行了基线分离，同时部分拆开了（±）缬氨酸和（±）蛋氨酸。两年后，Snyder 等[15]用(−)-*R*-2-氨基丁醇作手性添加剂，拆分了 100mg 的二环[2.2.1]-庚-5-烯-2-羧酸衍生物，比传统的结晶法和酯化法拆分对映异构体的效果更好。所用仪器的柱容积是 280mL，溶剂系统为氯仿-甲醇-磷酸盐（7∶13∶8）缓冲溶液 pH=7，耗时 2.3d。由于液滴逆流色谱仅靠流动相在重力作用下形成液滴，洗脱速率很难提高，所以耗时较长。而且单靠在分离管中简单地上升或者下降的移动相所带来的溶质在两相中的反复分配是很有限的，分离效率也不高。

Minguillón 团队[16]利用离心分配色谱，将 10mmol/L 的 3,5–二甲基苯胺-*N*-十二烷酰基-L-脯氨酸、3,5–二甲基苯胺-*N*-十二烷酰基-(4*R*)-羟基-L-脯氨酸、3,5–二甲基苯胺-*N*-3,5-二甲基苯甲酰基-L-脯氨酸、3,5–二甲基苯胺-*N*-3,5-二甲基苯甲酰基-(4*R*)-羟基-L-脯氨酸分别用于 DNB-亮氨酸的手性拆分，甲基异丁基酮-0.2mol/L 的磷酸盐缓冲溶液为两相溶剂系统，可以拆分开 150mg 的样品。其还合成了一个(*S*)-萘普生的衍生物 *N,N*-二乙基-(*S*)-萘普生酰胺也被用作手性选择剂，采用约 100mmol/L 的浓度，通过改变阀门方向而变化分离的正相或者反相，也实现了两个外消旋体(±)-*N*-(3,4-cis-3-decyl-1,2,3,4-tetrahydrophenanthren-4-yl)-3,5-dinitrobenzamide 和 *N*-(3,5-二硝基苯甲酰基-(±)-亮氨酸)的手性分离[17,18]。他们还合成了 3,5–二甲基苯胺-*N*-全氟十二酰基-L-脯氨酸作为手性选择剂，乙氧基九氟丁烷-异丙醇-水（25∶35∶40）作为两相溶剂系统，该系统适合于手性拆分 DNB-亮氨酸以及 DNB-亮氨酸叔丁基醚[19]。该团队还将纤维素以及直链淀粉的 3,5-二甲基苯基氨基甲酸酯衍生物（7.5mg/moL）用于逆流色谱中，在甲基叔丁基酮-50mmol/L 的磷酸盐缓冲溶液以及甲基叔丁基醚-50mmol/L 的磷酸盐缓冲溶液的两相溶液中，分别部分拆分开了 40mg 吲哚洛尔和 50mg 华法令。利用上述类似的操作条件，以甲基异丁基酮-水以及甲基叔丁基醚-水为两相溶液系统，在两相中分别加入不同的酸和碱，分别采用 pH-区带-提取进行拆分吲哚洛尔和华法令，其也有一定的分离效果[20]。为了改善纤维素在两相溶剂系统中的溶解性，他们还合成了纤维素 3,5-二氯苯基氨基甲酸酯衍生物以及纤维素十二烷酰基和 3,5-二甲基苯基氨基甲酸酯的混合取代物作为手性选择剂，在离心分配色谱以及 pH-区带-提取逆流色谱两种模式，参照上文的色谱条件，对吲哚洛尔和华法令进行了拆分研究，也有一定的制备性分离效果[21]。Chung 等[22]利用分析型的离心分配色谱，以少量的(+)-(18-冠-6)-四羧酸为手性选择剂，实现了对抗菌药物吉米沙星的手性分离。

金刚烷基氨基甲酰基奎宁和金刚烷基氨基甲酰基奎宁丁是两种有效的离子交换色谱的手性添加剂，它们易于接受和失去质子，在分离氨基酸时立体选择性很好。Lindner 等[23]通过使用离心式逆流色谱，用 0.1mmol/L pH 6.0 的氨基乙酸缓冲液-叔戊基醇-甲醇-庚烷（10：5：1：5 体积比）作溶剂系统，含 10.6mmol/L 的手性添加剂，转速为 1000r/min，流速 3mL/min，很好地分离了 DNB-亮氨酸、DNZ-叔戊基甘氨酸和 DNZ-β-苯丙氨酸。用 0.1mol/L pH 8.0 的氨基乙酸缓冲液-丙酮-甲基异丁基酮（MIBK）（2：1：2 体积比）最大分离了 300mg 的 DNB-亮氨酸。用 pH-区带-提取逆流色谱，含三氟乙酸（10mmol/L）和金刚烷基氨基甲酰基奎宁的 MIBK 溶液作固定相，含 220mmol/L 的氨水作流动相，转速为 1200r/min，流速 3mL/min，最大分离了 0.9g 的 DNB-亮氨酸。

Duret[24]在用行星式逆流色谱仪进行手性拆分实验时，选用甲苯和水作溶剂系统，把在液相、薄层色谱、毛细管电泳中有效的手性添加剂万古霉素借用过来，使水中溶解 140mg/mL 万古霉素，调整 pH 4.7，拆分 D,L-丹磺酰正亮氨酸。分离过程中，当从尾到头泵入流动相时，左消旋体被洗脱出来，当相反泵入移动相时，右消旋体被洗脱出来。实验表明用万古霉素也适用于作逆流色谱的手性添加剂，而且最大能分离 50mg 的 D,L-丹磺酰正亮氨酸。

二、高速逆流色谱在手性分离中的应用

逆流色谱拆分手性化合物的研究已经走过了三十多年，笔者课题组在国家自然科学基金项目的资助下于 2002 年率先在国内开始了 HSCCC 的手性分离。目前国内已有多个团队从事该领域的研究，并且 2010 年以来在国际学术期刊上发表逆流色谱手性分离论文的作者主要来自我国。

（一）氨基酸及其衍生物

Pirkle 等在高效液相色谱中研究了大量的氨基酸衍生物类手性固定相，Foucault 等[25]使用 HSCCC，加入这类手性添加剂 3,5–二甲基苯胺-*N*-十二烷酰基-L-脯氨酸在庚烷-乙酸乙酯-甲醇-水（3：1：3：1，体积比）溶剂系统中，较快（80min）拆开了两种氨基酸衍生物：DNB-叔丁基缬氨酸酰胺和 DNB-叔丁基亮氨

酸酰胺。随后，Ito 等[26]使用这类具有 π 电子的手性添加剂，同样使用 HSCCC，选用了两种溶剂系统：正己烷-乙酸乙酯-甲醇-10mmol/L 的盐酸（8：2：5：5，体积比）和正己烷-乙酸乙酯-甲醇-10mmol/L 盐酸（6：4：5：5，体积比），成功分离了（±）DNB-苯甘氨酸、（±）DNB-苯丙酸等，通过改变手性添加剂在固定相中的浓度，一次进样最多能分离 1g 量的手性样品[27]。

童胜强等[28]利用分析型 HSCCC，丁醇-水（1：1，体积比）或者正己烷-丁醇-水（0.5：0.5：1，体积比）为两相溶剂系统，将 50mmol/L 的 N-十二烷酰基-L-脯氨酸为手性选择剂添加到有机相中，水相中加入 25mmol/L 的醋酸铜；系统地研究了其对扁桃酸、2-氯扁桃酸、4-甲氧基扁桃酸、4-羟基扁桃酸、α-甲基扁桃酸、4-羟基-3-甲氧基扁桃酸、3-氯扁桃酸、4-溴扁桃酸、α-环戊基扁桃酸和 α-环己基扁桃酸的手性拆分。结果扁桃酸、2-氯扁桃酸、4-甲氧基扁桃酸、4-羟基扁桃酸、α-甲基扁桃酸、4-羟基-3-甲氧基扁桃酸、3-氯扁桃酸得到不同程度的分离。将仪器换为制备型的 HSCCC 仪后，其最大拆分量可以达到数十毫克。该手性分离由于醋酸铜的加入，手性配位参与了手性识别过程，因此其属于手性配体交换色谱分子作用机理。该团队还以 N-十二烷酰基-L-脯氨酸+Cu^{2+}为手性添加剂、扁桃酸为样品进一步进行了该体系的一些机理研究[29]，以 N-十二烷酰基-L-羟基脯氨酸取代 N-十二烷酰基-L-脯氨酸手性添加剂，成功地分别拆分开了苯丙氨酸、丙氨酸、亮氨酸、异亮氨酸和己氨酸的外消旋体[30]。

魏云等[31]将脯氨酸衍生成为手性离子液体 1-乙基-3-甲基-咪唑-L-脯氨酸，将其键合在磁纳米球的表面，以乙醇-水或者正丁醇-水（1：1，体积比）为两相溶解系统，用 600mg 的该手性材料拆分了 0.75mg 的色氨酸的外消旋体。

该试剂还可用于 pH-区带-提取逆流色谱技术的手性拆分[32]。在少数酸性物质的样品溶液中加入一定浓度的有机酸时，可以产生一个非同寻常的窄而尖的峰。当样品量增大时，每个组分将在柱中形成一个高度浓缩的等 pH 区带，并以一个矩形峰被洗脱出来；当样品量继续增大，矩形峰也随着增宽，但并不影响组分之间的分离效果。这就使该方法能在一般 HSCCC 法的基础上成十倍以上地增加样品进样量，而不用对常见设备作任何改进。Ito 等[33]用三氟乙酸作固定相、氨在水中作流动相，用 330mL 容积的 HSCCC 仪，经过 3h 分离了 2g 的（±）DNB-亮氨酸，其是到现在为止一次性分离手性化合物的量最大的逆流色谱研究论文，pH-区带-提取逆流色谱也因此成为分离量最大的制备性分离手性化合物的逆流色谱技术[34]。

（二）环糊精及其衍生物

环糊精及其衍生物是应用范围广泛的手性选择剂。最先将环糊精类成功用于逆流色谱的磺化-β-环糊精，研究人员在 HSCCC 上做了大量探索实验，最终选用乙酸乙酯/甲醇/水（体积比 10/1/9）作溶剂系统，水相中含 2%的磺化-β-环糊精作为手性添加剂，基线分离了（±）7-去甲基-奥美昔芬[35]。2010 年魏云等[36]将 50mmol/L 磺化的-β-环糊精作为手性选择剂，乙酸乙酯-甲醇-水（10：1：10，体积比）为两相溶剂系统，也一次性拆分了 20mg 的抗菌药物洛美沙星，为逆流色谱手性添加剂的选择打开了思路。

笔者课题组[37]应用羧甲基环糊精成功地对扑尔敏进行了制备性分离，溶剂系统：乙酸乙酯：甲醇：水（10：1：9，体积比）。在图 7-4 中，手性选择剂羧甲基-β-环糊精在固定相中的含量分别为：（a）10mmol/L、（b）20mmol/L 和（c）30mmol/L。

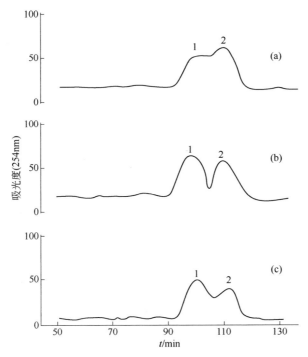

图 7-4 扑尔敏外消旋体药物（3mg）的手性 HSCCC 分离图[37]

当羧甲基-β-环糊精在固定相中的浓度为（b）20mmol/L 时，获得了好的对映异构体分离的效果。手性添加剂的过少或者过多都不利于外消旋体的拆分。该研究结果发表在 *J Liq Chromatogr* 上，是国内学者发表的第一篇利用逆流色谱制备性拆分手性化合物的论文，笔者课题组当时也在国内对手性逆流色谱的进展进行了介绍[5,9]。

图 7-5 是笔者以羧甲基-β-环糊精对氨鲁米特外消旋体制备性分离的 HSCCC 分离图，溶剂系统为：乙酸乙酯：甲醇：水（10：1：9，体积比）。羧甲基-β-环糊精在固定相中的浓度为 20mmol/L[38]。

童胜强课题组[39-43]2010 年后将羟丙基-β-环糊精用于 HSCCC 研究，用于拆分具有类似芳丙酸母体结构的手性化合物。它们分别是 α-环己基苯乙酸、萘普生、苯基丁二酸、苯丙酸，分子结构如图 7-6 所示。在这些拆分中，溶剂系统分别采用了正己烷-甲基叔丁基醚-水（9：1：10）、正己烷-乙酸乙酯-0.1mol/L 磷酸缓冲溶液（8：2：10；7.5：2.5：10）、正己烷-甲基叔丁基醚-0.1mol/L 磷酸缓冲溶液（0.5：1.5：2）、正己烷-乙酸乙酯-0.1mol/L 磷酸缓冲溶液（8：2：10；5：5：10；7：3：10），所用羟丙基-β-环糊精的浓度在 100~300mmol/L 范围，一次拆分的外消旋体的量多数在几十个毫克数量级，量大的达到 712mg。从这些研究可以看出，羟丙基-β-环糊精对于芳丙酸类似物的手性拆分是非常有效的[44,45]。童胜强团队还用羟丙基-β-环糊精拆分了抗抑郁药帕罗西汀及其中间体和原料[46]，还探索了羟丙基-β-环糊精对芳丙酸类的分子结构与手性拆分效果之间的关系[47]。

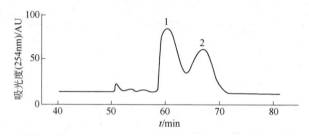

图 7-5 氨鲁米特外消旋药物（3mg）的手性 HSCCC 分离谱图[38]

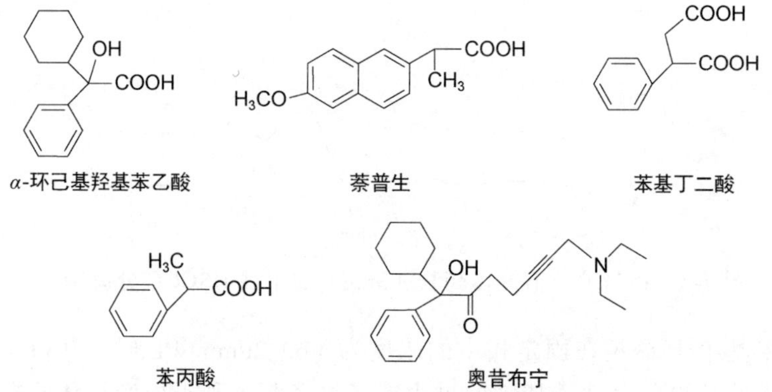

α-环己基羟基苯乙酸   萘普生   苯基丁二酸

苯丙酸   奥昔布宁

图 7-6 芳丙酸类似物分子结构图

奥昔布宁是一种治疗尿路疾病的药物（图 7-6），也具有苯丙酸的分子骨架结构，唐课文等[48]以正己烷-甲基叔丁基醚-0.1mol/L 磷酸盐缓冲溶液（6：4：10，体积比）为溶剂系统，100mmol/L 的羟丙基-β-环糊精为手性选择剂，一次也可拆分 15mg 的样品。该团队类似的研究工作还有一些论文[49-52]发表。

孔令仪团队[53]也将 25mmol/L 的羟丙基-β-环糊精用于反式-δ-葡萄素的手性拆分，溶剂系统是正己烷-乙酸乙酯-水（5：5：10），一次进样拆分了 20mg 的反式-δ-

葡萄素对映异构体。该团队[54]将双核 Cu₂(Ⅱ)-β-环糊精用于 α-环己基扁桃酸的拆分，溶剂系统为正己烷-乙酸乙酯-0.1mol/L 磷酸缓冲溶液（9∶1∶10，体积比），Cu₂(Ⅱ)-β-环糊精的浓度为 40mmol/L，一次进样拆分了 10mg 样品。双核 Cu₂(Ⅱ)-β-环糊精的拆分效果明显优于未衍生化的 β-环糊精。该研究的最大特点是将双核 Cu₂(Ⅱ)-β-环糊精用于手性拆分在其它色谱技术中较少报道，更可贵的是在相同的实验条件下，还同时拆分了芳丙酸类似物扁桃酸、α-环戊基扁桃酸、α-甲基扁桃酸、4-甲氧基扁桃酸、4-羟基扁桃酸。其进一步的研究还证实 Cu(Ⅱ)离子可以促进羟丙基-β-环糊精对二氢黄酮类如橙皮素、柑橘素、杜鹃素的手性拆分[55]。

（三）有机酸

　　笔者课题组[56]应用 L-(+)-酒石酸制备性拆分开了氧氟沙星（图 7-7），溶剂系统为乙酸乙酯-甲醇-水（10∶1∶9，体积比），手性选择剂 L-酒石酸在固定相中的浓度为 200mmol/L。

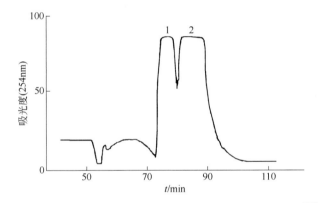

图 7-7　R,S-氧氟沙星（20mg）的 HSCCC 分离色谱图[56]

　　图 7-8 是应用 L-(+)-酒石酸制备性拆分 α-甲基苯胺，溶剂系统为氯仿-甲醇-水（4∶3∶1，体积比），L-(+)-酒石酸在固定相中的浓度为 278mmol/L[57]。

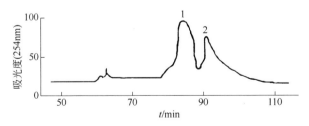

图 7-8　DL-α-苯乙胺（120mg）的 HSCCC 分离色谱图[57]

　　童胜强等[58]将 L-二正己基酒石酸（100mmol/L）作为手性选择剂，以氯仿-

0.05mol/L 醋酸盐缓冲溶液（含硼酸 100mmol/L）（1∶1，体积比）为溶剂系统，能制备性拆分 β-受体阻滞剂普萘洛尔、品脱洛尔以及阿普洛尔。利用类似的条件他们还拆分了托利洛尔等四个洛尔衍生物，其中两个还是含有两个手性中心的化合物[59]。该研究还可利用 pH-区带-提取逆流色谱技术，通过在有机相中加入三乙胺，在水相中加入盐酸，可一次性拆分 356mg 的普萘洛尔外消旋体。他们还将 L-二正丁基酒石酸（100mmol/L）作为手性选择剂，以氯仿-0.05mol/L 醋酸盐缓冲溶液（含硼酸 100mmol/L）（1∶1，体积比）为溶剂系统，拆分 92mg 的另一个 β-受体阻滞剂药物丙胺苯丙酮[60]；利用 pH-区带-提取逆流色谱技术，拆分托利洛尔等[61]。孔令仪团队[62]仍然采用 L-二正丁基酒石酸+硼酸体系，利用常规逆流色谱一次进样 70mg 脱氧肾上腺素的外消旋体，每个对映体可各得到 25mg；采用 pH-区带-提取逆流色谱技术，一次可进样 200mg 脱氧肾上腺素的外消旋体，每个对映体则可各得到 70mg，pH-区带-提取逆流色谱技术明显优于一般的逆流色谱技术。

唐课文团队[63]对酒石酸衍生物作为手性萃取剂进行了较多的研究，近年来也成功地将其与环糊精衍生物混合应用于 HSCCC 的手性分离研究。其将异丁基酒石酸（50mol/L）与羟丙基-β-环糊精（50mol/L）作为手性选择剂，正己烷-甲基叔丁基醚-0.1mol/L 磷酸盐缓冲液（0.5∶1.5∶2，体积比）为溶剂系统，进样体积 20mL，一次性分离了 810mg 的芳丙酸类似物苯基丁二酸。该团队还将异丁基酒石酸（100mol/L）与磺丁基-β-基环糊精（50mol/L）作为手性选择剂，乙酸乙酯-水（1∶1，体积比）为两相溶剂系统，一次性进样后通过循环 HSCCC 分离了 30mg 的心血管药物苯磺酸氨氯地平[64]。

笔者实验也曾证实利用樟脑磺酸作手性添加剂对拉贝洛尔外消旋体也有一定的制备性拆分效果。

（四）牛血清蛋白

Ito 等[65]先使用 RLCC，用牛血清蛋白（BSA）作手性添加剂拆分 D,L-犬尿氨酸，花了 60h 仍没有得到基线分离，后改用 HSCCC，溶剂系统 10%（质量分数）PEG800 作固定相，5%（质量分数）的磷酸二氢钠缓冲溶液和 6%（质量分数）BSA 作流动相，转速 800r/min，流速 0.2mL/min，只耗时 3.5h 就成功拆分 2.5mg D,L-色氨酸。这说明 HSCCC 的分离能力比 RLCC 更强，也证实了牛血清蛋白能用于逆流色谱手性拆分的可能性。

综上所述，逆流色谱具有制备性拆分的优点，1982 年就开始了逆流色谱对手性化合物的拆分研究，但总的来讲其手性拆分研究发展缓慢，目前已报道的用于逆流色谱的手性分离材料种类仍然非常有限，能拆分开的手性化合物种类仍然较少。整个逆流色谱领域就笔者掌握的手性拆分文献仅 60 篇左右，并且早期的被拆分物质主要是氨基酸的衍生物。该技术的研究文章在 2010 年后有一个明显的增加趋势，但被拆分的对映体较集中在芳基丙酸母体结构的化合物以及氨基酸的衍生物。由于该方法手性材料选择的困难，每一次拆分手性材料的用量较大，尤其是被拆分开的对映体中往往会含有一定量甚至是大量的手性试剂而不得不通过柱色谱或者结晶法进一步提纯。同时，手性制备液相色谱、手性超临界制备色谱的突飞猛进等多种原因，使该手性分离方法的实际应用还极少，所有这些都还需要我们去解决，使其能真正应用于科研及生产实际中。

参考文献

[1] Ito Y, Weinstein M A, Aoki I, et al. Nature, 1966, 212: 985.

[2] 张天佑, 王晓. 高速逆流色谱技术. 北京: 化学工业出版社, 2011.

[3] Ito Y, Conway W D. High-Speed Countercurrent Chromatography.NewYork: John Wiley & Sons, Inc., 1996.

[4] 曹学丽. 高速逆流色谱分离技术及应用. 北京: 化学工业出版社, 2005.

[5] 袁黎明. 制备色谱技术及应用（第二版）. 北京: 化学工业出版社, 2011.

[6] Huang X Y, Sun X M, Di D L, et al. J Sep Sci, 2017, 40: 336.

[7] Huang X Y, Quan K J, Di D L, et al. Chirality, 2018, 30(8): 974.

[8] Foucault A P. J Chromatogr A, 2001, 906: 365.

[9] 严志宏, 艾萍, 袁黎明, 等. 化学通报, 2006, 69: w033.

[10] Huang X Y, Di D L. Trends in Analytical Chemistry, 2015, 67: 128.

[11] 袁黎明. 色谱, 2016, 34(1): 44.

[12] Huang X Y, Pei D, Di D L, et al. J Chromatogr, 2018, 1531: 1.

[13] Domon B, Hostettmann K, Kovacevic K, et al. J Chromatogr, 1982, 250: 149.

[14] Takeuchi T, Horikawa R, Tanimura T. J Chromatogr, 1984, 284: 285.

[15] Oya S, Snyder J K. J Chromatogr, 1986, 370: 333.

[16] Delgado B, Pérez E, Santano M C, et al. J Chromatogr A, 2005, 1092: 36.

[17] Rubio N, Ignatova S, Minguillón C, et al. J Chromatogr A, 2009, 1216: 8505.

[18] Rubioa N, Minguillón C. J Chromatogr A, 2010, 1217: 1183.

[19] Pérez A M, Minguillón C. J Chromatogr A, 2010, 1217: 1094.

[20] Perez E, Santos M J, Minguillon C. J Chromatogr A 2006, 1107: 165.

[21] Perez E, Minguillon C. J Sep Sci, 2006, 29: 1379.

[22] Kim E, Koo Y M, Chung D S. J Chromatogr A, 2004, 1045: 119.

[23] Franco P, Blanc J, Oberleitner W R, et al. Anal Chem, 2002, 74: 4175.

[24] Duret P, Foucault A, Margraff R. J Liq Chromatogr, 2000, 23: 295.

[25] Oliveros L, Puertolas P F, Minguillon C, et al. J Liq Chromatogr, 1994, 11: 2301.

[26] Ma Y, Ito Y. Anal Chem, 1995, 67: 3069.

[27] Ma Y, Ito Y, Berthod A. J Liq Chromatogr, 1999, 22: 2945.

[28] Tong S, Shen M, Cheng D, et al. J Chromatogr A, 2014, 1360: 110.

[29] Tong S Q, Shen M M, Xiong Q, et al. J Chromatogr A, 2016, 1447: 115.

[30] Xiong Q, Jin J, Tong S Q, et al. J Sep Sci, 2018, 41: 1479.

[31] Liu Y, Tian A, Wang X, et al. J Chromatogr A, 2015, 1400: 40.

[32] Weisz A, Scher A L, Shinomiya K, et al. J Am Chem Soc, 1994, 116: 704.

[33] Ma Y, Ito Y, Foucault A. J Chromatogr A, 1995, 704: 75.

[34] Ma Y, Ito Y. Anal Chem, 1996, 68: 1207.

[35] Breinholt J, Lehmann S V, Varming A R. Chirallity, 1999, 11: 768.

[36] Wei Y, Du S, Ito Y. J Chromatogr B, 2010, 878: 2937.

[37] Yuan L M, H Liu J C, Yan Z H, et al. J Liq Chromatogr, 2005, 28(19): 3057.

[38] Ai P, Liu J C, Yuan L M, et al. Chin Chem Lett, 2006, 17(6): 787.

[39] Tong S, Yan J, Guan Y X, et al. J Chromatogr A, 2010, 1217: 3044.

[40] Tong S, Guan Y X, Yan J, et al. J Chromatogr A, 2011, 1218: 5434.

[41] Tong S, Yan J, Guan Y X, et al. J Chromatogr A, 2011, 1218: 5602.

[42] Tong S, Zheng Y, Yan J. J Chromatogr A, 2013, 1281: 79.

[43] Tong S, Zheng Y, Yan J. J Sep Sci, 2013, 36: 2035.

[44] Tong S Q, Zhang H, Cheng D P. Chirality, 2015, 27: 795.

[45] Zhang H, Qiu X J, Tong S Q, et al. J Sep Sci, 2018, 41: 2828.

[46] Lv L Q, Lv H W, Tong S Q, et al. J Chromatogr A, 2018, 1570: 99.

[47] Tong S Q, Wang X P, Lu M X, et al. J Sep Sci, 2016, 39: 1567.

[48] Zhang P, Sun G, Tang K, et al. J Sep Sci, 2014, 37: 3443.

[49] Tang K W, Sun G L, Zhang P L, et al. Tetrahedron: Asymmetry, 2015, 26: 821.

[50] Rong L Y, Liu Q, Chen X Q, et al. Tetrahedron: Asymmetry, 2016, 27: 301.

[51] Zhang P L, Xie X J, Tang K W, et al. Sep Sci Tech, 2017, 52(7): 1275.

[52] Mo X H, Cheng Q, Xu W F, et al. Sep Sci Tech, 2018, 53(18): 2981.

[53] Han C, Xu J, Wang X, et al. J Chromatogr A, 2014, 1324: 164.

[54] Han C, Luo J G, Xu J F, et al. J Chromatogr A, 2015, 1375: 82.

[55] Han C, Luo J G, Kong L Y, et al. J Chromatogr A, 2018, 1532: 1.

[56] Lv Y C, Yan Z H, Yuan L M, et al. J Liq Chromatogr & Rel Tech, 2010, 33(13): 1328.

[57] Cai Y, Yan Z H, Yuan L M, et al. J Liq Chromatogr & Rel Tech, 2007, 30(9): 1489.

[58] Tong S, Zheng Y, Yan J, et al. J Chromatogr A, 2012, 1263: 74.

[59] Lv L Q, Bu Z S, Tong S Q, et al. J Chromatogr A, 2017, 1513: 235.

[60] Tong S, Zheng Y, Yan J. J Sep Sci, 2013, 36: 2035.

[61] Lv L Q, Bu Z S, Tong S Q, et al. J Sep Sci, 2018, 41: 1433.

[62] Zhang Y, Han C, Kong L Y, et al. J Chromatogr A, 2018, 1575: 122.

[63] Sun G, Tang K, Zhang P, et al. J Sep Sci, 2014, 37: 1736.

[64] Zhang P L, Sun G L, Tang K W, et al. Sep Pur Tech, 2015, 146: 276.

[65] Shinomiya K, Kabasawa K, Ito Y. J Liq Chromatogr, 1998, 21: 135.